PORSCHE

RESTAURIERUNG VON SERIEN- UND RENNFAHRZEUGEN

WEGE ZUR PERFEKTION

Jürgen Gaßebner

Motor buch Verlag

Impressum

Einbandgestaltung: Luis dos Santos mit Bildern von Jürgen Gaßebner

Bildnachweis: AP Car Design (2), Jürgen Gassebner (385), Carblast (3), 3D (1), DSI (8), Mahle (2), Hans Mezger (3), Müller (1), ORCA (2), Porsche Classic (14), Historisches Archiv der Porsche AG (28), Porsche Museum (24), Riedel (4), Wiehager (2)

ISBN: 978-3-613-03911-7

Ein Unternehmen der Paul Pietsch Verlage GmbH & Co. KG

1. Auflage 2019

Sie finden uns im Internet unter www.motorbuch-verlag.de

Lektorat: Sebastian Quillmann
Innengestaltung: tebitron gmbh, Gerlingen
Druck und Bindung: Conzella Verlagsbuchbinderei Urban Meister, 85609 Aschheim-Dornach
Printed in Germany

Porsche 956-005: Zusammen mit dem weitgehend baugleichen 962 steht der Typ 956 für eine goldene Ära von Porsche im Langstreckensport.

Inhalt

Danksagung

Dieses Buch wäre ohne die hervorragende Unterstützung des Porsche Museums, der Porsche Museums-Werkstatt und nicht zuletzt auch des Historischen Archivs der Porsche AG in dieser Weise nicht realisierbar gewesen. Achim Stejskal und seinem gesamten Team – und vor allem Pressesprecherin Astrid Böttinger sowie der Werkstattmannschaft um Kuno Werner – gebührt daher mein ganz besonderer Dank. Insbesondere die Begleitungen der Werksrestaurierungen von 956-005 und 917-001 stellen ohne Zweifel Höhepunkte meiner bisherigen beruflichen Laufbahn dar. Zudem gewähren die daraus entstandenen Dokumentationen den Porsche-Enthusiasten auch den einen oder anderen Blick hinter üblicherweise verschlossene Türen der einzelnen Gewerke, auch im Porsche Entwicklungszentrum Weissach.

Kein geringerer Dank geht an Hans Mezger. Insbesondere bei den Dokumentationsarbeiten zu 917-001, aber auch bei der Ausarbeitung diverser technischer und Porsche-historischer Zusammenhänge hätte ich mir gar keine bessere und intensivere Unterstützung vorstellen können. Ganz besonders freue ich mich darüber, dass er als Schöpfer des 911-Motors und Chefkonstrukteur des 917 auch die treffenden einleitenden Worte für dieses Buch formuliert hat. Ebenso herzlich bedanke ich mich für die technikhistorische Unterstützung bei drei weiteren herausragenden Persönlichkeiten der Firma Porsche: Peter Falk, Herbert Linge und Norbert Singer. Ein großes Dankeschön auch Hans-Joachim »Strietzel« Stuck, der als zweifacher Le-Mans-Gesamtsieger auf Porsche 962 das Vergnügen hatte, 917-005 im Jahr 2018 auf der Nordschleife des Nürburgrings bewegen zu dürfen und die erfolgreichen Restaurierungsarbeiten damit zu adeln.

Ein weiterer Dank geht an Porsche Classic. Alexander Fabig und sein Team haben mir die kontinuierliche Begleitung verschiedener Werksrestaurierungen ermöglicht und so ganz wesentlich dazu beigetragen, dass vor allem die Porsche-Enthusiasten um den klassischen 911 etwas nähere Einblicke in die Arbeiten einer solchen Werksrestaurierung erhalten. Bei Alfred Kist, ORCA Restoration GmbH, bedanke ich mich herzlich für seine intensive beratende Unterstützung bei zahlreichen Arbeiten zu diesem Buch.

Darüber hinaus waren bei meinen Recherchen für dieses Buch über einen Zeitraum von insgesamt 13 Jahren unzählige Gespräche, persönliche Treffen und die Zusammenarbeit mit vielen weiteren Personen und Spezialfirmen hilfreich. Sie sind am Ende dieses Buches genannt. Ihnen allen sei ebenfalls herzlich gedankt.

Hans-Joachim „Strietzel" Stuck und der Autor mit dem 959 S des Porsche Museums vor Schloss Bensberg. Der zweifache Le-Mans-Sieger auf Porsche 962 durfte 956-005 nach erfolgter Restaurierung auf der Nordschleife bewegen.

Porsche 917: „Wir waren mit dem 917 ein ganzes Hauseck schneller als die Konkurrenz und der Motor lief wie ein Uhrwerk. Wäre das Getriebegehäuse nicht gerissen, hätten wir überlegen gewonnen.“ (Hans Mezger, zu den 24 Stunden von Le Mans 1969)

1. Geleitwort von Hans Mezger

Wege zur Perfektion

Immer wieder werde ich gefragt, welche Porsche-Fahrzeuge und Motoren für mich persönlich die Höhepunkte während meiner 37 Jahre als Konstrukteur bei Porsche darstellen. Die Antwort darauf fällt mir leicht – es sind der 901 beziehungsweise 911, der 917 und der TAG-Turbo-Motor.

Der 901/911 hat insofern eine große Bedeutung für mich, als es sich bei seinem Sechszylinder-Boxer um meine erste umfassende Motorenentwicklung handelt. Vorausgegangen waren die beiden Entwicklungen für einen neuen Sechszylinder-Boxer, zunächst vom Typ 745 und dann 821. Die Ergebnisse im Versuch waren jedoch unbefriedigend und so wurde ich mit der Aufgabe einer umfassenden Überarbeitung des 821 betraut, die schließlich in weiten Teilen zu einer Neukonstruktion und zum bekannten Elfer-Motor vom Typ 901 führte. Der 901 erwies sich von Beginn an als eine grundsolide Konstruktion, die wir aufgrund negativer Erfahrungen mit der Nasssumpfschmierung des 356-Vierzylinders mit einer Trockensumpfschmierung ausstatteten – vor allem, um von den immer besser werdenden Reifen und damit immer höheren Querbeschleunigungen zukünftig gewachsen zu sein. Sowohl auf der Straße als auch bei Motorsporteinsätzen. Allerdings hätten wir damals nicht einmal im Traum daran gedacht, dass dieser Motor in seiner Grundkonstruktion 35 Jahre lang die Antriebsquelle für den 911 darstellen und sein Hubraum auf fast das Doppelte anwachsen würde. Auch die 1974 mit dem 911 Turbo eingeführte Abgasturboaufladung lag zum Konstruktionszeitpunkt des »Mezger-Motors« – so titulierte ihn einst ein japanischer Journalist mir gegenüber bei einem Formel-1-Lauf in Hockenheim – noch in weiter Ferne. Ebenso wenig vorstellbar war für uns in den frühen 60er-Jahren, dass diese Konstruktion einmal in die siegreiche 935-Motorengeneration münden und im 935, 936, 956 und 962 für zahlreiche Gesamtsiege in Le Mans sorgen würde.

Ein weiteres Highlight meiner Zeit bei Porsche verkörpert der 917. Bereits 1965 hatte mich Ferdinand Piëch zum

Leiter der neu geschaffenen Rennsportentwicklungsabteilung ernannt und unser noch kleines Team zeichnete in den Folgejahren für eine ganze Reihe sehr erfolgreicher Rennfahrzeuge verantwortlich. Das Einzige was Ende der 60er-Jahre noch immer fehlte, war der begehrte Gesamtsieg bei den 24 Stunden von Le Mans. Als 1968 schließlich eine per Reglement auf 25 Einheiten reduzierte Mindeststückzahl für Porsche die realistische Möglichkeit eröffnete, zukünftig einen 5-Liter-Sportwagen einzusetzen, betraute Ferdinand Piëch meine Abteilung und mich mit der Gesamtkonstruktion des Fahrzeugs. Von den ersten Konstruktionsentwürfen bis zum fertigen Fahrzeug verging weniger als ein Jahr und schon nach acht Monaten, im Dezember 1968, absolvierte der Zwölfzylinder seinen ersten Prüfstandslauf. Bemerkenswert ist, dass bereits bei der ersten Messung – ohne jegliche Abstimmung – 542 PS erreicht wurden und der Motor keinerlei Schwächen aufwies. Dass es 1969 in Le Mans noch nicht zum Gesamtsieg gereicht hatte und wir in Führung liegend mit einem Getriebedefekt ausfielen, war ausschließlich dem engen Zeitplan seit der Homologation im Mai 1969 geschuldet, der uns so gut wie keine Zeit für ausgiebige Testfahrten gelassen hatte. Dennoch gelang uns beim letzten Rennen der Saison in Zeltweg noch der erste Sieg. Und in den beiden Jahren darauf erwies sich der 917 als nahezu unschlagbar, sorgte 1970 für den ersten Gesamtsieg von Porsche in Le Mans und damit einen absoluten Höhepunkt in der Unternehmensgeschichte.

Highlight Nummer drei ist für mich der TAG-Turbo-Motor. Ganz ähnlich wie seinerzeit beim Zwölfzylinder des 917 war es gelungen, auf Anhieb ein leistungsstarkes Triebwerk ohne Schwächen zu bauen. Mit insgesamt 25 Rennsiegen, drei Fahrer- und zwei Konstrukteurs-Weltmeisterschaften wurde der 1,5-Liter-V6-Motor im Team von McLaren zum erfolgreichsten Triebwerk der Turbo-Ära in der Formel 1 der 80er-Jahre. Gleichzeitig stellte diese Kundenentwicklung den bis dahin bedeutendsten Kundenauftrag für Porsche dar.

Zwei dieser drei Highlights spielen in diesem Buch eine besondere Rolle: der 911 und der 917. Jürgen Gassebner zeigt anhand verschiedener Elfer – darunter auch der 901 Nr. 57 des Porsche Museums – die notwendigen Restaurierungsarbeiten und dazugehörigen Verfahrenstechniken auf. Besonders freut mich, dass er neben der Werksrestaurierung des 956-005 auch die Rückführung des allerersten 917 mit der Chassis-Nummer 001 in den Urzustand der Präsentation in Genf 1969 von Beginn an begleitet und für das Porsche Museum dokumentiert hat. Als Rennfahrzeuge gänzlich unterschiedlicher Konzeption und Konstruktion stellen sie mit ihren Restaurierungsprozessen eine ideale Ergänzung zu den vergleichsweise konventionellen Restaurierungsmethoden an Fahrzeugen mit selbsttragender Metallkarosserie wie dem 911 dar. Wenngleich sich zahlreiche Arbeitsvorgänge und Verfahrenstechniken sowohl auf Straßenfahrzeuge wie den Elfer als auch auf Rennwagen wie den 917 und 956 anwenden lassen, so sind die jeweiligen, in diesem Buch beschriebenen »Wege zur Perfektion« aber vor allem aufgrund der unterschiedlichen Chassis-Konstruktionen doch sehr verschieden.

Als ehemaligen Konstrukteur von Porsche-Rennfahrzeugen und Rennmotoren – allen voran der 917 mit seinem Zwölfzylinder – freut es mich, dass das Porsche Museum gerade auch den Rennwagen so große Bedeutung beimisst und damit ein wichtiges Stück Geschichtspflege betreibt. Nicht zuletzt trägt dieses Engagement auch dem wichtigen unternehmerischen Leitzsatz von Ferry Porsche Rechnung, der stets betonte: »Wir geben Geld für den Motorsport aus, um die besten Sportwagen für die Straße zu bauen.« Mit erheblichem Aufwand bis hin zum Einsatz moderner 3D-Technik werden die historischen Rennfahrzeuge von den Porsche-Experten nicht nur wieder in einen perfekten Ursprungszustand versetzt, sondern zur Freude der Porsche-Enthusiasten auch in vollem Umfang einsatzbereit gehalten und auf historischen Fahrveranstaltungen von den damaligen Rennfahrern gekonnt bewegt. Bis dahin sind es jedoch oftmals die langen, arbeitsintensiven und in diesem Buch beschriebenen Wege.

Hans Mezger

2 Prolog: Vom 911 bis zum Carrera GT

901 Nr. 57: Gefunden wurde er per Zufall im Jahr 2014 im Rahmen der TV-Sendung »Der Trödeltrupp – Das Geld liegt im Keller«. Sozusagen ein echter Scheunenfund.

Dieses Buch richtet sich an jene Porsche-Enthusiasten, denen nicht nur die Neufahrzeuge der Firma Porsche, sondern vor allem die Klassiker des Zuffenhausener Sportwagenherstellers am Herzen liegen. Kaum ein Thema beschäftigt Porsche-Fans als auch Porsche-Fachleute dabei so intensiv wie das spannende Feld der Fahrzeugrestaurierung. Dabei werden die oft entstehenden Diskussionen mitunter höchst kontrovers geführt und die Gründe dafür sind vielschichtig. Denn letztlich hat jeder Fahrzeugbesitzer eine ganz persönliche Vorstellung dessen, wie sich sein Fahrzeug nach Abschluss des Restaurierungsprozesses präsentieren soll. So reicht die Bandbreite von »Besser oder mindestens so gut wie neu« bis »Bewahrung des in würdiger Alterung erreichten Zustands«. Und dazwischen ist selbstverständlich alles möglich. Dementsprechend gibt es auch keinen Königsweg bei der Fahrzeugrestaurierung. Stets hängt der einzuschlagende Weg zur Perfektion vom individuellen Fahrzeug, dessen Ausgangszustand und von der Ergebnisvorstellung des Besitzers ab.

Allerdings bedarf auch der Aspekt der Erhaltung des Automobils als Kulturgut Betrachtung. Stichwort »Charta von Turin«. Sie beinhaltet Richtlinien zur Konservierung und Restaurierung von Fahrzeugen und sagt: »Konservierung umfasst alle Eingriffe, die das Fahrzeug oder Objekt sichern und seiner Stabilisierung dienen, ohne den Bestand zu verändern und ohne seinen historischen oder materiellen Zeugniswert in irgendeiner Weise zu gefährden. Es wird damit also ausschließlich der weitere Verfall verhindert oder zumindest aufgehalten.«

Ganz generell lässt sich also sagen, dass sich eine größtmögliche Erhaltung der historischen Substanz eines Fahrzeugs zumindest im Hinblick auf die Werthaltigkeit, Authentizität und historische Richtigkeit immer als vorteilhaft erweist. Allerdings eben nicht um jeden Preis. An oberster Stelle muss – gerade bei so fahrdynamischen Fahrzeugen aus dem Hause Porsche – die Funktionalität stehen. Alleine der Sicherheit wegen, aber auch für ein Maximum an Fahrspaß. Daher mag es ein Historiker zwar als besonders wertvoll empfinden, wenn in einem mehr als 50 Jahre alten 911 noch die alten Stoßdämpfer anwesend sind. Den sportlichen Fahrer wird dieser Umstand indes kaum befriedigen. Kaum anders verhält es sich mit dem viel diskutierten Thema Patina. So kann die Erhaltung von Gebrauchsspuren, die von einem erlebnisreichen Autoleben erzählen, durchaus erstrebenswert sein. Allerdings sollte der Begriff Patina nicht so weit interpretiert werden, dass jegliche Art von Verschmutzung mit dem Status historischer Bedeutsamkeit geadelt wird. Kurz: Nicht jeder Dreck ist geschichtlich bewahrenswert! Etwa eine mehrere Millimeter dicke, zähe Harzschicht auf einem Vergaser, die lediglich von jahrzehntelanger Undichtigkeit und mangelnder Pflege zeugt und unter der sich möglicherweise sogar noch ein Haarriss verbirgt. Dasselbe gilt für jegliche Arten von Leitungen. Sei es bei den Hydraulik-, Öl- oder Kraftstoffsystemen. Gerade letzteren gilt ganz besonderes Augenmerk, denn die Fälle abgebrannter Fahrzeuge sind hinreichend bekannt.

In diesem Buch werden die möglichen »Wege zur Perfektion« und die in diesem Zusammenhang sinnvollen Verfahrenstechniken an einer ganzen Reihe von Fahrzeugen und Projekten aufgezeigt. Vom 911 für die Straße bis hin zu Rennfahrzeugen vom Schlage eines 917 und 956. Bei den historisch besonders bedeutsamen Automobilen – allen voran 917-001 – fließen zum besseren Verständnis auch etwas nähere Informationen zur jeweiligen Historie und Fahrzeugtechnik ein. Im einen und anderen Fall erfolgt die Beschreibung zum jeweiligen Fahrzeug notwendigerweise ausführlicher, mitunter werden aber auch nur besonders erwähnenswerte Details oder Aspekte der Restaurierung aufgegriffen. Jeweils abhängig davon, ob sich die ansonsten am Fahrzeug notwendigen Arbeiten bereits an anderer Stelle wiederfinden oder nicht. Auf diese Weise soll der Leser einen möglichst breiten Einblick in die Arbeiten bei einer Porsche-Fahrzeugrestaurierung erhalten. Dabei habe ich mich bemüht, Beschreibungen und Erklärungen möglichst allgemein verständlich und damit auch für den technischen Laien vernünftig konsumierbar zu halten.

2.1. 911 Carrera RS 2.7

Von einer Komplettrestaurierung eines Porsche-Klassikers träumt so mancher Porsche-Fan, um sein Fahrzeug sowohl technisch als auch optisch wieder in einen perfekten Zustand zu versetzen. So etwa ein japanischer Sammler. Er ließ seinen Wagen bei Porsche Classic einer umfassenden Restaurierung unterziehen. Sein 911 Carrera RS 2.7 aus dem Jahr 1973 zeigt in diesem Buch die notwendigen Arbeits- und Materialumfänge auf, wie sie oftmals beim 911 und insbesondere beim F-Modell auftreten.

911 Carrera RS 2.7: Zwischen dem bei Porsche Classic angelieferten Fahrzeug (hier bereits die ausgebeinte Karosserie) und dem fertigen Auto lag eine Werksrestaurierung.

Der 911 Carrera RS 2.7 auf der abschließenden Fotofahrt, bevor er zurück zu seinem Besitzer nach Japan ging.

911 S 2.0 Targa: Auch dieser Elfer durchlief eine Werksrestaurierung bei Porsche Classic.
Sein Besitzer: Kein Geringerer als der ehemalige Porsche-Werksfahrer Tetsu Ikuzawa.

2.2. 911 S 2.0 Targa

Eine weitere Restaurierung von Porsche Classic stellt auch der 911 S 2.0 Targa dar. Es handelt sich dabei um den Wagen des ersten japanischen Porsche-Werksfahrers Tetsu Ikuzawa. Der Japaner startete beispielsweise 1967 auf einem 906 Carrera 6, 1968 folgten Einsätze unter anderem mit dem 910. Im selben Jahr verpflichtete ihn Porsche schließlich als Werksfahrer für das 6-Stunden-Rennen von Watkins Glen, wo er an der Seite von Hans Herrmann und Joseph »Jo« Siffert einen hervorragenden sechsten Gesamtrang einfuhr. Seinen 911 S 2.0 Targa erwarb Ikuzawa 1969 als Neufahrzeug, verlor ihn nach dem Verkauf aber für 39 Jahre völlig aus den Augen und konnte ihn im Jahr 2008 wieder zurückkaufen. Die Restaurierung bei Porsche Classic zeigt neben den ohnehin üblichen Restaurierungsarbeiten an einem F-Modell des 911 auch die Besonderheiten auf, die ein früher 911 Targa im Karosseriebereich mit sich bringt.

Tetsu Ikuzawa mit seinem 911 2.0 S Targa in jenem Zustand, in dem er ihn 39 Jahre nach dem Verkauf wiederfand.

2.3. 911 Monte Carlo

Handelt es sich bereits bei Tetsu Ikuzawas 911 S 2.0 Targa um ein Fahrzeug von geschichtlichem Wert, so stellt der 911 Monte Carlo diesbezüglich nochmals eine große Steigerung dar, denn die Rennhistorie des 911 »Monte Carlo« mit der Chassis-Nummer 300055 aus dem Baujahr 1964 ist beeindruckend. So bestätigte die Geschäftsleitung der Porsche KG der Rennabteilung am 7. Dezember 1964 den Einsatz des rubinroten 911 bei der Rallye Monte Carlo 1965. Gleich beim ersten Sporteinsatz des noch brandneuen 911 gelang Herbert Linge als Fahrer und Peter Falk als Copilot ein kaum zu erwartender fünfter Gesamtrang.

1969 wurde der Wagen an Gérard Dantan Merlin (Pseudonym »GEDEHEM«) verkauft, der mit ihm Rallyes und Bergrennen fuhr. Von 1973 bis 1986 befand sich der 911 dann bei seinem vierten Besitzer, der ihn mit französischer Zulassung im Straßenverkehr bewegte. Ebenfalls im französischen Straßenverkehr erlebte dieser berühmte 911 die Zeit bei seinem fünften Besitzer, der ihn von 1986 bis 2012 genoss und ihn schließlich an einen deutschen Sammler verkaufte: Rolf Richter. Er ließ den Wagen schließlich von 2013 bis 2015 bei Porsche Classic restaurieren. Eine wunderbare Präsentation des Fahrzeugs folgte dann im November 2015 im Rahmen der Porsche Sound Nacht, bei der rund 1.000 Porsche Fans den Elfer zusammen mit seinem

911 Monte Carlo: Peter Falk und Herbert Linge Tür an Tür mit dem 911, mit dem sie 1965 einen formidablen fünften Gesamtrang einfuhren. Besitzer Rolf Richter ließ ihn bei Porsche Classic einer Werksrestaurierung unterziehen.

Peter Falk und Herbert Linge mit dem 911 im Schlosshof von Monaco. Das Ziel war erreicht!

heutigen Besitzer Rolf Richter sowie dem Monte-Carlo-Team von 1965, Herbert Linge und Peter Falk, erleben konnten.

Im Jahr 2018 nahm Herbert Linge auf Einladung des Porsche Museums die Rallye Monte-Carlo nochmals in verschiedenen Etappen unter die Räder. Mit dem restaurierten Originalfahrzeug von damals. »So schön war er damals als Neuwagen nicht«, zeigte sich Porsche-Urgestein Linge von der Restaurierungsarbeit beeindruckt und schwang sich nochmals ins Cockpit jenes legendären 911.

911 2.5 S/T: Der Amerikaner Michael »Mike« Keyser erwarb den Wagen 1971 und setzte ihn in der Saison 1972 bei zahlreichen Rennen in den USA und in der Sportwagen-WM ein. Auch dieses Fahrzeug wurde bei Porsche Classic werksrestauriert.

41
Shell
CIBIÉ
CIBIÉ
41

2.4. 911 2.5 S/T

Ebenfalls dem Rennsport verschrieben hatte sich der 911 S 2.5, im Volksmund gerne auch als 911 2.5 S/T bezeichnet. Entwickelt wurde der 911 2.5 S/T für Kundensporteinsätze in der Gruppe 3 (Serien-GT-Fahrzeuge) und Gruppe 4 (modifizierte GT-Fahrzeuge) und war von Ende 1971 an über die damalige Sportabteilung der Dr. Ing. h.c. F. Porsche KG zum Preis von 49.680 D-Mark in begrenzter Stückzahl erhältlich. Für Renneinsätze wie etwa bei der Targa Florio oder in Le Mans sowie im Rallyesport wurde das serienmäßige 911 2.4 S Coupé zum Mehrpreis von 19.000 D-Mark werksseitig konsequent nach Maßgabe des internationalen Sportgesetzes modifiziert und damit in einen 911 S 2.5 beziehungsweise 911 2.5 S/T verwandelt.

Im November 1971 erwarb der US-amerikanische Rennfahrer Michael »Mike« Keyser bei der Porsche Sportabteilung einen solchen 911 2.5 S/T und setzte ihn in der Saison 1972 bei zahlreichen Rennen in den USA und in der Sportwagen-Weltmeisterschaft ein. Am Steuer saß damals auch Jürgen Barth, Werksfahrer und Mitarbeiter der Porsche Sportabteilung. Der Gesamtsieger der 24 Stunden von Le Mans 1977 erinnerte sich mehr als 40 Jahre später noch gut an diese Zeit: »Mike Keyser hatte mich nach Sebring eingeladen und es war geplant, die gesamte Langstrecken-WM 1972 zu fahren. Mike hatte sogar ein kleines TV-Team engagiert, das ihn während der Saison begleitete.«

Zusammen mit Mike Keyser bestritt Jürgen Barth im 911 2.5 S/T in der Saison 1972 die 6 Stunden von Daytona, die 12 Stunden von Sebring im US-Bundesstaat Florida, ge-

Der 911 2.5 S/T im Jahr 1972 beim 1.000 km-Rennen auf dem Nürburgring. Jürgen Barth und Mike Keyser starteten für das Team Toad Hall Racing und wurden 13te im Gesamtklassement.

901 Nr. 57: Kuno Werner, Trödeltrupp-Experte Otto Schulte, der ehemalige 901-Besitzer Bernd Ibold und Alexander Klein (v.l.) mit dem piekfein restaurierten Ur-Elfer in der Werkstatt des Porsche Museums.

folgt von der Targa Florio sowie dem 1.000-Kilometer-Rennen auf dem Nürburgring. Zusammen mit dem Schweizer Sylvain Garant nahmen Keyser und Barth schließlich den Saisonhöhepunkt – die 24 Stunden von Le Mans – in Angriff. Hier gelang dem Trio unter der Bewerbung des Teams Louis Mezanarie nicht nur der Klassensieg bei den GT-Fahrzeugen bis 3 Liter Hubraum, sondern auch ein formidabler 13. Rang in der Gesamtwertung.

Historisch betrachtet ist dieser 911 nicht nur aufgrund seiner Rennsportvergangenheit ein überaus interessantes Fahrzeug. Vielmehr stellt der 911 2.5 S/T auch den direkten Vorgänger und die unmittelbare technische Vorstufe des 911 Carrera 2.8 RSR dar, der das Kürzel »RSR« für »Rennsport-Rennen« von 1973 an zum Inbegriff der höchsten technischen Entwicklungsstufe der 911 Rennfahrzeuge machte. Von 2014 bis 2016 wurde der Le-Mans-Klassensieger von 1972 bei Porsche Classic umfassend restauriert und im April 2016 auf der Techno Classica in Essen präsentiert. Entdeckt wurde der 911 2.5 S/T erst wenige Jahre zuvor in den USA, wo er ein bemitleidenswertes Dasein fristete.

2.5. 901 Nr. 57

Nach dreijähriger Restaurierung konnte das Porsche Museum in der Sonderausstellung »911 (901 Nr. 57) – Eine Legende nimmt Fahrt auf« vom 14. Dezember 2017 bis zum 8. April 2018 den ältesten Elfer der Sammlung präsentieren. Das rote Coupé entstand im Oktober 1964 als eines der ersten Serienmodelle des 911, noch unter der damaligen Typbezeichnung 901. Rund 50 Jahre lang fehlte ein solcher Ur-Elfer in der Sammlung des Porsche Museums.

Doch im Jahr 2014 stieß das TV-Team der Doku-Soap »Der Trödeltrupp – Das Geld liegt im Keller« beim Verwerten einer längst aufgegebenen Sammlung in einer Scheune auf zwei 911 aus den 1960er-Jahren. Bei der Rückfrage im Porsche Museum stellte sich heraus, dass einer der beiden Sportwagen mit der Fahrgestellnummer 300.057 zu den seltenen Exemplaren zählt, die vor der Umbenennung von 901 in 911 gebaut wurden. Kurzerhand erwarb das Porsche Museum beide 911 zum Schätzpreis unabhängiger Sachverständiger und schloss damit eine wichtige

Als „Nummer 57" im Porsche Museum eintraf, konnte sein Zustand nurmehr als bemitleidenswert bezeichnet werden. Eine Unmenge an Arbeit stand an.

Lücke in der Sammlung bedeutender Klassiker der Marke. Bis es jedoch soweit war, das Fahrzeug in restauriertem Zustand präsentieren zu können, war eine gehörige Portion Arbeit notwendig. Dabei bot der unrestaurierte Zustand des frühen 911 den Spezialisten des Porsche Museums unter Leitung von Kuno Werner die Möglichkeit, den Sportwagen so authentisch und originalgetreu wie möglich wieder aufzubauen. Insgesamt drei Jahre dauerte es, den stark von Rost zerfressenen Elfer mit zeitgenössischen Originalblechen in den ursprünglichen Zustand zurück zu versetzen.

2.6. 956-005

Ausschließlich für die Rennstrecke, genauer für die Gruppe C der Langstreckenweltmeisterschaft, wurde 1982 unter der Federführung von Norbert Singer der Porsche 956 geschaffen. Ein Rennwagen, der mit seinem neuen aerodynamischen Konzept und starker Down-force das bisher in diesem Bereich Dagewesene förmlich in den Schatten stellte. Gleich im ersten Einsatzjahr triumphierte Porsche mit einem grandiosen Dreifachsieg in Le Mans. Auf Platz eins Jacky Ickx und Derek Bell, dahinter Jochen Mass und Vern

Schuppan sowie auf Rang drei Hurley Haywood, Al Holbert und Jürgen Barth. Im Jahr darauf zeigte der 956 in Le Mans schließlich seine volle Dominanz. Nicht weniger als neun 956 fanden sich unter den ersten Zehn, lediglich Rang neun ging mit dem Sauber C7 an ein Fremdfabrikat. Und auch im Jahr darauf war gegen den 956 nicht der Anflug eines Krautes gewachsen. Diesmal fanden sich acht der Langstreckenrenner in den Top ten und lediglich die Plätze acht und zehn musste Porsche an Lancia und Lola abtreten. Last but not least waren die 956 auch 1985 an der Sarthe siegreich, bevor der weiterentwickelte, konstruktiv jedoch voll auf dem 956 basierende 962 diese Erfolgsserie fortsetzte. Kurzum: Neben dem 917 in seinen verschiedenen Evolutionsstufen sowie dem 919 Hybrid zählen die 956 / 962 zweifellos zu den herausragenden Porsche-Langstrecken-Rennwagen überhaupt. Von entsprechender Bedeutung ist ein 956 für die Sammlung des Porsche Museums. Dem hauseigenen Anspruch folgend natürlich in in voll einsatzbereitem Zustand. Daher startete das Porsche Museum Ende des Jahres 2014 das Projekt »Restaurierung 956-005«.

956-005: Projektchef Johannes Wüst (li.) und Mechaniker Walter Marelja (re.) bei der ersten Bestandsaufnahme. Äußerlich sah 956-005 absolut intakt aus, doch darunter krankte es sehr.

Jacky Ickx im Porsche 956 beim 1.000 km-Rennen auf dem Nürburgring 1983 (Gesamtsieger) im Streckenabschnitt „Karussell". Zusammen mit Jochen Mass gewann Ickx auf dem 956 das letzte 1.000-Kilometer-Rennen mit WM-Status auf der Nordschleife.

RACING
PORSCHE
Racing
Shell

917-001: Im Kleid des Le-Mans-Siegerwagens von Hans Hermann und Richard „Dick" Attwood wartet 917-001 am 29. Januar 2018 auf den Startschuss zur Rückführung in den Originalzustand von Genf 1969.

2.7. 917-001

Auch wenn 956 / 962 und 919 Hybrid für die Motorsportgeschichte von Porsche von herausragender Bedeutung sind, so übertrifft sie ein Fahrzeug dennoch: der 917. Für Porsche ist er ein Meilenstein. Ja mehr noch – ein Quantensprung. Bis zu seinem Erscheinen am 12. März 1969 auf dem Genfer Automobilsalon hatte sich Porsche in Le Mans zwei Jahrzehnte lang mit Klassensiegen begnügen müssen. Genau das sollte sich mit dem 917 ändern. »Ein Gesamtsieg in Le Mans war mehr wert als der Gewinn der Sportwagen-Weltmeisterschaft«, sagt Hans Mezger dazu, Chefkonstrukteur des 917. So ist es aus Sicht der Porsche AG und des Porsche Museums leicht nachvollziehbar, weshalb gerade der allererste 917 mit der Chassis-Nummer 001 von enormer Bedeutung ist. Zumal er 2019 seinen 50. Geburtstag feierte.

Nur runde elf Monate nach den ersten Überlegungen und Konstruktionsskizzen von Hans Mezger wurde der erste Porsche 917 mit der Chassis-Nummer 001 am Abend des 10. März 1969 fertiggestellt. Gerade noch rechtzeitig für die offizielle Pressevorstellung des neuen Gruppe-4-Sportwagens von Porsche zwei Tage darauf, am 12. März 1969 um 15.00

Uhr auf dem Genfer Automobilsalon. Kurze Zeit später, am 21. April 1969 waren schließlich alle vom Reglement geforderten 25 Exemplare fertiggestellt und der 917 erhielt von den Motorsportbehörden die Homologation und damit die Zulassung für Renneinsätze ab dem 1. Mai 1969. Doch ein Rennen wurde mit dem ersten dieser 25 Porsche 917 – 917-001 – nie bestritten, sondern er diente zeitlebens als Test- und Präsentationsfahrzeug.

Anlässlich des nahenden Jubiläums »50 Jahre 917« im Jahr 2019 entschloss sich das Porsche Museum 2017 dazu, 917-001 wieder in jenen ursprünglichen Zustand zu überführen, wie er seinerzeit bei der ersten Vorstellung in Genf 1969 herrschte. Wie auch bei 956-005 erforderte allein die Konstruktion des Fahrzeugs mit Aluminium-Gitterrohrrahmen und der mit ihm verklebten Glasfaser-Karosserie wieder völlig andere Vorgehensweisen und Verfahrenstechniken, wie sie bei Serienfahrzeugen zum Einsatz kommen. Unter der Maßgabe, bei der Rückführung von 917-001 in den Ursprungszustand so viel Originalsubstanz wie möglich zu erhalten, kam deshalb auch neueste 3D-Technik zum Einsatz.

Im Frühjahr 2019 lugt 917-001 im Ornat von Genf 1969 aus der Garage, bereit für das erste Roll-out auf dem Prüf- und Testgelände in Weissach.

2.8. 944 II

Die Vielschichtigkeit des Themas Restaurierung zeigt eine Reihe weiterer Beispiele auf, die inhaltlich in den jeweiligen Themengebieten abgehandelt werden. Etwa die Transaxle-Modelle. Die Porsche 924, 944, 968 und 928 erfreuen sich unter den Porsche-Enthusiasten immer größerer Beliebtheit und sind mittlerweile zu echten Klassikern gereift. Verglichen mit dem 911 und 356 sind sie – von den in sehr geringen Stückzahlen gebauten Modellen wie zum Beispiel einem 924 Carrera GT abgesehen – zu deutlich günstigeren Preisen zu erstehen, ohne jedoch weniger Spaß zu bereiten. Aufgrund des niedrigeren Preisgefüges, aber auch aufgrund der schon deutlich verbesserten Rostvorsorge sind Komplettrestaurierungen dieser Fahrzeuge im Vergleich zu 356 und 911 jedoch eher selten. Oftmals sind es nur bestimmte Bereiche des Fahrzeugs, die Arbeiten erfordern. Beim beispielhaft gezeigten 944 II aus dem Jahr 1985 handelt es sich um ein Fahrzeug, das seinerzeit von der Firma Hahn in Stuttgart an seinen Erstbesitzer – einen Professor – ausgeliefert

944 II: Auch die Transaxle-Porsche erfreuen sich einer treuen Fangemeinde. Ein bemerkenswert guter Gesamtzustand und eine lückenlose Dokumentation dieses Exemplars wurde lediglich durch ein gerissenes Armaturenbrett getrübt.

wurde. Er benutzte den Wagen fast ausschließlich dazu, um bei schönem Wetter damit zu seinen etwa 200 Kilometer entferneten Vorlesungsterminen zu fahren. 28 Jahre lang hegte und pflegte er seinen 944 II und so verfügt der Wagen bis heute über ein absolut lückenlos geführtes Scheckheft und eine in dieser Form eher selten anzutreffende Sammlung an Unterlagen, die vom ersten Bestellformular des Wagens bis zur allerletzten Inspektionsrechnung reicht.

Als ich den Wagen im Jahr 2013 erwarb, beeindruckte er mich vor allem mit dieser erstaunlichen Dokumentation, dem hervorragenden technischen Gesamtzustand sowie einer annähernd neuwertigen Innenausstattung. Allerdings hatte der Wagen auch Schwachstellen. Etwa einen rund 1 Meter langen Längskratzer auf der linken Fahrzeugseite, der offenbar beim Einfahren in die Garage passiert war. Zudem war das Armaturenbrett gerissen. Ein Defekt, der eher typisch für die erste Generation des 944 ist, aber auch bei der zweiten mitunter auftreten kann. So war etwas Detailarbeit notwendig, um den Wagen schließlich wieder in einen rundum präsentablen Zustand zu versetzen.

2.9. 928

Auch den 928 möchte ich in diesem Buch würdigen. Für mich ist er ein absolut grandioser Gran Turismo. Ein schneller, sportlicher Reisewagen, der zudem mit einem höchst variablen Raumkonzept aufwartet und hervorragende Fahreigenschaften und Fahrleistungen bietet. Aus meiner Sicht ein wirklich großer Wurf von Porsche, der im Zuge der völligen Neuausrichtung der Modellstrategie unter dem Vorstandsvorsitzenden Wendelin Wiedeking in den 1990er-Jahren jedoch keinerlei Überlebenschance mehr hatte.

Mein Freund Dr. Thomas Müller – vielen Porsche-Fans als Mitinitiator des Entenbürzeltreffens in Nördlingen bestens bekannt – beherbergte über viele Jahre hinweg das Erbstück seines Vaters: einen 928, Baujahr 1979. Als Thomas' Vater den Wagen 1981 gebraucht erwarb, störte ihn nicht, dass der Vorbesitzer den Wagen hatte umlackieren lassen. Dieser hatte das Fahrzeug in der Außenfarbe »Flieder«, kombiniert mit einer braun-beigen Innenausstattung namens »Kork« als Neuwagen bestellt. So erwarb er den 928 damals, doch als es von Freunden spöttische Kommentare ob der Farbkombination hagelte, erhielt der Wagen statt »Flieder« ein verträgliches Weiß.

Jahrzehnte später widmete sich Thomas schließlich dem 928 seines Vaters. Das beispielsweise im Motorraum noch sichtbare »Flieder« befand er als eine »eigentlich gar nicht so furchtbare Farbe« und machte das einzig Richtige: Er ließ den 928 bei einer Gesamtlaufleistung von 108.000 Kilometern durch Rudolf Bernt bei RSR-Motors im schwäbischen Bolheim wieder in den Originalzustand zurückversetzen. Aufgrund einer erheblichen Standzeit gleich in Kombination mit einer vollständigen Revision des Antriebsstrangs und des Fahrwerks. Auch über diesen, in dieser Farbkombination vermutlich ziemlich einzigartigen 928 lesen Sie an der einen und anderen Stelle in diesem Buch.

928: Ein 928 in Lila mit brauner Innenausstattung? Nein, es ist „Flieder“ und das Interieur heißt „Kork“. Was sich dahinter verbirgt? Eine interessante, gar amüsante Geschichte und die Restaurierung durch einen wahren Enthusiasten.

911 (993) Carrera S: Am Turbo-breiten Sauger ärgerten irgendwann die Speedline-Räder mit Undichtigkeit. Die Folge? Eine Restaurierung, die im Grund niemand machen möchte.

2.10. 911 (993) Carrera S

Als letzter Vertreterin der luftgekühlten 911-Generationen kommt der Modellreihe 993 eine besondere Rolle zu. Sie setzte in der vierten Generation des 911 den Schlusspunkt hinter eine bemerkenswerte Entwicklung. So hatte sich die Karosserieform – von Kotflügeln und Stoßstangen beziehungsweise PU-Teilen – seit 1963 nur sehr geringfügig verändert und selbst der Sechszylinder-Boxermotor entsprach in seinen Grundfesten noch dem, was Hans Mezger in den frühen 1960er-Jahren entwickelt hatte. Freilich mit mehr Hubraum, moderner Gemischaufbereitung und wesentlich mehr Leistung und Drehmoment.

Für mich zählt der 993 nach wie vor zu den begehrenswertesten Elfern. Im Jahr 2002 erfüllte ich mir schließlich den lange gehegten Wunsch in Form eines 911 Carrera S. Die breite Karosserie des Turbo gefiel mir schon immer hervorragend und ausschließlicher Heckantrieb musste aus meiner Sicht auch sein. Mit Übernahme des Fahrzeugs rüstete ich ihn von den ursprünglich montierten 17-Zoll-Rädern auf die 18-Zoll-Pendants von Speedline um, wie sie auch der 911 (993) Carrera RS trägt. Viele Jahre lang versahen die Räder klaglos ihren Dienst, bis sie schließlich undicht wurden und mich zur Restaurierung zwangen. Auch darüber will ich in diesem Buch berichten.

2.11. Fuhrmann-Motor und Flugmotor Typ 678

Auch der berühmte, von Dr. Ernst Fuhrmann entwickelte Viernockenwellen-Motor wird in diesem Buch gewürdigt. Sein komplexer Aufbau geht einher mit besonderen Anforderungen bei der Revision, aber auch mit besonders hohen Qualitäten hinsichtlich der Leistungs- und Drehmomentdarstellung, wie die unzähligen Rennerfolge dieser Motorengeneration belegen.

Von gänzlich anderem Geblüt ist hingegen der Porsche-Flugmotor des Typs 678. Er dient in diesem Buch als Beispiel für ein sogenanntes »static display«, also einen Ausstellungsmotor. Hierbei galt es vor allem, die historische Substanz bestmöglich zu bewahren, jedoch gleichzeitig ein repräsentatives Ergebnis zur Präsentation auf Luftfahrtveranstaltungen zu erzielen.

Porsche-Flugmotor, Typ 678: Ein Derivat des 356-Vierzylinders, restauriert als „Static Display" für das Porsche Museum. Ein Fall von Lack, Schwarzchrom und eingehender Oberflächenbehandlung.

Fuhrmann-Motor: Die Königswellen-Vierzylinder vom Typ 547 und 587 sind wahre Meisterwerke der Ingenieurskunst. Doch bei der Revision sind Akribie, Erfahrung und vor allem Geduld gefordert.

914/6: Der Mittelmotor-Sportler ist mittlerweile höchst begehrt. Im Rahmen dieses Buches dient er als Beispiel für die Aufarbeitung von Chrom-Stoßstangen.

2.12. 914 / 6 und Carrera GT »recommissioned«

Weitere punktuell in diesem Buch behandelte Fahrzeuge sind schließlich der Porsche 914 / 6 sowie der Carrera GT »recommissioned«. Während der 914 / 6 beispielhaft für die Restaurierung von Chromstoßstangen dient, zeigt der Carrera GT »recommissioned« eine besondere Art der Beschichtung von Rädern auf.

Carrera GT „recommissioned“: Der Wunsch des Kunden nach einem hochglänzenden Felgenbett wurde mittels einer Silberbeschichtung realisiert.

3 Porsche Museum und Porsche Classic

Das Porsche Museum: Hier verdichtet sich die Geschichte von Porsche in einer für den Besucher immer wieder neu gestalteten Erlebniswelt.

Porsche Classic: Gegenwärtig spannt sich der Bogen an relevanten Porsche-Klassikern vom 356 bis zum Carrera GT und auch der Cayenne wird folgen.

3.1. Vielfältige Geschichtspflege

Seit das Porsche Museum am Porscheplatz 1 in Stuttgart-Zuffenhausen am 31. Januar 2009 seine ersten Besucher empfing, entwickelte es sich mehr und mehr zum Mittelpunkt der Marke, an dem Vergangenheit und Zukunft von Porsche zusammentreffen. »Nach einem fulminanten Start vor zehn Jahren sind wir nie vom Gas gegangen und haben mit unserem lebendigen Konzept mehr erreicht als angenommen«, blickte Achim Stejskal, Leiter des Porsche Museums und der Historischen Kommunikation, anlässlich des 10-jährigen Jubiläums im Jahr 2019 zurück. Bereits seit 1974 präsentierte Porsche eine Ausstellung von rund 20 Exponaten am Stammsitz in Zuffenhausen, damals noch im Werk 2. Mit der Einweihung des neuen Museums im Jahr 2009 konnte die Dauerausstellung dann auf mehr als 80 Exponate erweitert werden.

»Pro Jahr zeigen wir mehrere wechselnde Sonderausstellungen zu besonderen Anlässen und Jubiläen. Zudem haben wir eigene Veranstaltungsformate kreiert, die sich inzwischen zu einem festen Bestandteil in unserem Jahreskalender etabliert haben«, erklärt Achim Stejskal weiter. Bei Drucklegung dieses Buches konnte das Porsche Museum seit der Eröffnung im Jahr 2009 mehr als 4,5 Millionen Besucher aus aller Welt empfangen. »Tatsächlich sind deutlich mehr Menschen mit unserer Historie in Berührung gekommen, denn wir setzen unsere Unternehmenssammlung, die mehr als 600 Fahrzeuge umfasst, auch weltweit zu den unterschiedlichsten Anlässen ein.«, so Stejskal weiter. So sind die fahrenden Botschafter der Marke – das Rollende Museum – Jahr für Jahr auf Rallyes und Motorsportveranstaltun-

Achim Stejskal, Leiter Öffentlichkeitsarbeit & Presse, Historische Kommunikation und Porsche Museum gen in der ganzen Welt, darunter auch China, USA, Tasmanien, Japan und Südafrika, unterwegs.

Ein großer Teil der Fahrzeugsammlung befindet sich in fahrfähigem und betriebsbereitem Zustand. Ein Umstand, der für das Porsche Museum große Bedeutung hat. Schließlich leben die Sport- und Rennfahrzeuge von Porsche doch vor allem von ihrer Fahrdynamik – und die gilt es den Porsche-Fans in aller Welt immer wieder eindrucksvoll zu demonstrieren. Von zentraler Bedeutung ist dabei auch das Historische Archiv der Porsche AG, das mehrere Kilometer an Papier- und Aktenmaterial, einige Millionen Fotos, etliche tausend Stunden Filmmaterial sowie viele tausend Bücher, Poster und Werbeanzeigen beherbergt. Einen wahren Schatz stellen zudem die zu fast allen historischen Fahrzeugen archivierten Konstruktionszeichnungen, Stücklisten, Einsatzprotokolle, Entwicklungsdokumentationen und Fotos dar. Sie sind oftmals die unersetzliche Grundlage für die Arbeiten, wenn sich das Porsche Museum zur Restaurierung eines Fahrzeugs entschließt.

Während das Porsche Museum Fahrzeuge ausschließlich für eigene Unternehmenszwecke restauriert und betriebsbereit hält, stellt Porsche Classic die Restaurierung von Kundenfahrzeugen in den Fokus. Mitunter unterstützt dieser Geschäftsbereich das Porsche Museum aber auch bei der Restaurierung firmeneigener Fahrzeuge.

Vor allem die Versorgung mit Originalteilen ist eine der zentralen Aufgaben von Porsche Classic. Wer einen Porsche-Klassiker – und das ist gemäß Werksdefinition jeder, dessen Serienproduktion vor mindestens zehn Jahren eingestellt wurde – sein Eigen nennt, legt zumeist allergrößten Wert auf dessen Funktions- und Werterhaltung. So umfasst das Sortiment an Porsche Originalteilen für klassische Porsche mit Stand 2019 mehr als 52.000 Positionen und jährlich kommen zahlreiche Teileneuauflagen hinzu. Weltweit hat Porsche Classic die Betreuung von Fahrzeugklassikern durch die Einrichtung von Porsche Classic Partnern und Porsche Classic Zentren deutlich intensiviert.

Das Porsche Museum am Porsche-Platz in Stuttgart-Zuffenhausen ist seit 2009 der Ort der Begegnung für Porsche-Fans aus aller Welt.

3.2. Kuno Werner,
Leiter Werkstatt Porsche Museum

Empathische Restaurierung

Für mich persönlich stellt die Restaurierung des 901 Nr. 57 ein wirkliches Highlight in meiner bisherigen Laufbahn dar. Nicht zuletzt deshalb, weil wir bei seiner Restaurierung zum Teil ganz spezielle Wege eingeschlagen haben. Bereits während meiner Ausbildungszeit im elterlichen Betrieb beschäftigte ich mich mit der Fahrzeugrestaurierung, was ich dann später bei Porsche nahtlos fortsetzen durfte. Dennoch brachte gerade die Restaurierung des 901 Nr. 57 auch nach vielen Jahren in diesem Tätigkeitsbereich viel Neues mit sich.

Wie immer, wenn wir im Porsche Museum die Restaurierung eines Fahrzeugs angehen, handelte es sich auch bei diesem Projekt um eine Teamarbeit. Ganz zu Anfang diskutierten wir lebhaft über die Zielsetzung bei der Restaurierung und formulierten schließlich die Prämisse »Empathische Restaurierung«. Das bedeutete insbesondere, die Beziehung zwischen dem Auto und seinem ehemaligen Besitzer mit einfließen zu lassen. Immerhin besaß es der Mann mehr als 30 Jahre lang und hatte mit dem Wagen unzählige schöne Erlebnisse.

Lassen Sie uns eine Zierleiste als Beispiel nehmen. Natürlich ist man als Restaurator angesichts einer perfekten, angesichts der umfangreichen Karosseriereparaturen aber unvermeidlichen Neulackierung versucht, hierfür dann auch ein Neuteil zu verwenden. Genau das haben wir bei der Nummer 57 aber nicht getan. Entsprechend wurde die beispielhaft erwähnte originale Zierleiste weiterverwendet und bestmöglich aufgearbeitet und poliert. Die eine oder andere verbleibende Macke durfte sie als Geschichtsspur dabei durchaus gerne behalten. Sozusagen als bleibende Erinnerung und Beleg dafür, dass sie mehr als ein halbes Jahrhundert am Fahrzeug verbracht hatte.

In der Summe vieler solcher Details stand am Ende schließlich ein Fahrzeug, das lebt, einen ganz besonderen Charme ausstrahlt und Emotionen weckt. So wurden beispielsweise auch die Scheiben, ein darauf angebrachter Polizei-Aufkleber, Teile der Innenausstattung oder auch die Rücksitze lediglich aufgearbeitet und weiterverwendet.

Kurzum, wir legten allergrößten Wert darauf, im Sinne bestmöglicher Authentizität so viel Originalsubstanz wie möglich zu erhalten oder – wo nötig – bei der Instandsetzung soweit möglich auf Ersatzmaterialien jener Zeit zurückzugreifen. Etwa im Bereich der Karosserie, wo wir nicht auf fertig konfektionierten Teilblechersatz zurückgriffen, sondern die zu ersetzenden Blechpartien, wo immer es möglich war, einer gut erhaltenen Blechkarosserie aus dem Jahr 1965 entnahmen.

Aber auch bei vermeintlich kleinen, unscheinbaren Details waren die Herausforderungen groß. Dabei ging es mitunter um Nuancen wie Türknöpfe oder die Anzahl und Art der Verschraubungen an verschiedenen Blenden, die sich beim 901 von Baumonat zu Baumonat durchaus unterscheiden können. Letztlich war es genau das Zusammenspiel aus akribischer Detailtreue, Genauigkeit, historischer Richtigkeit und dem konsequenten, liebevollen Beibehalten originaler Substanz, was diese »empathische Restaurierung« von allen bisherigen abhob.

3.3. Alexander Klein,
Leiter Fahrzeugsammlung und Heritage Experience

Spurensuche

Wir haben im Porsche Museum einen großen Fundus von insgesamt rund 640 Fahrzeugen. Ziel des Porsche Museums ist es, die Fahrzeuge nicht nur auszustellen, sondern sie erlebbar zu machen. Aus diesem Grund ist der Ausstellungsbereich des Porsche Museums auch so konzipiert, dass Fahrzeuge leicht ausgetauscht werden können. So findet der Besucher mitunter fast wöchentlich eine leicht veränderte Ausstellung wieder, weil wir natürlich immer wieder zeigen wollen, dass die Autos das noch können, wofür sie einst gebaut wurden: fahren und begeistern! Daher legen wir auf die Fahrbereitschaft unserer Sammlung besonders großen Wert.

Dabei steht die Instandhaltung des historischen Fuhrparks im Vordergrund, vornehmlich durch die Instandsetzung beziehungsweise Reparatur von einzelnen Gewerken.

Den Ausnahmefall unter unseren Fahrzeugen bildet hingegen die Restaurierung und damit die Rückführung eines Fahrzeugs in seinen Ausgangszustand. Glücklicherweise befinden sich die allermeisten unserer Fahrzeuge jedoch noch in ihrem ursprünglichen Zustand, den sie nach Ende ihrer Dienst- oder Renneinsatzzeit hatten.

Aus diesem Grund besteht unsere vordringliche Aufgabe meist in der Konservierung und Bewahrung dieses Zustandes. Etwa bei unserem 910/8, dessen Zustand von 1968 wir ganz bewusst durch behutsame Aufarbeitung und Konservierung bestmöglich erhalten haben. In seltenen Fällen ist eine Restaurierung aber unumgänglich – etwa dann, wenn ein Fahrzeug über die Jahrzehnte große Teile seiner Substanz eingebüßt hat. Als Beispiel dafür dient der 901 Nr. 57, bei dem ein erheblicher Teil der Fahrzeugsubstanz schlicht nicht mehr vorhanden war. Das Hauptziel bei der Restaurierung der Nummer 57 bestand insbesondere darin, eben nicht den Auslieferungszustand von damals – sozusagen die Stunde null – wiederherzustellen. Vielmehr setzten wir alles daran, die mehr als 50 Jahre umfassende Geschichte des Fahrzeugs mit ihren Spuren wo immer möglich und sinnvoll zu bewahren. Das macht das Auto am Ende in hohem Maße authentisch.

Als besonders hilfreich erweist sich bei unseren Restaurierungen der Zugriff auf Produktionsunterlagen, Stücklisten, technische Zeichnungen, aber mitunter auch Dokumente zur Unternehmensgeschichte. So stießen wir bei unseren Recherchen beispielsweise auch darauf, dass die Umstellung der Modellbezeichnung von 901 auf 911 zeitgleich mit dem Bau unseres Fahrzeuges erfolgte. Wie sich bei den Nachforschungen weiter ergab, handelt es sich bei der Nummer 57 gleichzeitig um den letzten, an diesem Tag der Entscheidung, dem 22. Oktober 1964, zur Änderung der Modellbezeichnung gebauten 901. Die Restaurierung des 901 Nr. 57 war also mit einem guten Stück Detektivarbeit verbunden und Spurensuche im Hinblick darauf, was tatsächlich an Originalsubstanz vorhanden war und beibehalten werden konnte. Am Ende gilt für jede Instandsetzung der Anspruch, das Fahrzeug wieder so hinzubekommen, wie es tatsächlich war und nicht wie es hätte sein können.

3.4. Armin Burger, Koordination Motorsport Porsche Museum

Teamarbeit mit Zeitzeugen

Als ich die Leitung und Organisation der Restaurierung des allerersten Porsche 917 – 917-001 – übernehmen durfte, war dies für mich etwas ganz Besonderes. Besonders deshalb, weil es sich um das erste Exemplar seiner Art handelte, aber auch weil ich den größten Teil meiner Berufslaufbahn im Motorsport verbringen durfte. 917-001 stellt ohne Zweifel den Nukleus der 917-Ära dar und ist für das Porsche Museum eines der bedeutendsten Fahrzeuge überhaupt. Vielleicht sogar das Bedeutendste.

Ganz zu Anfang stand in unserem Team dabei die Gretchenfrage zur Diskussion: »Dürfen wir dieses Fahrzeug denn überhaupt restaurieren beziehungsweise in seinen Ursprungszustand zurückführen, wie er bei der Präsentation am 12. März 1969 in Genf herrschte?«. Schließlich handelte es sich um ein historisch absolut korrektes Fahrzeug, das nach dem ersten Gesamtsieg in Le Mans auf den Wunsch der Presseabteilung zu Promotion-Zwecken zu einem 917 Kurzheck in der Lackierung des Le-Mans-Siegerwagens von 1970 umgebaut wurde.

Schließlich entschieden wir uns für den Rückbau in den Zustand von Genf 1969 – insbesondere deshalb, weil es sich dabei um den allerersten 917 handelt, aber auch, weil wir vermuten durften, dass von der damaligen Originalsubstanz noch vieles erhalten geblieben war. Wir rechneten uns von Beginn an gute Chancen aus, dass wir 917-001 am Ende in einen sehr originalen Zustand verwandeln konnten.

Die Art und Weise der Restaurierung oder vielmehr der Rückführung von 917-001 bot Herausforderungen in jeder Hinsicht. Neben einem Lastenheft, in dem die Zielsetzungen im Hinblick auf Originalität, Funktionalität und zeitlicher Umsetzung formuliert waren, hielt die Anfangsphase dieses Projektes vor allem viel Recherche-Arbeit bereit. So mussten die aus der damaligen Zeit noch verfügbaren Konstruktionszeichnungen, technische Dokumentationen, interner Schriftverkehr und Fotografien gesammelt, gesichtet und evaluiert werden. Phase zwei beinhaltete das Zerlegen des Fahrzeugs und die Bewertung der Originalsubstanz. Phase drei stellte schließlich den Rückbau unter der Prämisse »maximale Erhaltung der Originalsubstanz von Genf 1969« dar.

Neben den zum Teil außergewöhnlichen Restaurierungstechniken beinhaltete die Rückführung von 917-001 aber vor allem auch den Dialog mit Zeitzeugen aus jenen Tagen. Hans Mezger, Peter Falk, Norbert Singer, Klaus Ziegler und viele andere ehemals am Projekt 917 beteiligte Porsche-Mitarbeiter waren zu befragen, wenn es um Details ging, die sich nicht mehr ohne Weiteres anhand von Unterlagen klären ließen. Mehr als einmal verspürte ich im Gespräch mit diesen großartigen Ingenieuren und Technikern Gänsehaut, denn die meisten von ihnen hatte ich zu ihrer aktiven beruflichen Zeit noch selbst erlebt. Stets strahlten sie große Souveränität aus – sie waren Respektspersonen und sind es bis heute. Diese ganz besondere Teamarbeit zusammen mit den Zeitzeugen jener Tage macht für mich die ganz besondere Qualität dieses Restaurierungsprojektes aus.

Hightech für die Restaurierung: Alfred Kist und seine Firma ORCA Restoration GmbH haben sich mit modernsten Mitteln auf die Restaurierung, Wartung und Instandsetzung vor allem von Porsche-Rennfahrzeugen spezialisiert.

917

4 Zustand und Begutachtung eines Restaurierungsobjekts

Als Begutachtungsmittel für ein Fahrzeug dient heute auch der 3D-Scan. Damit lassen sich beispielsweise später durchgeführte Änderungen exakt nachvollziehen oder – etwa im Falle einer Beschädigung – die notwendigen Reparaturen mit höchster Genauigkeit durchführen.

Die Fahrgestellnummer in der Konsolenmitte – hier beim 911 Carrera RS 2.7 – ist eines der wichtigen Identifikationsmerkmale.

4.1. Prüfung der Originalität und Zustandsbestimmung

Wohl kaum wird ein Begriff in der Klassiker-Szene so gerne verwendet wie »Originalität«. Dabei driften die Definitionen einigermaßen auseinander. Was ist original? Wenn das Fahrzeug in allen Details dem damaligen Auslieferungszustand entspricht? Oder handelt es sich auch dann um ein Original, wenn es sich um ein mehrfach umgebautes Wettbewerbsfahrzeug handelt, das beispielsweise aus Gründen sich verändernder Reglements im Verlauf seiner Einsatzzeit zwangsläufig Modifikationen erfahren hatte? Beides ist richtig, wie insbesondere die Geschichte von 917-001 und seine mehrfach vorgenommenen Modifikationen aufzeigen.

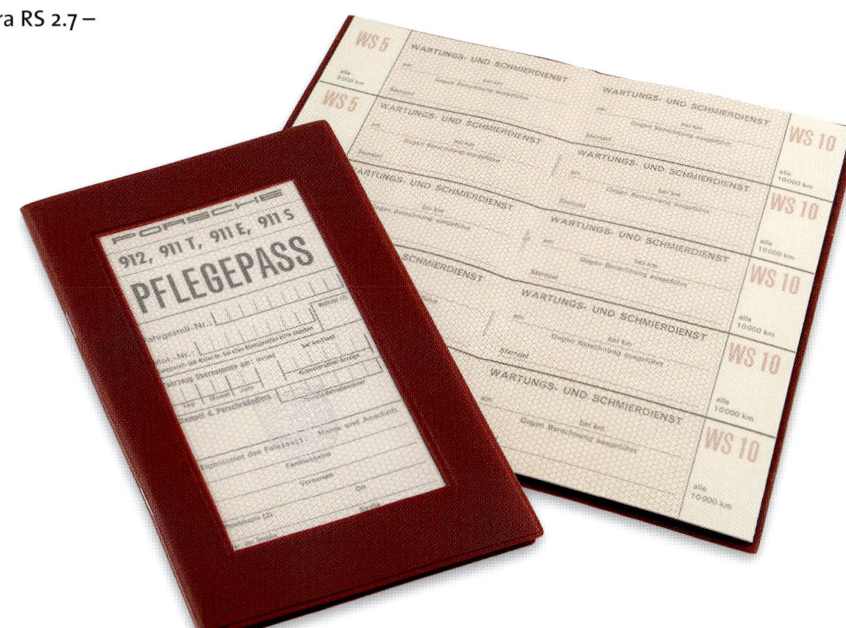

Ein sauber dokumentierter Pflegepass – das sogenannte Scheckheft – ist stets ein großer Pluspunkt.

Links vorne unter dem Armaturenbrett wurde die Fahrgestellnummer oftmals handschriftlich aufgebracht. Ein gutes Indiz für die Originalität.

Für besondere Fahrzeuge wie den 911 2.5 S/T liefern spezielle Unterlagen wie der Sporttechnische Leitfaden wertvolle Informationen bezüglich der technischen Spezifikation und Ausstattung für Wettbewerbszwecke.

Zur Beurteilung von Originalität und Gesamtzustand ist eine eingehende Recherche unerlässlich, um entscheidende Fragen zu beantworten. Passen Motor und Getriebe zur Fahrgestellnummer? Entsprechen Farbe und Ausstattungsdetails dem damaligen Auslieferungszustand oder sind sie zumindest modelljahrkonform?

Verfügt das Fahrzeug gar über eine besondere Vergangenheit und eine einwandfrei nachvollziehbare Wartungsdokumentation? Alle diese Antworten haben maßgeblichen Einfluss auf den Marktwert des Fahrzeugs – sowohl beim Kauf des Restaurierungsobjekts als auch in fertig restauriertem Zustand. Je vollständiger sich ein Serienfahrzeug im Hinblick auf seinen damaligen Auslieferungszustand und ein Rennfahrzeug hinsichtlich des jeweiligen Einsatzjahres präsentiert, desto besser. Nicht zu vergessen die Vollständigkeit der Dokumentation über die Jahrzehnte hinweg.

Ist der Kaufinteressent nicht selbst ausgewiesener Experte, was die Originalitäts- und Zustandsbeurteilung angeht, so empfiehlt sich unter allen Umständen die Expertise durch einen unabhängigen Spezialisten. Denn für historisch als auch technisch weniger beschlagene Laien kann sich der aus Enthusiasmus vorschnell erworbene Porsche-Klassiker später durchaus zum Groschengrab entwickeln. Eine genaue, detaillierte Begutachtung durch einen Fachmann ist also unbedingt angeraten.

4.2. Lackschichtdickenmessung und Thermografie

Als ich mir in den vergangenen Jahren verschiedene Fahrzeuge ansah, fiel mir unter anderem ein dunkelgrüner 356 B auf, der zweifellos wie aus dem Ei gepellt dastand. »Vollrestauriert« war dazu zu lesen und in der Tat hatten Karosseriebauer und Lackierer hier scheinbar eine absolut meisterhafte Arbeit abgeliefert. So zumindest der Eindruck aus zwei Metern Entfernung. Keine noch so kleine Welle zierte die Karosserie, die Übergänge von Kotflügeln zu Türen waren perfekt und »die

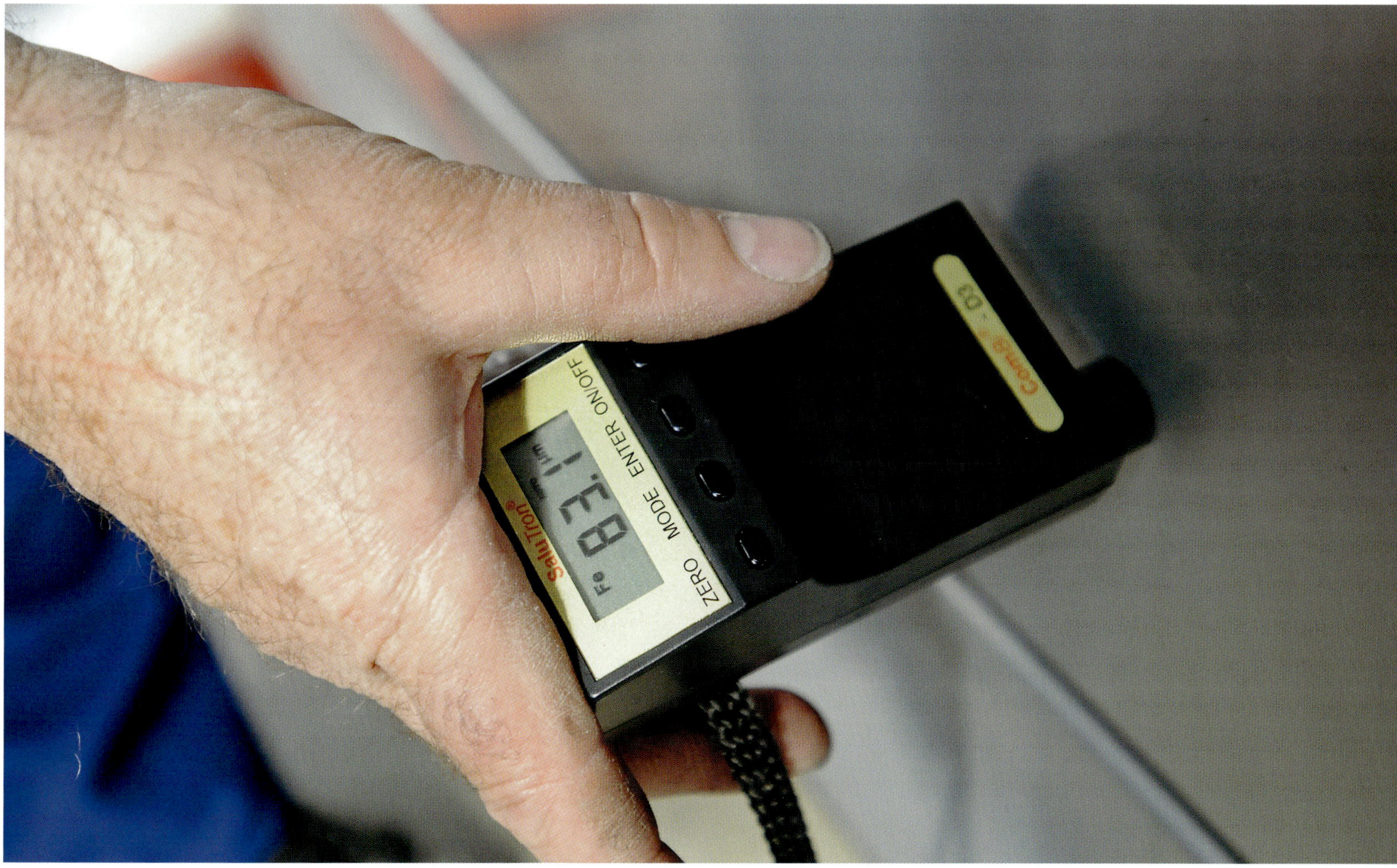

Die Lackschichtdickenmessung gibt Aufschluss darüber, ob ein Fahrzeug beispielsweise nachlackiert wurde.

Flächen standen«, wie man im Fachjargon salopp zu sagen pflegt. Dazu passten auch das makellose, vollständig neu aufgebaute Interieur sowie der gemäß den Angaben des Verkäufers komplett revidierte Motor. Zum Preis von rund 80.000 Euro also ein absolut verlockendes Schnäppchen, eingedenk der Tatsache, dass alleine die Restaurierungskosten für einen 356 durchaus 150.000 Euro und mehr verschlingen können. Angesichts dessen macht ein solcher Preis aber auch hellhörig.

Wie immer ist Vertrauen beim Klassiker-Kauf gut und bis zu einem gewissen Grad auch notwendig, doch Kontrolle erweist sich als noch sehr viel besser. Deshalb untersucht der Interessent das Objekt der Begierde nur zu gerne mit einem Lackschichtstärkenmesser, um die tatsächliche Qualität dessen, was unter dem schmucken Farbkleid steckt, zumindest etwas näher beurteilen zu können. Doch die sich beim Messen ergebenden Schwankungen waren in diesem Fall enorm. Während Dach, Motor- und Kofferraumhaube im Bereich von 200 bis 250 Mikrometer (0,15 bis 0,25 mm) lagen, wiesen die Türen im unteren Bereich mehr als 3,5 Millimeter Materialauftrag auf dem Karosserieblech auf. Ebenso die beiden Kotflügel in deren vorderen Bereichen. Ein klares Indiz dafür, dass der Karosseriebauer es bei der Blechbearbeitung alles andere als genau genommen hatte und seine unzulängliche Arbeit vermutlich mit reichlich Spachtelmasse und viel Schleifarbeit ausgeglichen hatte.

»Es lässt sich jedoch nicht pauschal sagen, dass eine Lackschichtstärke oberhalb von 400 oder 500 Mikrometer automatisch schlampige Arbeit oder gar Murks bedeutet. Je

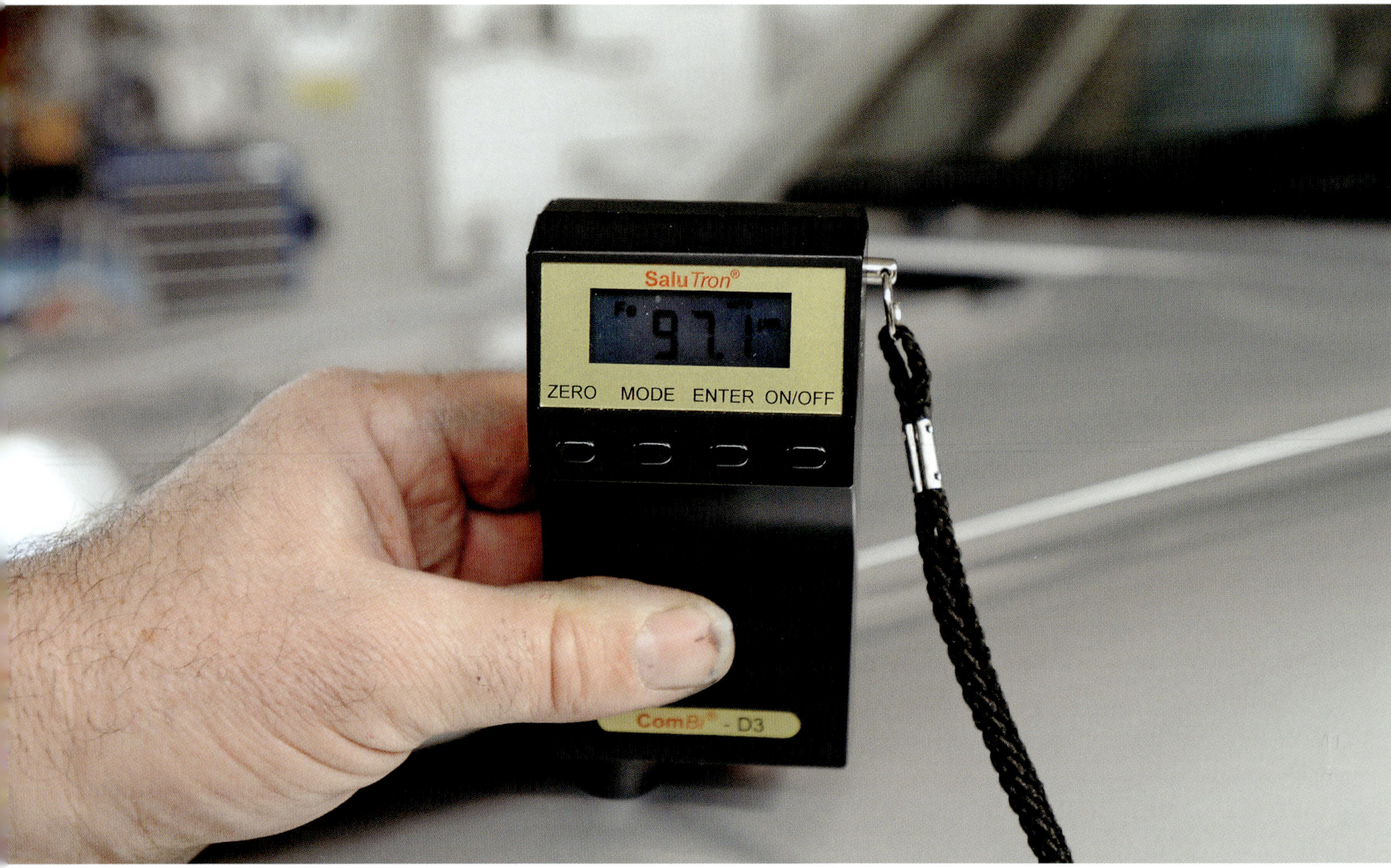

Das Salu Tron ComBi-D3 ist ein in Lackierbetrieben verbreitetes Gerät zur Messung von Lackschichtdicken.

nachdem, um welchen Fahrzeugtyp es sich handelt und welche Lackqualität der Kunde schließlich wünscht, können durchaus Bereiche von 800 bis 1.000 Mikrometer erreicht werden. Etwa dann, wenn der Kunde aus individuellen Gründen nach mehreren Schichten Klarlacküberzug mit mehreren feinen Zwischenschliffen verlangt. Allerdings sollten die Schichtstärken in den verschiedenen Karosseriebereichen nicht zu stark divergieren oder gar punktuelle Extremwerte aufweisen. Ist dies der Fall, deutet es in der Regel schon auf nachlässige Arbeit im Karosseriebereich hin. Ebenso können gemessene Schichtstärken von 400 oder 500 Mikrometer dann auftreten, wenn beispielsweise ein substanziell noch guter Altlack ganz bewusst als Unterbau erhalten, angeschliffen und überlackiert wurde«, erklärt dazu Theo Beutinger, der mit seinem Betrieb im oberschwäbischen Bad Saulgau schon vielen automobilen Preziosen wie beispielsweise dem Mercedes 300 SLR Uhlenhaut-Coupé zu absolut perfekten Lackierungen verhalf und auch für das Lackkleid von 956-005 verantwortlich zeichnete.

So lassen sich Schichtstärken also nicht verallgemeinern, sondern sind sehr vom Fahrzeug, dessen Substanz, aber natürlich auch von der Arbeitsqualität des Karosseriebauers abhängig. Gerade bei sehr alten Fahrzeugen aus der Vorkriegs- oder frühen Nachkriegszeit, die aufgrund der damals üblichen Fertigungsmethoden bereits ab Werk stark unterschiedliche Maßhaltigkeiten im Karosseriebereich aufwiesen, sind Ausgleichsarbeiten in Form des Spachtelns oder satten Füllerns oftmals gar nicht vollständig zu vermeiden.

Sehr viel leichter fällt die Beurteilung von Lackqualität und Karosseriearbeit bei späteren Fahrzeugen. Deutlich verbesserte Karosseriemaßhaltigkeit aufgrund verbesserter Fertigungsmethoden, ab Mitte der 1970er-Jahre stetig optimierter Korrosionsschutz und der Einsatz von sehr widerstandsfähigen 2-Komponenten-Acryllacken lieferte hier nach und nach bereits ab Werk sehr viel bessere Lack- und Karosserieergebnisse, die sich heute auch sehr viel eindeutiger und präziser beurteilen lassen, wie sich am Beispiel des 911 Carrera S vom Typ 993 mit der mir in allen Details bekannten Karosserie-Historie verifizieren lässt.

Um uns ein schlüssiges Bild vom Gesamtzustand der Lackierung sowie des Lackunterbaus zu machen, nahmen wir Messungen an insgesamt neun Karosseriepartien mit dem in der Branche weit verbreiteten Lackstärkenmesser Salu Tron ComP-D3 für Metallkarosserien aus Stahl und Aluminiumblech vor: an den Kotflügeln vorne und hinten, den Türen sowie der Fronthaube, dem Dach sowie dem Motordeckel.

An den Türen ergaben sich Lackstärken von 83,1 respektive 89,1 Mikrometer. Werte, die diese Partien als vollständig serienmäßig und nachlackierungsfrei auswiesen. Ebenso nachlackierungsfrei präsentierten sich der Motordeckel (99,5 Mikrometer), das Dach (111 Mikrometer), die Fronthaube (113 Mikrometer), der Kotflügel hinten rechts (99,5 Mikrometer) sowie der Kotflügel vorne links (97,1 Mikrometer).

Aufgrund mehrerer massiver Steinschläge erhielt der vordere rechte Kotflügel des 911 vor Jahren jedoch eine Nachlackierung, die sich bei unserer Messung in einer Schichtstärke von 166 Mikrometer niederschlug. Hier wurde die nur punktuell durch die Steinschläge beschädigte, substanziell jedoch einwandfreie Originallackierung erhalten und überlackiert, was sich in einer zusätzlichen Schichtstärke von rund 68,9 Mikrometer äußerte. Ein ebenso nachvollziehbares wie absolut tolerierbares Messergebnis, ebenso wie beim Kotflügel hinten links. Hier war im Rahmen einer Inspektion in der Werkstatt aus Schusseligkeit eine kleine Blechtafel auf den oberen Kotflügelbereich unterhalb des Heckfensters gefallen, was einen etwa 10 Zentimeter langen und tiefen Kratzer zur Folge hatte. Beilackieren war hier unumgänglich und schlug sich bei unserer Messung mit 129 Mikrometer und damit 29,5 Mikrometer zusätzlicher Schichtstärke nieder. Als Fazit können wir im Falle unseres 993 Carrera S also festhalten, dass Messwerte im Bereich von circa 80 bis 115 Mikrometer in den Bereich der originalen Serienlackierung fallen, um circa 30 Mikrometer erhöhte Werte auf eine leichte Beilackierung hinweisen und darüber hinaus erhöhte Werte auf eine umfassendere Nachlackierung schließen lassen.

Bei Lackierbetrieben und Gutachtern weit verbreitet ist das Schichtdickenmessgerät SaluTron ComBi-D3. Es ermöglicht Messungen von nichtmagnetischen Schichten wie Chrom, Lack, Zink, Kunststoff, Emaille sowie Kupfer auf Stahl- und Eisensubstraten. Ebenso können isolierende Schichten wie Lacke, Kunststoffe, Emaille, Papier, Gummi, Glas etc. auf Substraten wie Aluminium, Zink, Kupfer, Messing und einigen Edelstahlsorten (nichtmagnetische Metalle) gemessen werden. Das Messen von eloxiertem Aluminium ist ebenfalls möglich. Praktisch ist zudem die automatische Umschaltung auf die erforderliche Messmethode für magnetische beziehungsweise nichtmagnetische Untergründe. Trägt sich der engagierte Oldtimer-Fan mit der Anschaffung eines Schichtdickenmessers, so darf das Salu Tron ComBi-D3 aufgrund seiner enormen Vielseitigkeit durchaus als Empfehlung gelten. Allerdings hat es mit rund 680 Euro auch einen stattlichen Preis. Angesichts der mitunter sechs- und siebenstelligen Kaufpreise für manche Fahrzeuge aber geradezu ein Trinkgeld, das in Verbindung mit einem bei der Begutachtung hinzugezogenen Fachmann hervorragend angelegt ist.

Sozusagen bis aufs Metall durch die Lackierung hindurch zu schauen – das ermöglicht die Thermografie in Form sogenannter Thermoscans, einem Verfahren, das bereits seit Jahren in der Luft- und Raumfahrt eingesetzt wird. Im Gegensatz zur herkömmlichen punktuellen Lackschichtstärkenmessung durch Berührung der Karosserie mit einem Messfühler erfasst der Thermoscan gesamte Karosseriebereiche aus Stahl, Aluminium, GFK und CFK sowie folierte Flächen und liefert die Messergebnisse in einem Bildformat.

Ein Endoskop bietet vielfältige Möglichkeiten dorthin zu blicken, wo man gemeinhin nicht hinsieht. Etwa in die Zylinder des Motors, um die Ablagerungen auf den Kolbenböden zu betrachten.

944 II: Kaum Ablagerungen auf den Kolbenböden, intakte Zylinderlaufflächen, keine Korrosion im Bereich hintere Seitenwand/Schweller und auch das Siebrohr ist einwandfrei.

4.3. Endoskopie

Innerlich wie äußerlich erschien mein 944 II nahezu makellos und mit nur geringen Gebrauchsspuren, dazu verfügte er über ein lückenlos geführtes Wartungsheft und stammte auch noch aus erster Hand. Ein toller Fang für den Porsche-Enthusiasten, so schien es zumindest. Doch was ist mit möglicherweise vorhandenen, unsichtbaren Mängeln? Findet sich Korrosion in den Hohlräumen der Karosserie? Braucht der Motor am Ende viel Öl?

Um Fragen dieser Art wenigstens teilweise zuverlässig zu beantworten und um die Qualität eines Old- und Youngtimers etwas tiefgründiger und gleichzeitig schnell zu ermitteln, greifen Begutachtungsprofis daher auch zum Endoskop. Ähnlich wie ein Arzt im medizinischen Bereich, etwa bei einer Darm- oder Magenspiegelung. Hierbei liefert eine mittels eines Kabels eingeführte Miniaturkamera Bilder in Echtzeit, die entweder als Foto oder als Videofilm abgespeichert und anschließend genau analysiert und interpretiert werden können.

Wenngleich für leistungsfähige Endoskope leicht mehrere hundert Euro investiert werden können, so genügt für die zuverlässige Oldtimer-Begutachtung bereits ein deutlich günstigeres Gerät, wie etwa das PeakTech 5600. Es verfügt über einen abnehmbaren, per Videokabel verbundenen 3,5-Zoll-TFT-Monitor und eine hochauflösende Kamera mit sechs integrierten, dimmbaren LED zur Beleuchtung. Das Abspeichern der Bilddaten in Form von Fotos und Videos erfolgt auf einer SD-Speicherkarte mit 4 GB Speicherkapazität. Die maximale Qualität beträgt beim Video HD 720p, bei den Fotos 3 Megapixel – also mehr als ausreichend gute Werte für eine spätere zuverlässige Beurteilung. Der Durchmesser der flexiblen Kamera ist mit nur 8,2 mm zudem gering genug, um auch durch kleinere Öffnungen wie etwa eine Zündkerzengewindebohrung zu gelangen. Für besonders gute Betrachtungsmöglichkeiten hält das PeakTech-Endoskop zudem einen S-Video-Ausgang zum Anschluss eines großen externen Monitors vor. Begutachtungen bei dunklen Lichtverhältnissen erleichtert obendrein eine integrierte LED-Leuchte zum Beleuchten der Arbeitsumgebung.

Beispielhaft haben wir bei unserem Porsche 944 damit durchs Kerzenloch geblickt. Zu unserer Begeisterung zeigte er sehr saubere, helle Kolbenböden sowie einwandfreie Zylinderlaufbahnen. Ein klares Indiz dafür, dass sowohl Kolbenringe wie auch Ventilschaftabdichtungen in vorzüglichem Zustand sind. Ein Blick in den Bereich der hinteren Seitenwände lieferte zudem die Erkenntnis, dass unser 944 selbst in diesem bei den Transaxle-Modellen neuralgischen Bereich korrosionsfrei ist. Last but not least warfen wir einen Blick in den Endschalldämpfer, der äußerlich zwar gut aussah, innen jedoch Korrosionsschäden hätte haben können. Doch auch hier war alles bestens.

4.4. Prüfverfahren für Metalle

Insbesondere bei der Restaurierung von Rennfahrzeugen wie 956-005 und 917-001 sind zerstörungsfreie Materialprüfungen von großer Bedeutung. In aller Regel gehorchen solche Rennfahrzeuge den in der damaligen Zeit darstellbaren Leichtbaukonzepten. Daher kommen bei Ihnen insbesondere Leichtmetalle wie Titan und Magnesium zum Einsatz. Gerade bei Magnesiumbauteilen wie Radträgern, Rädern oder Motor- und Getriebegehäusen nagt jedoch der Zahn der Zeit und es können Materialschwächungen, beispielsweise aufgrund von Korrosion, oder auch Haarrisse aufgrund einer eingetretenen Überbeanspruchung (bspw. ein Unfall), eingetreten sein. Diese Materialschwächungen sind nicht unbedingt mit einer Sichtprüfung auszumachen, weshalb hierbei spezielle Prüfverfahren zum Einsatz kommen. Dies erfolgt grundsätzlich, um den Fahrern später maximale Sicherheit zu gewährleisten. Daher an dieser Stelle kurz zu den wichtigsten Prüfverfahren.

Ein oft angewandtes Verfahren ist die Magnetpulverprüfung, auch Fluxprüfung genannt, zum Nachweis von Rissen im Oberflächenbereich ferromagnetischer Stoffen. Im Luftfahrtbereich zählt dieses Verfahren zu den Standardanwendungen bei Motorrevisionen und kommt insbesondere bei der Rissprüfung von Kurbelwellen zum Einsatz. Auch bei der Revision von Rennmotoren wird es häufig angewandt. Ebenso können damit Stahlrohre oder auch Schweißnähte geprüft werden. Bei der Prüfung selbst wird das zu prüfende Bauteil oder der zu prüfende Teilbereich des Bauteils magnetisiert. Sind Risse vorhanden, werden die ansonsten parallel zur Oberfläche verlaufenden Magnetfeldlinien durchbrochen und erzeugen ein Streufeld. Bringt man Eisenoxidpulver oder, was häufig angewandt wird, ein Eisenoxid-Ölgemisch auf den zu prüfenden Bereich, so sammelt sich dieses an der Fehlstelle an und macht sie erkennbar. Einne Erweiterung des Verfahrens besteht darin, das Eisenoxid fluoreszierend zu umschließen, was unter UV-Licht eine noch bessere Sichtbarkeit möglicher Risse erlaubt. Allerdings lassen sich mit diesem Verfahren nur oberflächennahe Risse zuverlässig lokalisieren.

Ein weiteres Verfahren zur Rissprüfung stellt die Farbeindringprüfung dar. Hierbei werden die Kapillarwirkungen von Rissen oder Poren zur Lokalisierung genutzt. Eine meist rote Kontrasterflüssigkeit wird aufgebracht und dringt in Risse und Poren ein. Nach einer gewissen Einwirkzeit und anschließenden Reinigung erfolgt das Aufbringen des sogenannten, meist weißen Entwicklerpulvers oder der Entwicklerlösung. Sind Risse vorhanden, so wird der darin enthaltene Kontraster vom Entwickler absorbiert und der Riss wird aufgrund des Farbkontrastes sichtbar. Diese Art der Rissprüfung kann auch unter Verwendung von fluoreszierendem Eindringmittel und der anschließenden Betrachtung unter UV-Bestrahlung erfolgen. Hierbei treten mögliche Risse noch sehr viel deutlicher hervor und die Beurteilung kann wesentlich zuverlässiger erfolgen. Beide Verfahren eignen sich für Metalle aller Art und können bei unterschiedlichsten Bauteilen zum Einsatz kommen. Gerade auch bei der Motorrevision kommen diese Verfahren beispielsweise bei der Prüfung von Kurbelwellen zum Einsatz.

Eine noch bessere Beurteilung – insbesondere von Gussbauteilen – gestattet die Röntgenprüfung, bei dem ein zweidimensionales Bild des zu prüfenden Bauteils erzeugt wird. Daraus gehen aber gewisse Einschränkungen hervor, denn die Auflösung ist unter anderem stark von der Geometrie des Gussbauteils, seinen Wanddicken und dementsprechend dem Durchstrahlungsweg abhängig. Gerade bei dickwandigen Bauteilen kann daher keine hundertprozentige Beurteilung über Fehlstellen erfolgen. Aus diesem Grund kommt häufig die Computer-Tomographie zum Einsatz, die eine wesentlich höhere Aussagekraft bietet, allerdings auch teurer ist als die herkömmliche Röntgenprüfung.

Die konsequente Anwendung jeweils geeigneter Prüfverfahren ist gerade bei der Restaurierung von Rennfahrzeugen alternativlos. Im späteren Fahrbetrieb hängt letztlich das Leben des Fahrers (und das der Zuschauer an der Strecke) vom einwandfreien Zustand kritischer Bauteile, wie etwa Magnesium-Radträgern, ab. Nicht umsonst kommentiert Hans-Joachim »Strietzel« Stuck das Einsteigen in einen vom Porsche Museum und der Porsche-Rennabteilung aufgebauten Rennwagen mit dem simplen Satz: »Es ist für mich wie eine Lebensversicherung!«.

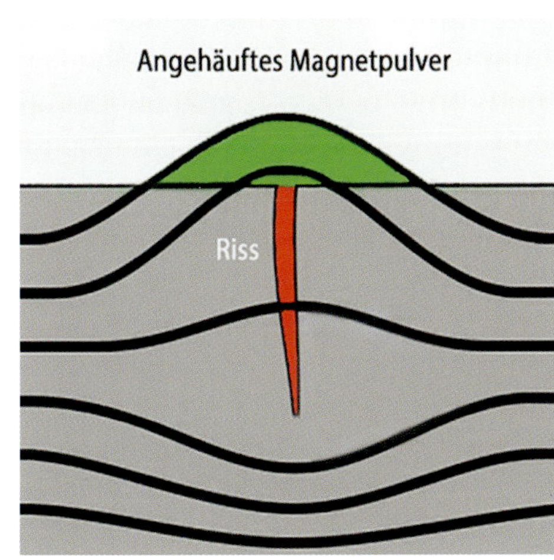

Schematische Darstellung der Magnetpulverprüfung.

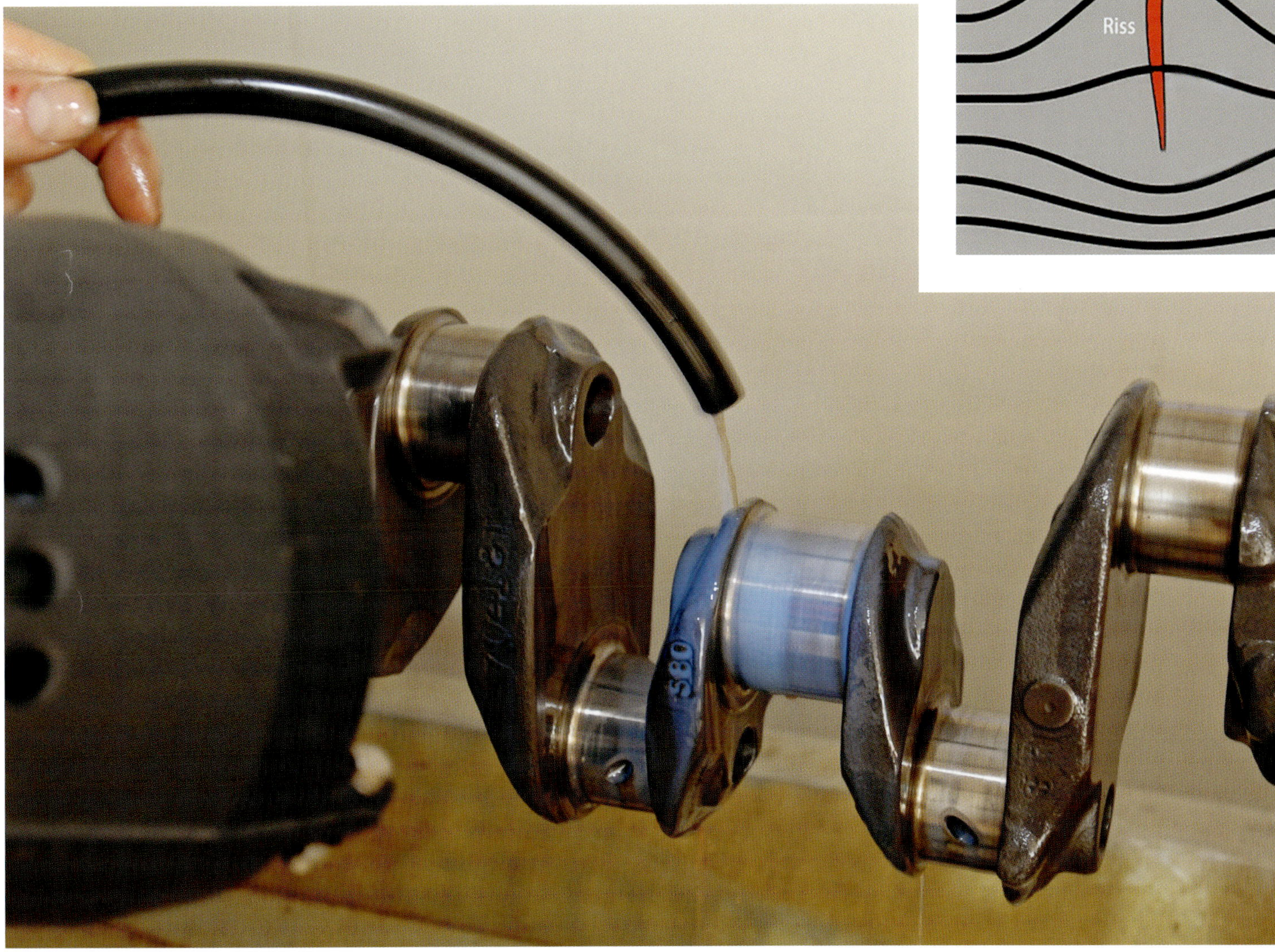

Rissprüfung einer Kurbelwelle im Bereich des Hauptlagerzapfens.

5 Restaurierung von Karosserie und Fahrwerk

Karosseriearbeiten setzt vor allem Handwerkskunst voraus. Wie hier beim 911 Carrera RS 2.7 sind dabei die Originallehren ein unersetzliches Werkzeug.

5.1. Karosserie- und Fahrwerks-instandsetzung

Der bei Porsche Classic im Werk 1 in Stuttgart-Zuffenhausen angelieferte 911 Carrera RS 2.7 entpuppte sich auf den ersten flüchtigen Blick als noch ganz rüstiger Oldtimer, doch bei genauerer Betrachtung als kränkelnder Patient, der dringend kurativer Behandlung bedurfte. Unter dem augenscheinlich properen gelben Lack blickte uns bereits am Karosseriefalz des rechten hinteren Kotflügels hin zur Motorhaube eine grobe Lackabsplitterung entgegen, unter der sich nicht nur mehrere Schichten alter Firnis, sondern auch noch reichlich Spachtelmasse ausmachen ließen.

»Gerade auch am schweren Kofferraumdeckel merken Sie, wie viel Material da drauf ist. Der Wagen hatte einen schweren Unfall, der unsachgemäß instandgesetzt wurde. Dabei wurden auch die Dachrahmen zu weit nach unten gezogen, so dass nicht einmal mehr die Fensterrahmen passen«, klärte der zuständige Karosseriebauer Jörg Oppenländer weiter auf. Auch die beiden vorderen Seitenteile trugen sehr viel Ausgleichsmaterial und mussten ebenfalls ersetzt werden. Ebenso wie der gesamte Unterboden sowie die Schweller, die stark korrodiert waren.

Auch die auf den ersten Blick noch durchaus tauglichen Türen des 911 Carrera RS 2.7 waren reif für eine Grundüberholung, denn unten im Falz hatte sich der Rost schon stark

Die Blechteile des 911 Carrera RS 2.7 – hier vor den alten Prüfstandsgebäuden aufgenommen – wurden allesamt durch Neuteile ersetzt.

eingenistet. »Den bekommen Sie da nie hundertprozentig raus. Da muss man neue Türblätter drauf machen. Die Türrahmen des 2,7 Liter-RS gibt es (zu diesem Zeitpunkt; Anm. d. Red.) aber nicht mehr neu. Die haben spezielle Merkmale, etwa vorne, wo der Kontaktschalter drauf läuft oder wo die Fensterrahmen eingeschraubt sind«, erklärte der Karosserieexperte weiter.

Die vermeintlich gute Substanz des 911 Carrera RS erfuhr auch bei der Betrachtung der linken vorderen Radlaufwand eine jähe Zäsur. »Hier wurde ebenfalls unsachgemäß repariert und lediglich ein Blechstück aufgedoppelt und verschweißt«, konstatierte der Karosserieexperte hier.

So oder ähnlich fallen zahlreiche Bestandsaufnahmen jahrzehntealter 911 oder 356 aus. Auch bei Tetsu Ikuzawas 911 S 2.0 Targa offenbarten sich zahlreiche Rostlöcher, nahezu durchgebrochene Schweller und ein alles andere als noch maßhaltiger Targabügel.

Die Entlackung selbst erfolgte in allen gezeigten Fällen auf chemischem Wege im Tauchbad und lieferte schließlich jeweils nicht nur eine blitzblanke Karosserie, sondern auch eine, die bisher noch nicht erkennbaren Reparaturbedarf sichtbar machte. »Entsprechend kann es dann sein, dass wir nochmals mit dem Kunden Rücksprache halten, den bisherigen Kostenvoranschlag aktualisieren und die weiter notwendigen Arbeiten besprechen«, so der Karosseriebauer weiter.

Vom Entlacken zurück, wurden schließlich etliche reparaturbedürftige Stellen sichtbar, die bisher noch unter den dicken Lackschichten verborgen waren. Beim 911 Carrera RS 2.7 etwa Teile im Bereich der hinteren Seitenfenster, die einem Schweizer Käse jederzeit zur Ehre gereicht hätten. Das wirklich Gute an diesem Wagen war aber, dass er ein authentisches Auto mit übereinstimmender Fahrgestell- und Motornummer war. Die Produktionsnummer war, wie es sich gehört, in der Mitte der Armaturentafel eingeschlagen. Auf Fälschungen spezialisierte Gauner gehen bisweilen aber sogar so weit, diesen Teil, beispielsweise an einer 911 S-Karosserie, herauszutrennen und durch ein entsprechendes RS-Teil einer zerstörten Originalkarosserie zu ersetzen.

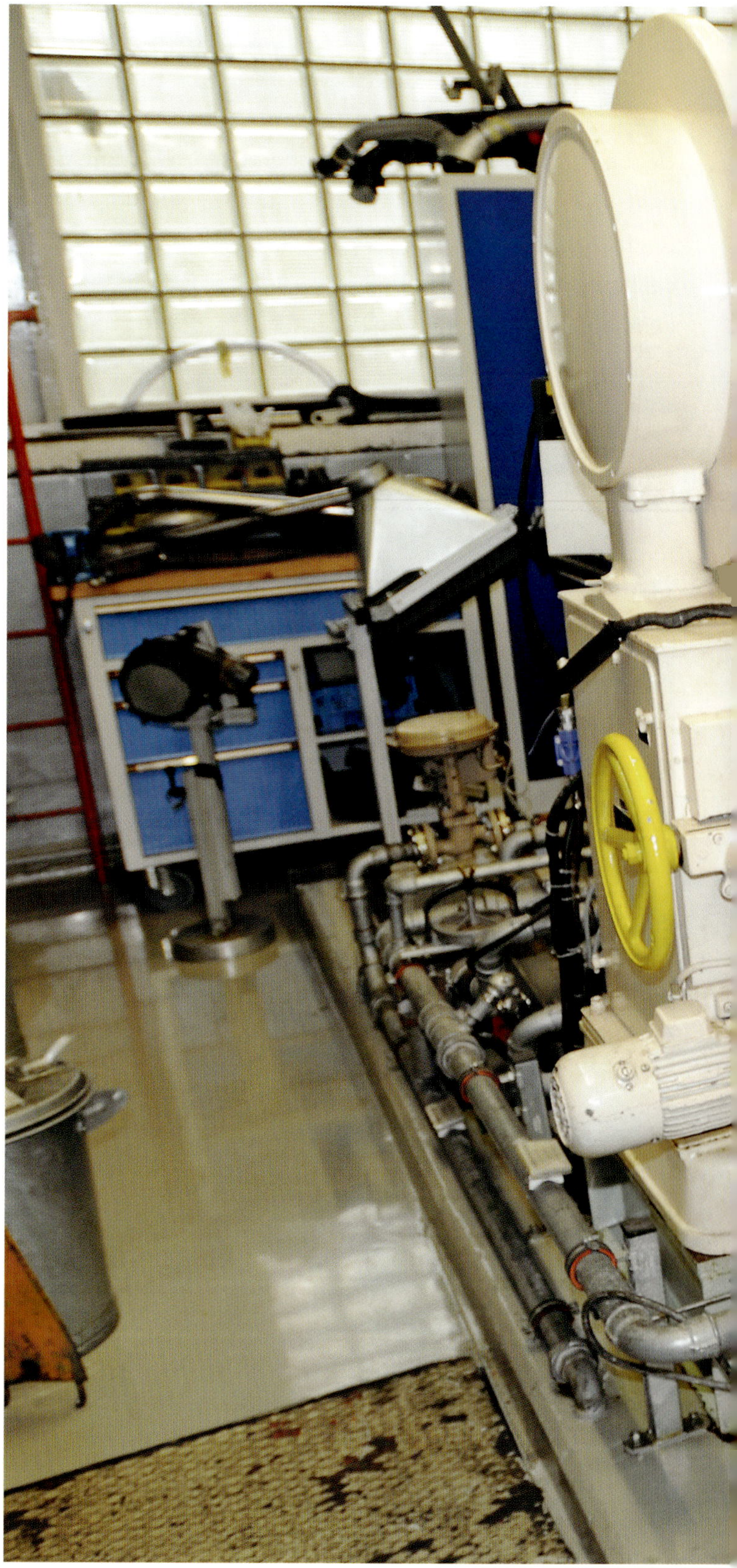

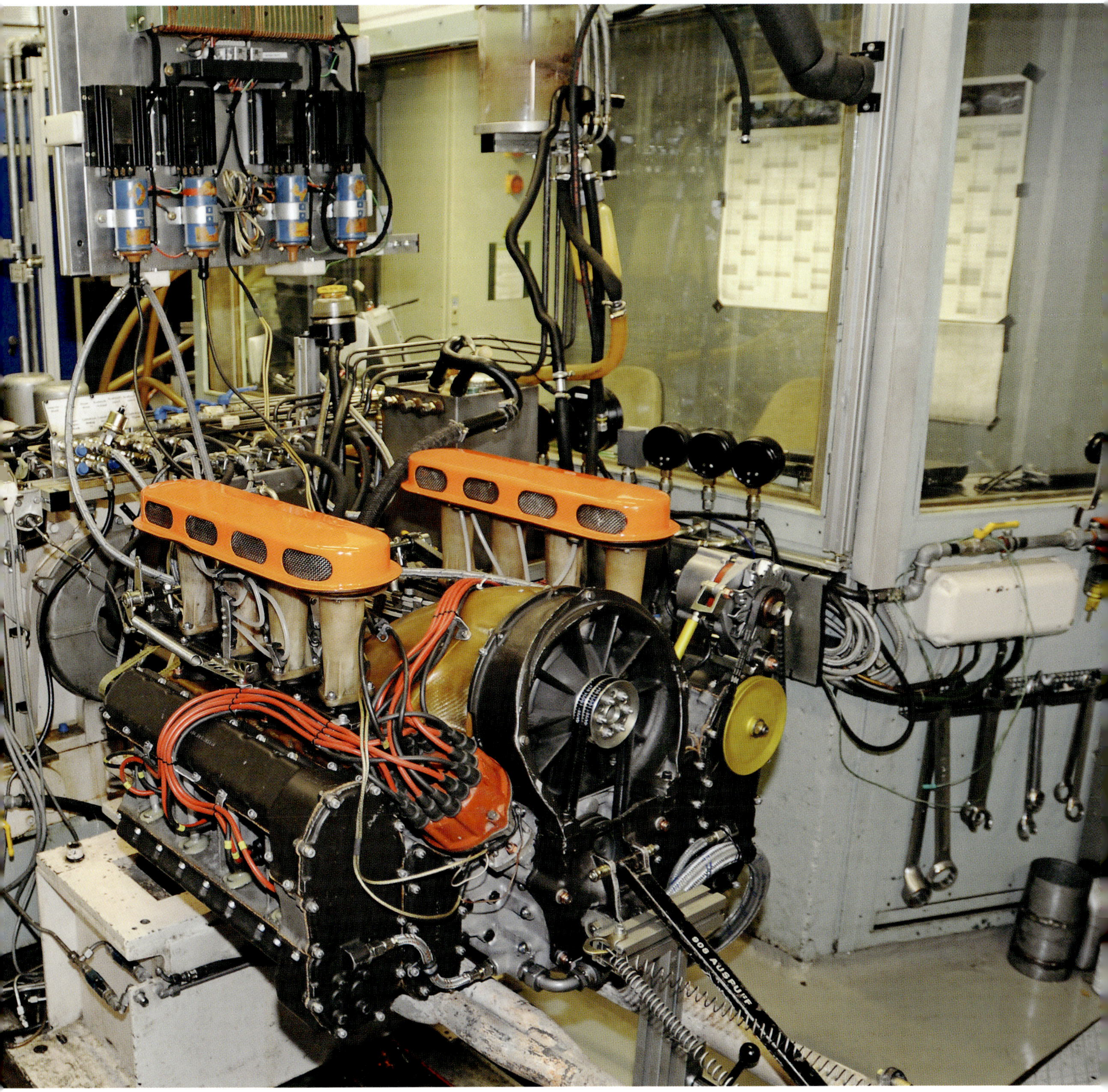

Ich nutzte die Gelegenheit und durfte einen Blick in einen der alten Prüfstandsräume werfen. Hier ist ein Motor vom Typ 908 montiert.

Im Bereich des rechten Heckfensters zeigte sich das Blech des 911 Carrera RS 2.7 völlig perforiert.

Derartig betrügerische Schweißarbeiten erkennt man dann zum Teil erst nach dem Entlacken. Wenn überhaupt.

Vollständig entlackt offenbarten die Blechkleider der Restaurierungsprojekte fast in jedem Winkel Schwächen, die es zu beheben galt. So etwa neue Unterböden, Schweller oder Partien der Fensterrahmen, die mit Teilersatz-Blechen in viel Handarbeit wieder in makellosen Zustand versetzt wurden. Während ein Großteil der Schweißarbeiten auf herkömmliche Weise mit dem Schutzgasschweißgerät bewerkstelligt wird, kommt bei all jenen Karosseriepartien, wo Porsche in der Serienfertigung einst Punktschweißungen durchführte, auch heute eine Punktschweißmaschine zum Einsatz. Ein technisches Kriterium, das selbst kritische Originalitäts-Fetischisten befriedigt.

Nicht minder beeindruckend präsentierte sich den Karosseriebauern das Arbeitsfeld beim 911 S/T 2.5. Nicht nur, dass der Wagen in grauer Vorzeit irgendwann einmal vom F- in ein G-Modell umgebaut wurde. Er erlitt auch einen veritablen Unfallschaden, der seinerzeit unsachgemäß instandgesetzt wurde. Knicke im Mitteltunnel sowie an den Längsträgern, erheblicher Rost an den Radlaufwänden – all dies hatte zu einer massiven Gesamtschädigung der Karosserie geführt. Gar nicht mehr vorhanden war indes der hintere Querträger und da das Fahrzeug Berichten zufolge von Kindern als Spielgefährte missbraucht worden war, ließ sich auch das Dach nicht mehr verwenden.

Dementsprechend aufwendig gestalteten sich die Karosseriearbeiten, die unter anderem auch den anspruchsvollen Umbau und die teils in völliger Handarbeit ausgeführte Nachfertigung der Radlaufwände umfassten. Last but not least erhielt der S/T ein »neues gebrauchtes« Dach sowie einen neu angefertigten Tankboden.

Für den Umbau eines 911 S in einen 911 S 2.5 – so heißt der 911 2.5 S/T laut Porsche-Sportleitfaden eigentlich korrekt – erfuhren Karosserie und Fahrwerk seinerzeit tiefgreifende Änderungen. Breitere vordere Kotflügel aus Stahlblech sowie ebenfalls aus Stahlblech gefertigte Kotflügelverbreiterungen hinten ermöglichten die Montage von 7 be-

Die Reparatur im Bereich des rechten Heckfensters erfolgte durch fachgerechtes Einsetzen einer neuen Blechpartie.

ziehungsweise 9 Zoll (Serie: vorne und hinten 6 Zoll) breiten 15-Zoll-Rädern, auf die Reifen der Dimensionen 4.75/10.00-15 respektive 4.30/11.60-15 aufgezogen waren. Im Verein mit dem tiefergelegten Serienfahrwerk des 911 S, auswechselbaren Stabilisatoren vorne und hinten sowie Sportbremsbelägen und Rennbremsflüssigkeit war der lediglich 960 Kilogramm schwere und mit einem 110 Liter fassenden Tank ausgerüstete 911 S 2.5 damit bestens für hohe Querdynamik und lange Stints gerüstet.

Bei der Karosserieinstandsetzung arbeitet Porsche Classic traditionell mit den Original-Karosserielehren, wie sie seinerzeit auch in der Produktion zum Einsatz kamen. Sie sind eine unabdingbare Voraussetzung, um Verzüge durch Schweiß- oder Hartlötarbeiten auszuschließen und perfekte Maßhaltigkeit zu gewährleisten. Die optimale Ergänzung hierzu bildete schließlich modernste Technik. So kommen bei den Werksrestaurierungen neben Rahmenrichtbänken der neuesten Generation auch computergestützte Laser-Mess-Systeme zum Einsatz.

Eine hochinteressante Variante der Karosserierestaurierung bot der 901 Nr. 57 des Porsche Museums. Viele Baugruppen dieses Scheunenfundes waren sehr stark korrodiert und damit unbrauchbar. Andere Teile wie etwa der Innen- und Außenschweller rechts, die vordere Stoßstange und deren Aufnahmen fehlten sogar ganz. Und im Fahrwerksbereich sah es nicht viel besser aus. Der Rostfraß hatte allen Achs- und Achslenkeraufnahmen an Vorder- und Hinterachse stark zugesetzt und die beiden Längsträger hinten im Bereich des Hinterachsquerrohres waren gänzlich abgerostet. Bei der Restaurierung legte das Team um Kuno Werner, Leiter der Porsche Museumswerkstatt, daher größtmöglichen Wert auf Authentizität und Originalität.

Nach dem Zerlegen ging der übrig gebliebene Torso des 901 zum Entrosten und Entlacken ins chemische Vollbad. Dieses Verfahren ist sehr viel schonender als alle mechanischen Verfahren, die mit Strahlgut arbeiten. Die Oberflächen kamen in genau dem Zustand wieder ans Tageslicht, in dem sie vor über 50 Jahren versiegelt wurden. »Man kann

Der Hinterachsbereich des 911 Carrera RS 2.7 zum Zeitpunkt der Montage. Technisch als auch optisch bleiben hier keine Wünsche offen.

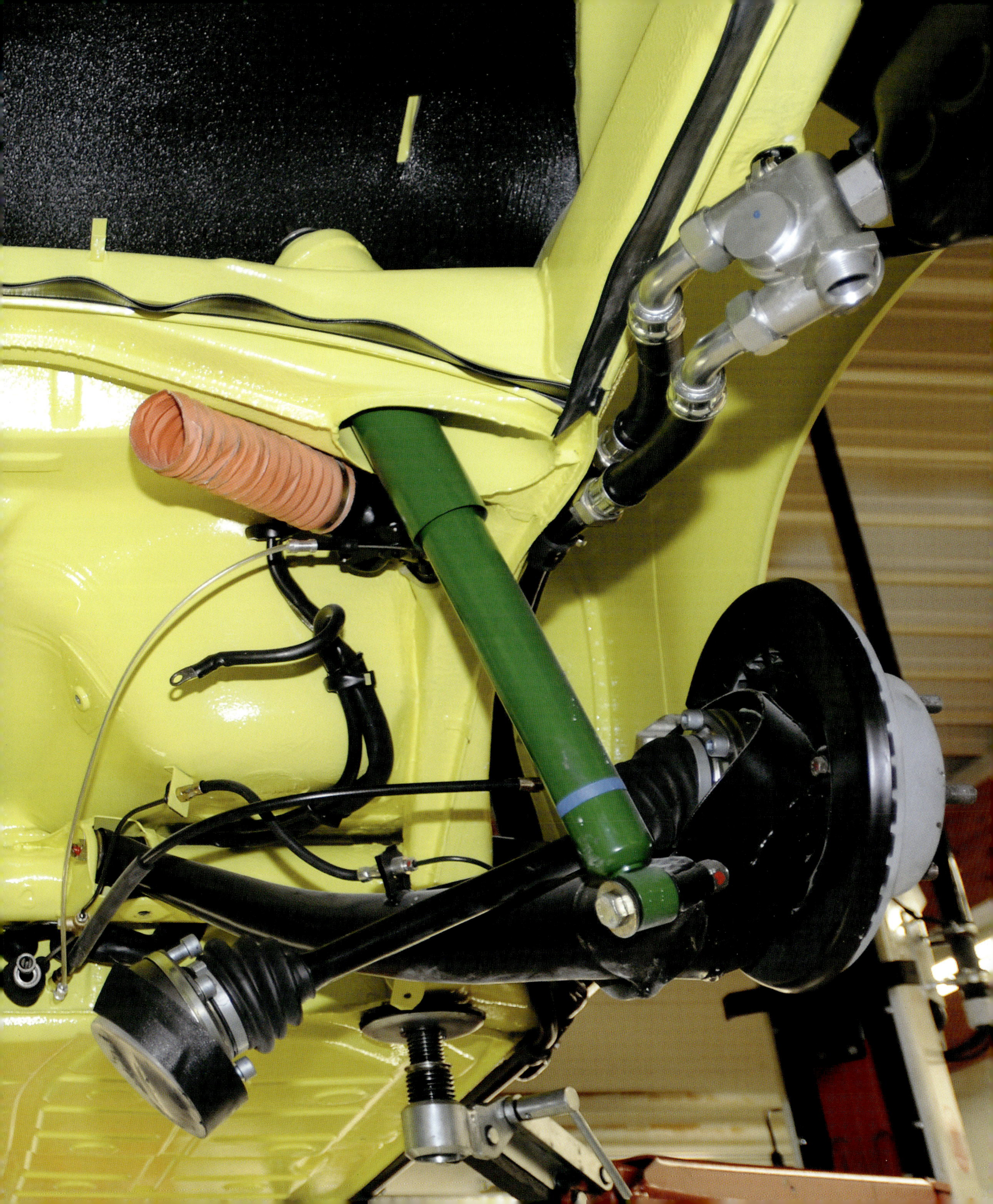

genau erkennen, ob und wo etwas verändert wurde«, erklärt Kuno Werner. So deuteten Verfärbungen im Metall auf Schweißarbeiten oder Bearbeitungen mit Schleifmaschinen hin. Beim Strahlen können solche Indikatoren dagegen verschwinden, weil das Strahlgut die Oberfläche verändert. Wichtig insbesondere im Bereich der Fahrgestellnummer, eingeprägt in einem Querblech über dem Tank.

Die Nummer 57 präsentierte sich unangetastet im Original. Schleifspuren im Dach identifizierte Kuno Werner ebenfalls als authentisch. »Da haben die Kollegen damals nacharbeiten müssen«, schmunzelte er. Seine erste Bilanz fiel besser aus als erwartet. Vor dem Entlacken waren die Experten noch davon ausgegangen, dass über 50 Prozent der Karosserie zerstört seien, doch jetzt zeigte sich mehr als die Hälfte des Blechs als erhaltenswert.

Zu einer umfassenden Fahrwerksinstandsetzung zählt auch die Lenkung. Entweder wird sie überholt oder wie hier durch ein Neuteil ersetzt.

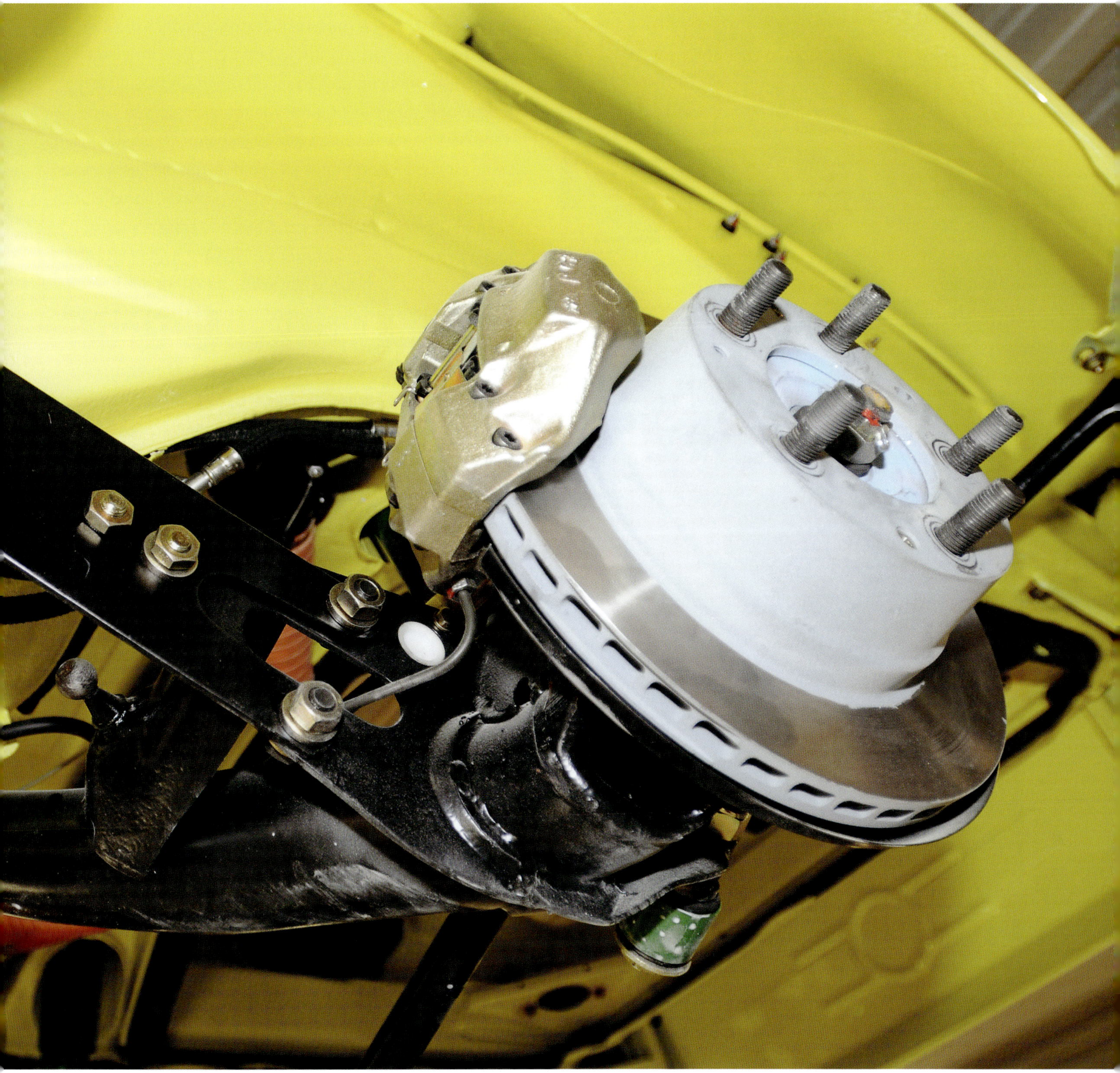

Eine reine Selbstverständlichkeit ist die Instandsetzung der kompletten Bremsanlage. Die Bremssättel können entweder überholt oder durch Neuteile ersetzt werden.

Die Karosserie des 911 2.0 S Targa, hier bereits mit den beiden eingeschweißten Hilfsstreben im Dachbereich.

Was ersetzt werden musste, lieferte schließlich die Rohkarosserie eines 911 von 1965. Damit war gewährleistet, dass Zusammensetzung, Beschaffenheit und Qualität der Bleche und Stähle so original wie möglich bleiben. Die Karosseriebauer zerlegten den Teilespender buchstäblich in seine einzelnen Komponenten. So bohrten die Restauratoren beispielsweise Schweißpunkt fur Schweißpunkt eines kleinen Dreiecksblechs im Fond aus und transplantierten es in die Karosserie der Nummer 57. Die Längsträger wurden ebenso ausgetauscht wie alle Steh-, Innen- und Außenbleche der Seitenschweller. Deren Innenleben barg eine Überraschung: Anders als in den späteren 911 verlaufen die Heizungsrohre unter dem hinteren Achsrohr hindurch und nicht darüber. Während also die Heizrohre in der Karosserie des anderen Fahrzeugs in den Schwellern Platz fanden, wurden die Zuleitungen an dieser Stelle neu angefertigt. Eine

Die instandgesetzte Karosserie des 911 2.0 S Targa bei letzten Anpassungsarbeiten, bevor sie ins KTL-Bad ging.

Der 911 2.5 S/T mit den bereits angehefteten Blechverbreiterungen der Kotflügel vorne und hinten.

der wenigen Komponenten, die aus altem Blech neu entstehen mussten. Neue Stehbleche sowie die vorderen Kotflügel und der Bug der späteren 911-Karosserie komplettierten schließlich den Wiederaufbau der Frontpartie.

Erst nach Abschluss der umfangreichen Blecharbeiten erhielten die Karosserien der gezeigten Restaurierungsprojekte eine Beschichtung im KTL-Bad. Kaum der Erwähnung bedarf freilich, dass sämtliche Schweißungen zuvor sauber verputzt, sprich mit Schleifwerkzeugen bearbeitet wurden. Erst nach Abschluss all dieser Arbeiten konnten die so neuwertig instandgesetzten Karosserien den Weg ins KTL-Bad antreten. Bei der elektrolytischen Kathoden-Tauch-Lackierung (KTL) bildet das Werkstück – in unserem Fall die Karosserie – den Minuspol (Kathode) für den Stromkreis. Vereinfacht dargestellt transportiert der Strom, der von der Anode zur Karosserie (Kathode) fließt, die leitfähigen und elektrisch geladenen Lackteilchen, die sich dann auf der Karosserie niederschlagen. Dieses Verfahren kommt aufgrund des zu erzielenden, hervorragenden Korrosionsschutzes insbesondere für hochwertige Grundierungen zum Einsatz. Dazu werden die Karosserien von Restaurierungsprojekten bei Porsche Classic eigens in den KTL-Prozess der aktuellen Porsche-Serienfertigung eingeschleust. Erst nach dieser KTL-Beschichtung beginnen dann die finalen Feinarbeiten an der Karosserie zur Lackiervorbereitung.

Allerdings stellt die Beschichtung im KTL-Bad beileibe nicht die einzige Möglichkeit zum professionellen Schutz vor Korrosion dar. Auch die ganz traditionellen Verfahren wie etwa die Behandlung mit Fertan haben nach wie vor ihre volle Berechtigung. Handwerklich einwandfrei angewandt, lassen sich auch auf diesem Wege sehr solide, dauerhaft haltbare Ergebnisse erzielen.

Die Karosserie des 911 2.5 S/T im Ausgangszustand. Das Dach war nicht mehr zu retten und musste komplett ersetzt werden.

Der 911 2.5 S/T, wie er aufgefunden wurde. Das Fahrzeug bot förmlich ein Bild des Grauens und stellte selbst für Porsche Classic eine Herausforderung dar.

Die perfekte Karosserieinstandsetzung setzt vor allem passgenaue und dem damaligen Originalzustand weitestgehend entsprechende Blechteile voraus. Daher widmet sich Porsche Classic seit Jahren auch intensiv der Teilenachfertigung. Teilweise kommen dabei die Originalwerkzeuge von damals zum Einsatz. Wie das Beispiel der Radhäuser für die F-Modelle des 911 der Modelljahre 1965 und 1966 zeigt, wird aber auch maximaler Aufwand bei der Wiederherstellung getrieben, falls solche Originalwerkzeuge nicht mehr verfügbar oder verschlissen sind. Im Falle der 911-Modelle der Modelljahre 1965 und 1966 war diese Teilenachfertigung im Sinne bestmöglicher Originalität unumgänglich. Denn bis zu dieser Teileneuauflage musste oftmals auf die späteren vorderen Radhäuser in der jeweiligen Auslegung für ein verstellbares Federbein zurückgegriffen werden.

Für die Wiederherstellung der Radhäuser bediente man sich modernster Technologie in Form einer genauen Analyse von Karosserieteilen, die aus Originalfahrzeugen ausgebaut wurden sowie der Erstellung eines 3D-Scans dieser Teile. Als berührungsfreies Verfahren ermöglicht das 3D-Scanning ein schnelles und flexibles Digitalisieren von Modellen, Werkzeugen, Prototypen in Echtzeit und unabhängig von der Werkstoffart. Diese in Echtzeit von einem Objekt erzeugten Daten werden im nächsten Schritt mit Hilfe einer Software einer sogenannten Flächenrückführung unterzogen. Die sich hieraus ergebenden Daten eines Flächenmodells ermöglichen im nächsten Schritt schließlich die Generierung von CAD-Datenformaten und damit die Übertragung in CAD-Systeme.

Auf Basis dieser CAD-Daten konnten neue Fertigungswerkzeuge zum Pressen sowie zur Vor- und Nachbearbeitung durch Laserschneiden, Stanzen und Ziehen hergestellt werden, die nun wieder die Fertigung absolut maßhaltiger, passgenauer und dem damaligen Original entsprechender Teile ermöglichen. Wie weitreichend die 3D-Technik und das Reverse Engineering bei der Fahrzeugrestaurierung eingesetzt werden können, zeigt insbesondere auch die Rückführung von 917-001 in den Ursprungszustand von 1969.

Ein Beispiel für den Einsatz eines 3D-Scanners, die anschließende Flächenrückführung und Generierung von CAD-Daten zur spanenden Fertigung eines Bauteils stellte die Nachfertigung einer ganz besonderen Art von Bremsscheibe aus der Ära des 917 dar.

Als Porsche von April 1968 an den 917 entwickelte, stand angesichts der projektierten Fahrleistungen auch die Entwicklung einer komplett neuen Bremsanlage auf dem Programm. In ihrer ersten Ausführung bestand sie aus zwei Titan-Bügeln, welche die Bremsscheibe umgreifen und die zur Befestigung des Bremssattels am Radträger dienten. Die Zylinderbrücken links und rechts waren aus einer Aluminium-Gusslegierung gefertigt. Neu konstruiert wurden auch die Bremsscheiben: eine zweiteilige Konstruktion, bestehend aus einem innenbelüfteten Grauguss-Bremsscheibenring und einem aus Leichtmetall gefertigten Bremsscheibentopf. Beide Teile waren über eingefräste Nuten, einen Befestigungsring und zwölf Schrauben miteinander verbunden. Der Vorteil dieser Konstruktion im Vergleich zu einer einteiligen Gussscheibe lag einerseits in der deutlich verringerten Gefahr von Rissbildungen, andererseits im geringeren Gewicht.

Der 901 Nr. 57 kurz nach der Anlieferung. Größtmöglicher Substanzerhalt, lautete die Devise von Kuno Werner, Werkstattchef des Porsche Museums. Eine echte Herausforderung.

Beim Vortest für das 24-Stunden-Rennen von Daytona im November 1969 kamen an der Hinterachse erstmals völlig neue Bremsscheiben zum Einsatz – Verbundbremsscheiben, bestehend aus einem Bremsscheibentopf aus Aluminium und zwei mittels Senkkopfnieten aus Stahl befestigten Bremsringen aus einer Kupfer-Chrom-Legierung. Während die übliche Graugussbremsscheibe 6,2 kg auf die Waage brachte, wog die Verbundbremsscheibe nur 4 bis 4,5 kg – abhängig davon welches Material für den Bremsscheibentopf zum Einsatz kam. Drei Materialvarianten waren dafür vorgesehen: Aluminium, Magnesium und Beryllium. »Unser Ziel bei dieser Entwicklung bestand vor allem darin, die ungefederten Massen zu reduzieren und damit Vorteile in puncto Federung und Dämpfung an der Hinterachse zu erzielen«, erklärt 917-Chefkonstruktuer Hans Mezger. Ebenso waren zwei unterschiedliche Gestaltungen des Bremsscheibentopfes im Nabenbereich konstruiert worden. Eine Version mit großen, Gewicht sparenden Ausschnitten zwischen den fünf Aufnahmebohrungen sowie eine weitere mit großen Bohrungen an diesen Stellen.

Die Nr. 57 mit bereits instandgesetzter Hecksektion. Gut zu erkennen sind die verzinnten und verschliffenen Partien.

Das Bild der Frontpartie von Nr. 57 nach dem Entlacken offenbart das Ausmaß der Korrosionsschäden.

Die bereits weit gediehene Karosserie von Nr. 57. Als nächster Schritt folgte das KTL-Bad.

Die fertig lackierte Karosserie von Nr. 57. Danach konnte es an die Montage gehen.

Wie ein Blick in die damaligen Aufzeichnungen zusammen mit dem Porsche-Ingenieur und späteren Rennleiter Peter Falk belegte, kam diese Konstruktion schließlich mit Erfolg beim 30-Stunden-Dauerlauf im November 1969 in Daytona zum Einsatz. Es traten beim Test lediglich geringe Rissbildungen im Bereich der Bohrungen für die Nieten auf, was als harmlos eingestuft werden konnte. Entsprechend gingen die Porsche 917 des Teams von John Wyer in Daytona mit dieser neuen Art von Bremsscheibe an der Hinterachse an den Start. Ein grandioser Doppelsieg mit Pedro Rodríguez, Leo Kinnunen und Brian Redman auf Platz eins sowie Jo Siffert und Brian Redman auf dem zweiten Platz waren nicht nur der verdiente Lohn für das erstmals eingesetzte, komplett neu entwickelte Kurzheck, sondern auch für die neue Verbundbremsscheibe.

Die Verbundbremsscheibe kam im Porsche 917-015 beim Daytona-Sieg 1970 zum Einsatz. Es war der einzige Renneinsatz dieser besonderen Bremsscheibenkonstruktion.

Pedro Rodríguez, Leo Kinnunen und Brian Redman mit dem 917-015 auf dem Weg zu ihrem Sieg in Daytona 1970.

Gulf
Gulf
2

RENNEN	Daytona 1970 901/12-501 23:4	
Fahrgestell-Nr.	917 015	
Vorderachse:		
Sturz	0	
Vorspur	+ 30' pro Rad	
Vorspuränderung	0	
Nachlauf	3°	
Lenkkupplung	911	
Feder	blau-blau-rot, Einstich 170 mm	
Ringe	0	
Gummi	4	
Stabilisator	22 x 2	
Hinterachse:		
Sturz	+ 45'	
Vorspur	+ 25' pro Rad	
Feder	rot-rot-grün, Einstich 130 mm	
Ringe	li 2, re 3	
Gummi	li 4, re 5	
Stabilisator	16 x 2	
Bremse:		
Zange	VA: 917 Teves, Alu-Joch,Kühlrippen,Kolben 34/38Ø ohne HA: 917 Teves, Titanjoch,Kolben 34/34Ø mit Nachstellu	
Scheibe	VA: GG HA: Verbundbremsscheibe	
Belag	Textar V 1431 G	
Druckverteilung	60 : 35,5	
Belüftung	vorn von innen in die Belüftungskanäle geblasen, hinten ohne	
Dämpfer	Bilstein gelb, VA verkürzter Hub; Kolbenst. 10,5 Ø	
Getriebe-Typ	917/10 Ä 6	
Übersetzung	14/29, 21/29, 26/26, 29/22	Rückwärtsgang über Federsperre
K/T, Vorgelege	8/37	Sperre für 1.Gang am Schalthebel
Kupplung	Borg & Beck, 3 Scheiben, Belag Ferodo RAD 11	
Achswellen	917 Giubo	
Reifen vorne	Firestone 10.10-15	141 Indy 1,55 atü
hinten	5.50/15.00-15	1,75
Felgen vorne	10 1/2 x 15	
hinten	15 x 15	
Motor-Typ	912; 4,5 ltr.	
int. Nr.	29	
Karosse	917 kurz "Keilform"	
Kennfarbe	Gulf	
Start-Nr.	2	
Wagengewicht	805 kp (ab Porsche)	
Fahrer	Rodriguez, Kinnunen	
Monteure		
Sonstiges:	Marschall Scheinwerfer, Abblendlicht 2 x 55 W Fernlicht 2 x 100 W Zweiseitige Gummitanks (Firestone) an Türe links Sylvania St.Nr. Beleuchtung, Umformer mit Abnahme an Batterie Schaltstange St 20 x 2,5 Anlasser mit Fremdkühlung im Stand Plexiglaseinsatz im Dach Lenkung St mit Sicherung durch Seegerringe LV Bremskontrolle	

Continued ... / 9 Report Ref : JWA/P.3

Date : February 28th,
March 1st, 1970.

Results and Conclusions from Tests

Clutch

The sintered plate clutch had negligible wear after 4 hours running and will be used for the race.

Brakes

1. The brake wear is comparable with the GT40 in 1969 but, to improve front wear and stability, the braking ratio will be altered for the race to employ increased rear braking effort and thus improved front pad life.

2. The copper/aluminium rear discs are overheating with the existing braking ratio (850/500). Two solutions or a combination of the two are being considered :-

(a) Front discs fitted to the rear at the cost of an increase in rear unsprung weight of 2 lb. $7\frac{1}{2}$ oz.

(b) Fitting of brake ducting to the rear discs.

3. The Porsche and the J.W.A.E. front brake ducts are equal in performance, and Porsche ducting will be employed for the race as it is simpler to install.

4. The taper wear is still unacceptable and is reducing pad life considerably. Further development on pad shape and material, and caliper design is required.

Difficulty was experienced in bedding new pads to new discs - this problem was overcome (and also a reduction in initial brake wear) by lapping the new discs to a matt finish. This process will be carried out on all new discs for Sebring race.

Continued ...

Die technische Spezifikation von 917-015 und die Berichte aus Tests zuvor waren bei der genauen Recherche zu dieser Bremsscheibe höchst hilfreich.

Entsprechend motiviert blickten Porsche und das Wyer-Team auf das nächste Rennen in Sebring. Doch dort entpuppte sich die neuartige Bremsscheibe bereits im Vortraining als untauglich. Als der Wagen von Rodríguez / Kinnunen / Siffert in die Box rollte, tropfte Flüssigkeit aus dem Heck. Zum Erstaunen der Mechaniker handelte es sich dabei um verflüssigtes Aluminium – der Bremsscheibentopf aus Aluminium war geschmolzen, wie es auch im entsprechenden Protokoll vermerkt ist. Ganz offensichtlich war diese Art von Bremsscheibe für Kurse wie Daytona mit langen Geraden, auf denen die Bremsen ausreichend heruntergekühlt wurden, durchaus geeignet. Nicht jedoch für eine winklige Strecke wie Sebring, wo den Bremsen ständig alles abverlangt wurde. Aufgrund dieser Erfahrung kamen in Sebring wieder die bewährten Grauguss-Bremsscheiben zum Einsatz und die Idee der Verbundbremsscheiben mit Kupfer-Chrom-Bremsringen wurde nicht mehr weiterverfolgt.

Im Zuge von Restaurierungsarbeiten an 917-015, dem Siegerfahrzeug von Daytona, hatte sich Alfred Kist mit seiner Firma ORCA Restoration GmbH, unweit von Weissach beheimatet, an die Nachfertigung dieser Bremsscheiben gemacht. Als Grundlage dafür diente ein Originalexemplar aus dem Archiv von Hans Mezger, dessen Abmessungen mit Hilfe eines 3D-Scans und einer anschließenden Flächenrückführung in CAD-Konstruktionsdaten umgewandelt wurden. Die Materialbestimmung erfolgte mithilfe einer Spektralanalyse.

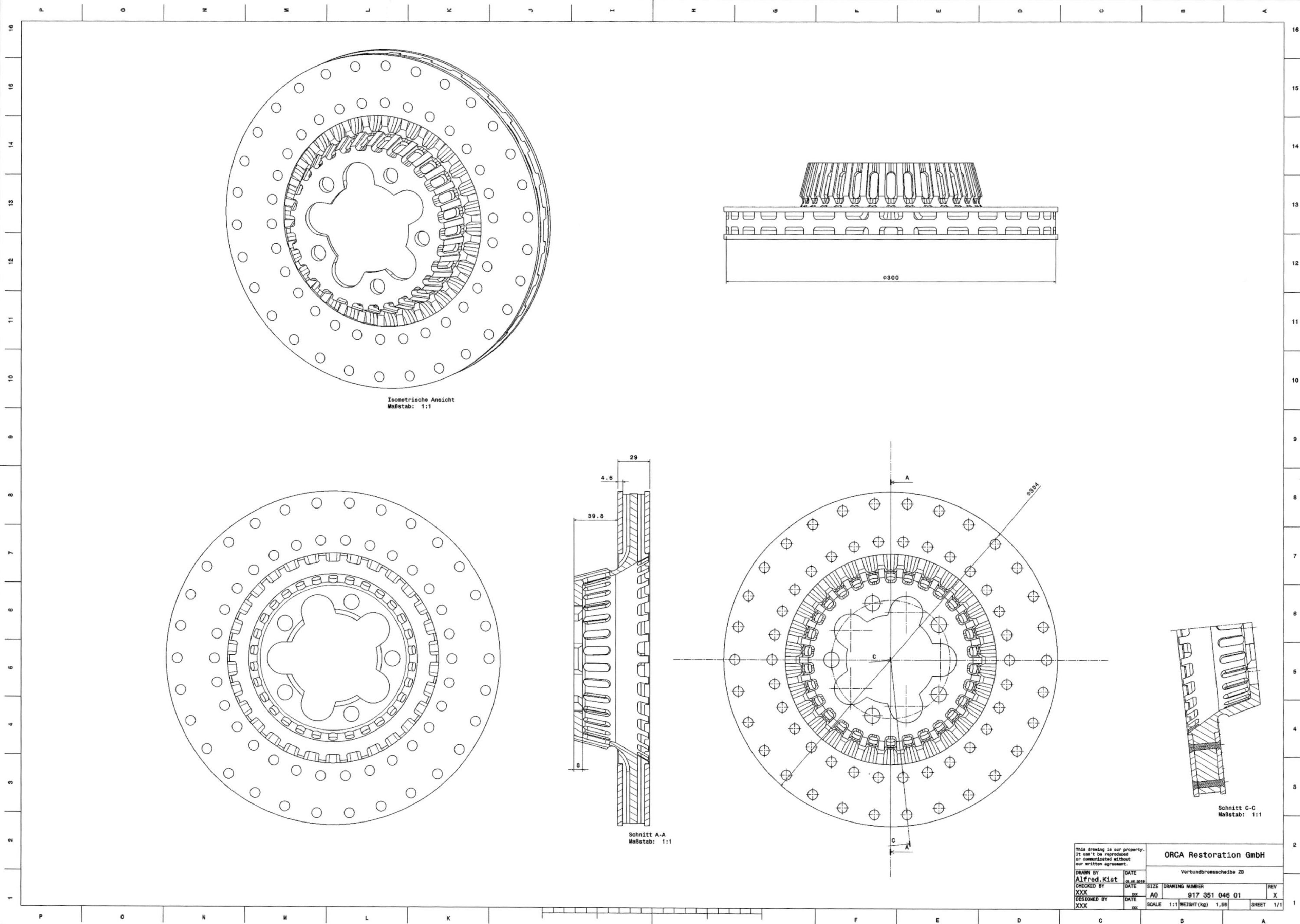

Neu angefertigte Konstruktionszeichnung der Kupferchrom-Verbundbremsscheibe von Alfred Kist, ORCA Restoration GmbH.

Das Trockeneis-Strahlen hat sich insbesondere zur Reinigung von Unterböden auf breiter Front durchgesetzt.

5.2. Entschichten und Entlacken. Vom Tauchbad bis zum Laser

Der Rost ist bekanntlich der ärgste Feind von Old- und Youngtimern. Hat er seinen erbarmungslosen Fraß erst einmal so richtig begonnen, bleibt oft nur der Weg einer umfangreichen Karosserie-Instandsetzung. Doch bevor Blechteile ersetzt, eingeschweißt und verzinnt werden können, gilt es, das Blech metallisch blank zu machen und von Lackresten und vor allem Rost zu befreien. Dafür gibt es zum derzeitigen Stand eine ganze Reihe von Verfahren, doch das einzig selig machende ist dabei nicht auszumachen. Zumeist ist es die Kombination verschiedener Verfahren, die den gewünschten Effekt erzielt. Seit Jahrzehnten kommt beispielsweise das Sandstrahlen zum Einsatz. Die Verwendung von grobkörnigem Korund wurde mittlerweile aber von anderen Strahlgütern ergänzt. Etwa Glasperlen, Kunststoffgranulat oder Walnussschalen. Als Grundregel gilt: Je feiner das Strahlgut, desto schonender der Materialabtrag und desto schöner, homogener und originalbelassener das Oberflächenergebnis. Allerdings bedeutet dies auch einen entsprechend gesteigerten Zeitaufwand. Sonderfälle sind das Strahlen mit Wasser oder Natriumhydrogencarbonat, bekannt als Backpulver oder Speisesoda, das mittlerweile ebenfalls etabliert ist. Hier wird beim Strahlen Wasser beigemischt. Allerdings kann das Strahlen mit Soda Rost nicht wirkungsvoll beseitigen. Daher werden Rostpartien in einem zweiten Strahlvorgang nachbehandelt, etwa mit Korund.

Bereits auf breiter Front im Einsatz befindet sich das Trockeneisstrahlen, das oft zur Reinigung von Unterböden eingesetzt wird. Hierbei trifft festes Kohlenstoffdioxid auf die Oberfläche, geht schlagartig in gasförmigen Zustand über und sprengt lose Partikel sozusagen ab. Das Ergebnis ist eine schmutzfreie und im Sinne der Erhaltung der originalen Substanz strukturell unveränderte Oberfläche. Insbesondere beim Trockeneisstrahlen von Unterböden gilt es jedoch genau zu hinterfragen. Ist es wirklich notwendig? Oftmals werden völlig intakte, originale und noch mit dem ursprüngli-

Das Sandstrahlen kompletter Karosserien stellt eine Alternative zur chemischen Entlackung dar, wird heute aber immer weniger durchgeführt.

chen Wachs versehen Unterböden trockeneisgestrahlt. Nicht selten liegt der Grund schlicht darin, es schöner aussehen zu lassen. Liegt kein technischer Grund – etwa das Freilegen korrodierter Stellen – vor, so wird dem Fahrzeug damit ein erheblicher Teil seiner originalen Substanz genommen.

Mit 3000 bar Druck erzielt auch die Hochdruckreinigung per Wasserstrahlen gute Ergebnisse und ist dank geschlossenem Wasserkreislauf auch umweltschonend. Im Gegensatz zum Strahlen mit abrasivem Strahlgut muss der zähe Unterbodenschutz hier nicht entfernt werden, allerdings können dafür kleinste Rostpartikel im Blech zurückbleiben, was dann ein Nachstrahlen, etwa mit Korund, oder den Einsatz von Rostumwandlern nötig macht

Natürlich ist es möglich – etwa bei kleineren Flächen – auch manuell arbeiten. Zum Beispiel mit einer rotierenden Stahlbürste und dem Winkelschleifer, mit einem Abbeizmittel oder einer mobilen Strahlpistole. Dies eignet sich freilich in erster Linie für partielle Arbeiten. Damit eine komplette

Strahlkabinen dieser Größe eignen sich vor allem für kleinere Bauteile. Beim Strahlgut steht eine reiche Auswahl zur Verfügung. Geringer Druck, feines Korn und viel Zeit liefern die besten Ergebnisse.

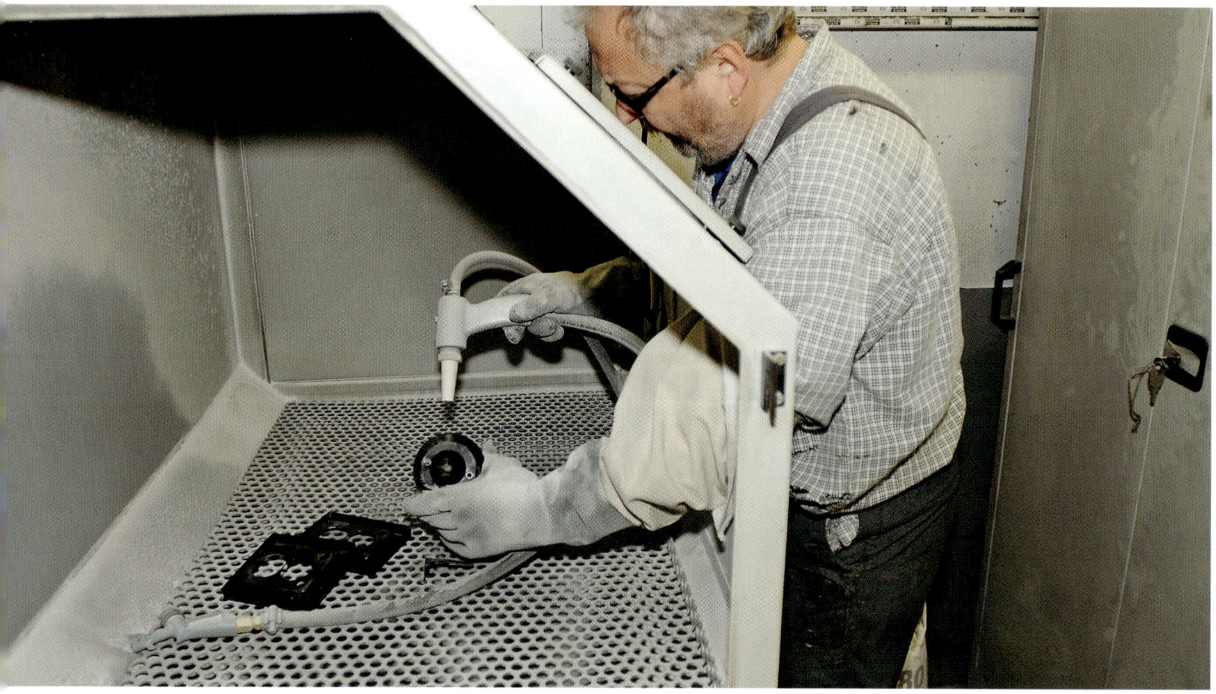

Die Karosserie eines 911 Targa samt angehängter Blechteile auf dem Weg ins Entlackungsbad.

Das Entschichten und die Korrosionsentfernung mittels Laser sind insbesondere bei partiell notwendigen Anwendungen eine sehr gute Lösung.

Entfernung des alten Lacks am Anlasser des Porsche 678 Flugmotors mittels Abbeizpaste.

Karosserie in Eigenregie metallisch blank zu machen, sollte angesichts des Zeitaufwands hingegen sorgsam überlegt werden. Zudem, je tiefer der Rostfraß im Metall, desto weniger effektiv ist diese Methode. Kleinste Rosteinlagerungen bleiben im Regelfall erhalten und können später zum neuerlichen Aufleben der Korrosion führen. Deshalb empfiehlt sich gerade hier eine anschließende Behandlung mit einem Entroster wie FeDox beziehungsweise einem Rostumwandler wie Fertan oder Brunox.

Besonders effektiv gestaltet sich das Entlacken und Entrosten im Tauchbad. Hier wird der Altlack in einem Mix aus Lauge, Wasser und Entlackungsverstärkern abgetragen. Bei etwa 80 Grad Celsius kommt es zur Entfernung des Lacks. Kommt Rost zum Vorschein, erfolgt in einem zweiten Tauchbad bei 40 bis 50 Grad die Behandlung mit einem phosphorsäurehaltigen Entrostungsmittel. Die Verwendung

Kaum etwas deutet bei dieser Wagenheberaufnahme auf Korrosion hin.

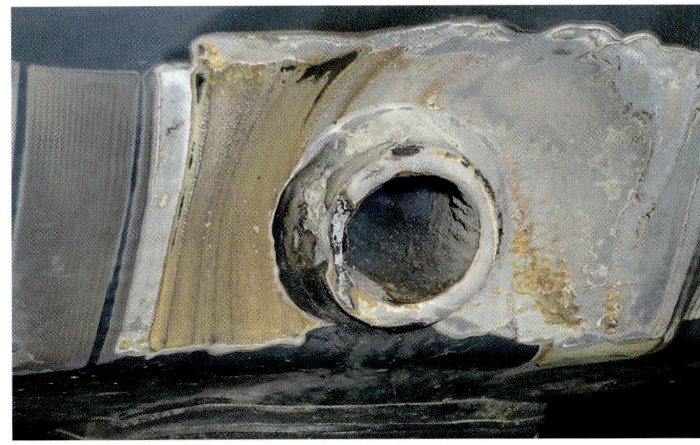

Nach dem Entschichten mittels Laser zeigt sich der Korrsionsumfang deutlich.

von Phosphorsäure verhindert eine Bildung von korrosiven Rückständen auf der Metalloberfläche. Von großer Wichtigkeit ist bei dieser Art des Entlackens beziehungsweise Entrostens das anschließende Spülen, um die Karosserie von sämtlichen Spuren der zuvor eingesetzten chemischen Substanzen zu reinigen. Geschieht dies nicht sachgemäß, so können eingeschlossene Reste dieser Substanzen später ausgasen und sichtbare Auswirkungen gerade im Bereich von Blechfalzen oder Blechüberlappungen haben. Als Alternativen stehen beim Tauchentlacken aber bereits Verfahren mit pH-neutralen Lösemitteln zur Verfügung.

Ein schonendes Verfahren zur Entlackung stellt das Abbeizen dar. Es wird gerne für Anbauteile gewählt, denen man weder Tauchbad noch Strahlkabine zumuten kann – etwa einem Anlasser, wie wir ihn im Rahmen der Restaurierung eines Porsche-678-Flugmotors des Porsche Museums restauriert haben. Die Abbeizpaste wird einfach mit dem Pinsel aufgetragen und wenig später lösen sich selbst dicke Lackschichten. Im Falle unseres beispielhaft gezeigten Anlassers begeistert das Abbeiz-Ergebnis auch insofern, dass sich der Anlassmagnetschalter selbst nach mehr als 50 Jahren praktisch im Neuzustand präsentiert – inklusive der Isolationsscheiben aus Pertinax.

Ein noch recht junges Verfahren ist das Entlacken und Entrosten per Laser. Besonders sauber und umweltschonend erzielt es exzellente Oberflächenergebnisse, ist im Augenblick aber noch vergleichsweise teuer. Hierbei löst der Laserstrahl Rost und Lack in vordefinierter Weise ab. So ist es möglich, den Laser so einzustellen, dass zwar der Decklack, nicht aber die Grundierung oder der Zinkauftrag entfernt werden. Obendrein ist das Verfahren sehr schnell, schonend und dank integrierter Absaugung arbeitsfreundlich und sauber. Nachteilig ist gegenwärtig der Anschaffungspreis der Geräte, der bei Drucklegung dieses Buches nach Auskunft eines Anwenders im Restaurierungsbereich bei 40.000 bis 500.000 Euro und in der Arbeitsstunde bei rund 450 Euro lag.

An diesem Schalldämpfer zeigt sich das exzellente Oberflächenergebnis nach dem Laser-Entschichten eindrucksvoll.

Der Umgang mit Karosseriezinn – hier Jörg Oppenländer von Porsche Classic – erfordert Handwerkskunst, Erfahrung und Geduld, um ein perfektes Ergebnis zu erzielen.

5.3. Verzinnen

Gutes Karosseriehandwerk zeichnet sich bei der Instandsetzung von Blechschäden oder Blecharbeiten im Rahmen einer Restaurierung vor allem durch genaues Arbeiten im Detail aus. Stümperhaft eingeschweißte Bleche sind jedem guten, ambitionierten Karosseriebauer ein Gräuel – genauso wie die anschließende Formgebung mittels dick aufgetragener Spachtelmasse. Solider, fachmännischer Karosseriebau sieht hier vielmehr das Verzinnen als traditionelles, schulbuchmäßiges Verfahren vor, um letzte bestehende Unebenheiten nach erfolgreicher Schweißarbeit zu egalisieren und damit die perfekte Basis für eine optimale Lackierung mit gleichbleibender Schichtdicke über weite Bereiche zu schaffen. Je besser der Karosseriebauer hier vorgearbeitet hat, desto weniger Nacharbeit bleibt dem Lackierer, der am Ende für ein makelloses Finish verantwortlich ist.

Das Verzinnen von Blechpartien, insbesondere auch von Schweißnähten, ist im Grunde kein Hexenwerk, setzt aber eine methodische Vorgehensweise und sauberes Arbeiten voraus. Sieben Arbeitsschritte führen dabei zum Erfolg.

So muss die zu bearbeitende Stelle absolut frei von Rost sein, ansonsten haftet das Karosseriezinn nicht dauerhaft und es treten später Schäden durch Ablösungen auf. Daher ist die zu verzinnende Karosseriepartie zunächst mit dem Winkelschleifer sauber zu bearbeiten. Die grobe Struktur mit einer hohen Rautiefe bietet zudem einen willkommenen Untergrund dafür, dass sich das Zinn fest und haltbar mit dem Blech verzahnen kann.

Im zweiten Arbeitsschritt trägt der Karosseriebauer mit dem Pinsel die Vorverzinnungspaste auf und zwar etwa einen Zentimeter breit über die zu verzinnende Fläche hinaus. Im Anschluss wird die aufgetragene Vorverzinnungspaste mit dem Autogenschweißgerät oder mit einem Lötbrenner und weicher Flamme solange erwärmt, bis sich eine Farbveränderung und eine glänzende Zinnoberfläche einstellen. Im vierten Schritt wird das überschüssige Bindemittel an der Oberfläche mit einem leicht angefeuchteten Tuch abgewischt – nun spiegelt die vorverzinnte Oberfläche in sattem, silbrigem Glanz.

Anschließend folgt das Aufbringen des Zinns, indem eine Stange Karosseriezinn zusammen mit der vorverzinnten Fläche behutsam erwärmt wird, bis sich schließlich ein teigiges weiches Stück ablösen und auf die vorverzinnte Fläche aufbringen lässt. Dies wird solange wiederholt, bis ausreichend Zinn zum Auffüllen der Unebenheiten aufge-

Die Bearbeitung der verzinnten Partien ist bis heute ausschließliche Handarbeit.

Das gefühlvolle Prüfen mit Hand und Auge führt am Ende zum optimalen Resultat.

1 Zu Anfang folgt der Auftrag der Vorverzinnungspaste. 2 Auftrag des Karosseriezinns mit der Flamme.
3 Verziehen des Zinns mit dem Buchenholzspachtel. 4 Ziel ist eine möglichst glatte Oberfläche.

5 Leinöl verhindert das Entflammen des Buchenholzspachtels und erleichtert das Verziehen. **6** Nachbearbeitung mit der Karosseriefeile.

bracht ist. Dabei ist von Bedeutung, dass Zinn nur dort haftet, wo auch vorverzinnt wurde.

In Arbeitsschritt Nummer sechs erfolgt das formgebende Modellieren des aufgetragenen Zinns. Hierfür wird die gesamte aufgetragene Masse langsam und gleichmäßig erwärmt, bis sich eine homogene, zähflüssige Masse bildet. Nun kann der Buchenholzspachtel zum Einsatz kommen, der zuvor mit Leinöl imprägniert wurde. Das Leinöl verhindert einerseits das unerwünschte Anhaften des Zinns sowie auch das Entzünden des Buchenholzspachtels. Wichtig ist hierbei das zügige Arbeiten, da das Zinn nicht zu lange erwärmt werden sollte. Nach dem Erkalten folgt schließlich die endgültige Formgebung mit Karosseriefeile und Schleifpapier.

5.4. Beschichtungsverfahren und Oberflächentechnik für Metalle

Mit perfekten metallischen Oberflächen verhelfen auch Galvanikbetriebe angejahrten Porsche-Klassikern wieder zu einer optischen Frischzellenkur und geben aufwändigen Restaurierungen den letzten Schliff. Denn ein perfekt restaurierter Porsche besticht nicht alleine durch seine wieder optimal funktionierende Technik und eine exzellente Lackierung. Gerade bei den älteren Semestern – in diesem Buch vor allem die F-Modelle des 911 – sind es die funkelnden und blitzenden Metallteile wie Scheinwerferringe, Räder, Radkappen und Türgriffe, die von der Liebe des Restaurators zum Detail zeugen. So stellt die galvanische Metallveredelung einen der Eckpfeiler beim Restaurieren eines Oldtimers dar, wie wir beispielhaft anhand zweier 914-Stoßstangen zeigen.

Vor den strahlenden Glanz hat der Galvaniker jede Menge Arbeit, Chemie und elektrischen Strom gesetzt. Den Pluspol einer Gleichstromquelle bildet dabei eine Metallplatte, die Anode. Das mit der gewünschten Metallschicht zu überziehende Werkstück wird hingegen an den Minuspol, die Kathode angeschlossen. Anode und Kathode hängen in einem Becken, in dem sich Säure mit darin aufgelöstem Metallsalz befindet. Dieses Säurebad nennt sich ‚Elektrolyt'.

Der Porsche 914/6 des Porsche Museums, hier unterwegs auf dem Furtle-Pass auf der Schwäbischen Alb. Die Chromstoßstangen eines solchen Exemplars haben wir komplett aufgearbeitet und neu verchromt.

PORSCHE MUSEUM

1 Wolfgang Rohde mit dem entchromten und aufgearbeiteten Exemplar an der Bandschleifmaschine. **2** Nach dem Entchromen zeigte sich Korrosionsfraß, der Schweißarbeiten bedeutete. **3** Schliffbild nach der Behandlung mit dem Bandschleifer.

4 Als erste galvanische Schicht erhält die zuvor polierte Stoßstange einen Kupferauftrag. **5** Akribisches Polieren der Kupferschicht. **6** Sichtprüfung: Vier Augen sehen mehr als zwei. **7** Nach dem Auftrag der Nickelschicht folgt der Chrom. Wolfgang Rohde darf mit dem Ergebnis sehr zufrieden sein.

Das Verzinken zählt zu den häufigsten galvanischen Anwendungen bei Fahrzeugrestaurierungen. Hier Leitungen, Verschraubungen, Halter und Riemenscheiben für den 911 Carrera RS 2.7.

Wird nun Spannung angelegt, wandern die im Salz enthaltenen Metall-Ionen zur Kathode und schlagen sich auf dem Werkstück nieder, wohingegen sich die übrigbleibenden Salz-Ionen an der Metallplatte der Anode sammeln. Der Vorgang spielt sich so lange ab, bis der Elektrolyt vollständig ausgearbeitet ist, sich also alle vorhandenen Ionen zur Anode beziehungsweise Kathode orientiert haben.

In der Restaurierungspraxis nützt uns dieses physikalische Verständnis freilich nicht übermäßig viel, denn kaum jemand wird ernsthaft auf den Gedanken kommen, sich eine derartige Apparatur in die Heimwerkstatt zu stellen. Wobei es derartige Bausätze für die heimische Werkstatt aber durchaus gibt. Realsitisch betrachtet bleibt also nur der Weg zum Galvaniseur, der auf diese Arbeit spezialisiert und mit entsprechenden Anlagen eingerichtet ist.

Bevor mit dem Verchromen oder Vernickeln begonnen werden kann, müssen die zu behandelnden Teile völlig blank gemacht und außerdem hochglanzpoliert werden. Grundsätzlich müssen alle Metallteile frei von Schmutz, Farbresten, Fett und Rost sein, bevor sie in der Galvanik behandelt werden können. Das Entfernen von Farbe gelingt beispielsweise mit einem Abbeizmittel oder im Tauchbad, während bei der Entfernung von Rost hingegen Vorsicht geboten ist. Übereifrige, bastelwütige Zeitgenossen schreiten hier gerne zum Sandstrahlen, was unter Umständen nachteilig sein kann. Schließlich trägt der Sandstrahlvorgang das möglicherweise ohnehin schon dünne Metall noch weiter ab, was sich später beim Schleifen und anschließenden Polieren zur Herstellung einer glatten Oberfläche vor dem Auftrag einer galvanischen Schicht als höchst problematisch erweisen kann. Besser ist es, das Teil schmutz-, lack- und fettfrei zu machen und dann zunächst ein beratendes Gespräch mit dem Galvaniker zu führen.

Hier wirft Galvaniker Wolfgang Rohde ein: »Oft kommen die Herren Restauratoren zu mir und freuen sich, dass sie ihre Teile bereits sandgestrahlt haben. Meist wird hierfür aber viel zu grobes Strahlgut verwendet oder es wäre vielleicht überhaupt nicht notwendig gewesen. Gerade bei dünnwandigem Blech bereitet dies dann Probleme. Der Schleifer muss zum Einebnen der Oberfläche etwas Material abtragen und so manches Mal ist ein kleines Loch die Folge, das dann aufwendig wieder zugeschweißt oder hartgelötet und anschließend wieder nachgearbeitet werden muss.«

Bei leichterem Rostansatz genügt oft ein Bad in Salzsäure, um den Rost zu entfernen. Bliebe diese Vorbehandlung – entweder Sandstrahlen oder Baden in Salzsäure – aus, würden die galvanisch aufzutragenden Schichten später nicht haften und das Ergebnis wäre völlig unbrauchbar.

Vor dem Auftrag einer galvanischen Schicht wie Kupfer, Nickel oder Chrom muss die Oberfläche freilich absolut glatt und frei von Kratern, Kratzern und Beulen sein. Hierzu sind das Schleifen mit einer Bandschleifmaschine (Körnung um 240) sowie viel Erfahrung notwendig. Nach dem Auftrag von Kupfer erfolgt das Polieren dieser Schicht. In diesem Stadium füllt das weiche Kupfer allerkleinste Unebenheiten noch auf, die der anschließende Poliergang dann einzuebnen vermag.

Der traditionelle Aufbau einer Chromschicht beginnt mit einem elektrolytisch aufgebrachten Kupferüberzug, gefolgt von einer Nickelschicht. »Der zweite Auftrag mit Nickel dient dem Glanzaufbau, erst dann wird in einem dritten Bad die Chromschicht aufgetragen«, erklärt Rohde. Nach dem Aufbringen beider Schichten sollte, um ein optimales Ergebnis zu erhalten, nochmals zwischenpoliert werden. Den Abschluss bildet schließlich die Chromschicht.

Abschließend wird das frisch verchromte Teil dann noch in einem alkalischen Wasserbad (eine leichte Lauge) gut durchgespült, um auch die allerletzten Rückstände der vormals durchlaufenen Bäder zu neutralisieren und damit zu beseitigen. Ein wichtiger Arbeitsgang, der vor allem bei Bauteilen mit Hohlräumen unerlässlich ist und sorgfältig durchgeführt werden muss. Nachlässigkeit bei diesem Spülvorgang kann geradezu fatale Folgen haben. Obwohl äußerlich wie neu, können beispielsweise Säurereste in entlegenen Winkeln die Substanz – für den stolzen Besitzer von außen völlig unsichtbar – regelrecht zerfressen.

Prinzipiell ist es möglich, beim Verchromen und Vernickeln auf die Kupferschicht zu verzichten und sofort mit Nickel zu beginnen. Aus Gründen der Haltbarkeit und der optischen Qualität ist davon jedoch abzuraten. Lediglich bei Auspuffanlagen muss auf den Kupferauftrag in der Regel verzichtet werden, da aufgrund der hohen herrschenden Temperaturen und der unterschiedlichen Wärmeausdehnungskoeffizienten von Kupfer gegenüber Nickel und Chrom hier kein dauerhaft haltbares Ergebnis erzielt werden kann.

Ein weiteres Verfahren, das gerne von den Automobilherstellern zur galvanischen Beschichtung von Stahlteilen verwendet wird, ist das Verzinken. Hierbei unterscheidet man hinsichtlich der Oberflächenfarbgebung zwischen Weiß-, Blau-, Schwarz- oder Oliv-Verzinken auf der einen Seite und dem Bunt- oder auch Gelb-Verzinken auf der anderen. Auf die Oberflächengüte haben die Farben freilich keinen Einfluss.

Im Vordergrund steht bei dieser einfachen Art der Oberflächen-Galvanisierung der Schutz vor Korrosion. Die Stahlteile müssen zu diesem Zweck wie schon beim Verkupfern, Vernickeln und Verchromen vollkommen frei von jeglichen Verschmutzungen, Farbresten und Rost sein. Erreicht wird diese Sauberkeit des zu galvanisierenden Werkstücks entweder durch Abbeizen, Sandstrahlen oder Baden in Salzsäure. Das Einsatzgebiet des Verzinkens konzentriert sich vor allem auf Halterungen, Schellen, Schrauben, Schraubenmuttern und Scheiben. Mitunter werden aber auch gerne größere Teile wie die Hinterachsschwerter des 911 gelbverzinkt.

Eine weitere Chromvariante stellt das Schwarzverchromen dar. Zugegeben, im Bereich der Restaurierung von Porsche-Klassikern kommt es nur sehr selten zum Einsatz, bietet jedoch eine hier beispielhaft erwähnte Möglichkeit, um ein jahrzehntelanges Ärgernis dauerhaft zu beseitigen. Es handelt sich dabei um die Ventildeckelklammern der

Die Haltebügel der Ventilhauben des Porsche 678 Flugmotors entsprechen denen des 356. Schwarzchrom eignet sich hier als hervorragende korrosionsbeständige Beschichtung.

Porsche-356-ohv-Motoren. Oft findet man sie verrostet und unansehnlich. Im Zuge der Restaurierung des Porsche-678-Flugmotors, der auf dem 356-Motor basiert, haben wir diese Lösung eingesetzt. Ebenso wird Schwarzchrom mitunter auch bei Zierleisten von G-Modellen verwendet, die es in unterschiedlichen Beschichtungsqualitäten gab.

Eine besondere Art der Oberflächenbeschichtung von Stahlteilen stellt Acosur ZNA dar. Hierbei handelt es sich um eine modifizierte galvanisch aufgebrachte Zink-Nickel-Legierungs-Beschichtung. Sie zeichnet sich durch ausgezeichnete Haftfestigkeit und hohen Korrosionsschutz aus und erfüllt außerdem die hohen Luftfahrtanforderungen wie beispielsweise die Airbus AIPS 02-04-006, AMS 2417 und auch prEN 4826. Acosur ZNA eignet sich ausgezeichnet als Ersatz für die in der Luftfahrt bewährten korrosionshemmenden Cadmium-Beschichtungen oder Cr-VI-haltigen Zinkbeschichtungen. Die Möglichkeit, auch hochlegierte Werkstoffe und Chrom-Nickel-Stähle zu beschichten, kombiniert mit einer Schichtdicke von 1-3 µm, machen Acosur ZNA außerdem zum idealen Beschichtungsverfahren für Lagerbauteile. Im Bereich der Restaurierung von Fahrzeugen ist Acosur ZNA vor allem aufgrund seiner Farblosigkeit interessant. So bietet diese Oberflächenbeschichtung beispielsweise die Möglichkeit, ursprünglich blanke Schraubverbindungen, wie sie etwa auch bei Getriebegehäusen des Porsche 356 verwendet wurden, dauerhaft gegen Korrosion zu schützen und das originale Erscheinungsbild dennoch beizubehalten. Wie extrem gut Acosur ZNA vor Korrsion schützt, bewies die Beschichtung in einem Salzsprühtest von bis zu 500 Stunden.

Ein weiteres bekanntes Verfahren zur Oberflächenbeschichtung stellt das Eloxieren dar. Selbst dem Laien gut bekannt sind etwa die legendären, eloxalbeschichteten Fuchs-Felgen oder auch die rot-blau-gefärbten Earls-Schlauchverbindungen, wie sie beispielsweise im Bereich der Ölführung eingesetzt werden. Das Eloxal-Verfahren ist die elektrolytische Oxidation von Aluminium und erzeugt eine oxidische Schutzschicht auf Aluminium durch anodische Oxidation. Hierbei wird, im Gegensatz zu den galvanischen Überzugsverfahren, die Schutzschicht nicht auf dem Werkstück niedergeschlagen, sondern es wird die oberste Metallschicht in ein Oxid beziehungsweise Hydroxid überführt. Hierdurch wird eine 5 bis 25 Mikrometer dünne Schicht gebildet, die vor Korrosion schützt.

Mit Acosur beschichtete Innensechskantschrauben. Acosur ist nahezu farblos und stellt mit den besten Korrosionsschutz für Schrauben, Muttern und sogar Lager dar.

Von größerer Relevanz bei der Restaurierung von Porsche-Fahrzeugen ist das Chromatieren beziehungsweise Passivieren von Leichtmetallen wie Aluminium oder Magnesium. Hierei werden auf der Aluminium- oder Magnesiumoberfläche durch die Einwirkung von Chromsäure Chromsäuresalze, die sogenannten Chromate gebildet, der Werkstoff oberflächlich angelöst und die gelösten Metallionen des Werkstoffs in die Chromatschicht eingebaut. In der praktischen Anwendung kommen Chromatierungen als Transparent-, Schwarz- und Gelbchromat bei Porsche beispielsweise bei den Lüfterrädern und Lüfterradgehäusen des 911 zum Einsatz, aber auch bei Motor- und Getriebegehäusen. Bei der Aufarbeitung beziehungsweise Restaurierung dieser Baugruppen empfiehlt es sich, die ursprüngliche, originale Oberflächenqualität wieder herzustellen – alleine schon des Korrosionsschutzes wegen.

Der 911 (993) Carrera S lieferte im vorliegenden Fall die beispielhafte Restaurierung von drei- beziehungsweise vierteiligen Speedline-Rädern.

5.5. Räderrestaurierung und Felgenreparatur

Die Räder sind bei vielen Old- und Youngtimern das i-Tüpfelchen in Punkto Originalität und genauso wie an Karosserie, Fahrwerk, Motor und Getriebe nagt auch hier der Zahn der Zeit. Irgendwann präsentieren sich die Reifenträger nicht mehr frisch wie am ersten Tag, sondern zeigen sich mehr oder weniger stark in Mitleidenschaft gezogen. Doch mit simplem Abschleifen, Grundieren und neu Lackieren ist es oftmals nicht getan. Speziell dann, wenn es sich um Leichtmetallräder mit polierten oder glanzgedrehten Felgenbetten, um mehrteilige Räder oder verchromte Stahlexemplare wie etwa beim 356 und 901 beziehungsweise 911 handelt.

Nahezu die ganze Bandbreite an notwendigen Arbeitsgängen, um ein Leichtmetallrad wieder in makellosen Originalzustand zu versetzen, lässt sich an den legendären Porsche-Speedline-Rädern aufzeigen, wie sie der 911 Carrera RS vom Typ 993 im Jahr 1995 serienmäßig besaß, wie sie über das Porsche-Tequipment-Programm seinerzeit als Sonderzubehör für weitere 993-Modelle verfügbar waren und wie ich sie auf meinem 911 (993) Carrera S fahre.

Im vorliegenden Fall handelte es sich zum Zeitpunkt der Restaurierung um einen rund 20 Jahre alten Radsatz, der nie Rennstreckenbetrieb sah und daher frei von extremen Materialbeanspruchungen sowie mechanischen Beschädigungen war. Allerdings ärgerten die Räder zuletzt durch schleichenden Luftverlust von etwa 0,3 bar pro Woche, was aufgrund intakter Ventile auf Undichtigkeiten im Bereich des mittleren Dichtungsringes der vierteilig – Radstern, Außenschüssel, Innenschüssel und mittlerer Führungsring für den Dichtring – aufgebauten Räder schließen ließ. Außerdem war die originale Klarlackschicht über den polierten äußeren Felgenbetten sowie den jeweils 40 Verbindungsschrauben aufgrund von Wasserunterwanderung längst abgeblättert und das ehemals glänzende Aluminium präsentierte sich unansehnlich matt und stumpf.

Also wurden die Räder zunächst in ihre Einzelteile zerlegt. Der lackierte Radstern aus Aluminium, inneres und äußeres Felgenbett sowie der Mittelring aus Aluminium, der zur Fixierung des Dichtringes dient. Nach dem Zerlegen offenbarten sich korrosive Stellen an den Innenseiten der Felgenbetten. Hier war über die Jahre Feuchtigkeit eingedrungen, wanderte zwischen Lackschicht und Aluminiumoberfläche und ließ die Räder im Bereich des Dichtringes undicht werden. Darüber hinaus lösten sich Lackpartien an zahlreichen Stellen großflächig ab.

Schritt eins unserer Restaurierung galt daher dem schonenden Entlacken der Felgenbetten sowie des Radsterns, was auf chemischem Wege in einem Entlackungsbad erfolgte. Anhand der Werksspezifikationen für den Oberflächenaufbau der Speedline-Räder erfolgte anschließend im zweiten Schritt der galvanische Auftrag einer Chromatierung. Die Chromatierung dient einerseits als hervorragender Haftvermittler für den weiteren Oberflächenaufbau, aber auch als wirksamer Korrosionsschutz.

Im Anschluss daran erfolgte das Aufpolieren des äußeren Felgenbettes. Hier gestattet der TÜV einen höchstzulässigen Materialabtrag von maximal 1,0 Millimetern beziehungsweise höchstens 10 Prozent der dort herrschenden Materialdicke. Eine Arbeit für erfahrene Profis in diesem Metier, wie in unserem Falle die Firma Leibold GmbH & Co. KG, eine in Oldtimerkreisen hochgeschätzte Metallschleiferei und Poliererei, die unsere Felgenbetten unter Maßgabe der geltenden Vorschriften wieder auf perfekt strahlenden Hochglanz brachte.

Der nun folgende Schritt mit dem Ziel eines perfekten Restaurierungsergebnisses galt den ab Werk in die hochglanzpolierte Oberfläche eingeäzten Schriftzügen »Speedline for Porsche« sowie den im Bereich des Ventils ebenso eingeäzten Ziffernkombinationen für Felgenbreite und Einpresstiefe. Hierbei waren Alexander Otto und seine Firma a+r Werbeteam in Stuttgart-Plieningen behilflich. Nach unserer Datenvorlage plottete Otto entsprechende Negativschablonen aus einer speziellen, säurefesten Folie. Anschließend sauber in Position gebracht, erfolgte das Ätzen der Schriftzüge mit verdünnter Schwefelsäure.

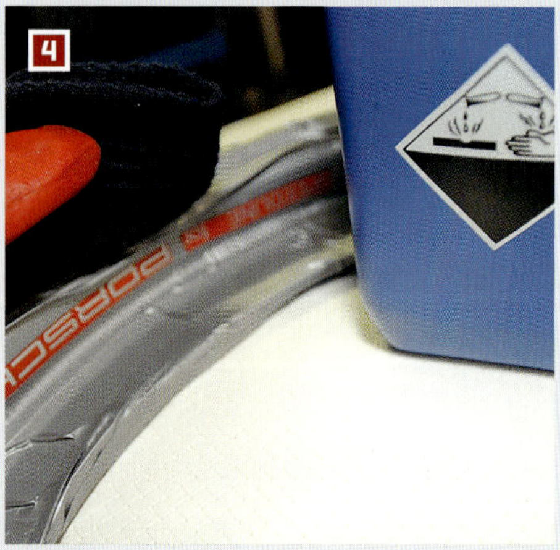

1 Zerlegtes Speedline-Rad: Felgeninnenring, Radstern, Zwischenring und Dichtungsring. **2** Chromatieren sämtlicher Bauteile. **3** Polieren des Sichtbereichs des Felgenaußenrings. **4** Einätzen der „Speedline for Porsche“-Schriftzüge. **5** Ergebnis: Wie seinerzeit ab Werk. **6** Abdecken der Radschraubensitze vor dem Lackieren.

7 Abdecken der Nabenauflageflächen vor dem Lackieren, um ein gefährliches Setzverhalten und damit ein Lösen des Rads auszuschließen.
8 Finaler Klarlacküberzug, wie ab Werk auch über die Schrauben. **9** Ein gelungenes und vor allem dauerhaltbares Endergebnis.

Der nächste Schritt galt bereits dem Lackaufbau. Hierfür wurden zunächst sämtliche Sitz- und Dichtflächen – für die Radmuttern, den Radflansch, den Ventilsitz sowie die Montageflächen der Felgenbetten – maskiert, das heißt abgeklebt. Ein sehr wichtiger und für die spätere Sicherheit entscheidender Arbeitsgang, da aufgetragener Lack hier später ein Setzverhalten zeigen und möglicherweise sich lösende Verbindungen zur Folge haben würde.

Nach erfolgter Vorlackierung in Mattsilber – der TÜV gestattet hier auch Pulverbeschichtungen, allerdings nur dann, wenn die Prozesstemperatur beim Beschichten 90 Grad Celsius sowie eine Zeitdauer von 40 Minuten nicht übersteigt – konnte es bereits wieder an den Zusammenbau mit dem in der Wagenfarbe Arctissilber metallic hochglanzlackierten Radstern gehen. Diesen Arbeitsgang übernahm Oliver Dutt von Porsche-Spezialist Dutt Motorsport in Stutt-

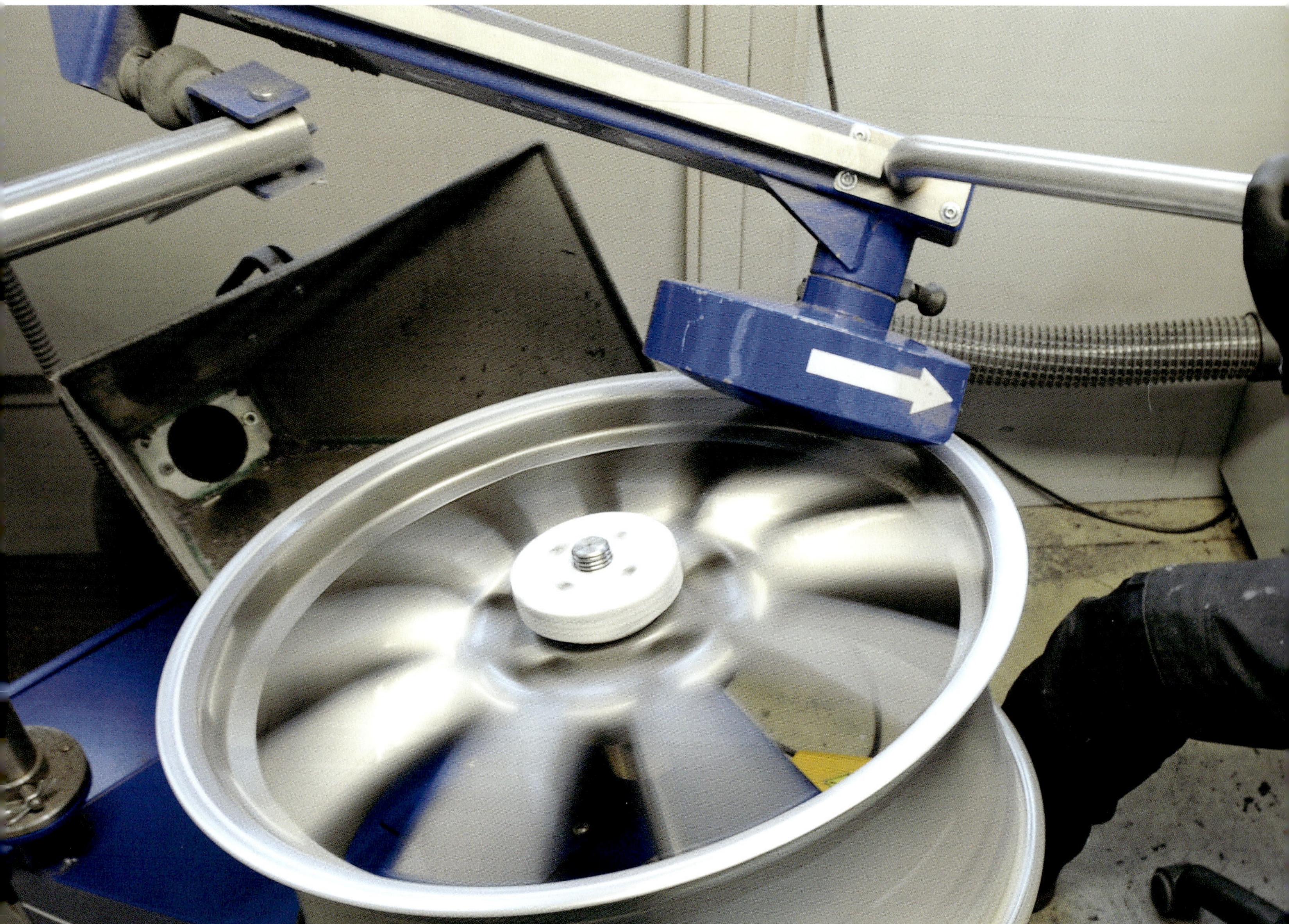

Die Aufarbeitung einer durch Bordsteinrempler beschädigten Felge. Das Rad rotiert, die Schleifmaschine wird gefühlvoll über das beschädigte Felgenhorn geführt.

gart-Feuerbach unter den prüfenden Blicken von Nils Häussermann, Entwicklungsingenieur Fahrwerk im Porsche Entwicklungszentrum Weissach. Neben der Verwendung neuer Schrauben und Muttern ist hier insbesondere auf das vorgeschriebene Anzugsmoment zu achten, ebenso auf die obligatorische Verwendung neuer Dichtringe.

Originale Dichtringe für diese Art von Speedline-Rädern waren zumindest zum Zeitpunkt der Restaurierung nur noch schwer zu bekommen, weshalb manche Instandsetzungsbetriebe dazu übergegangen sind, an Stelle des Dichtrings eine Verklebung mit Silikon oder ähnlichen Dichtstoffen vorzunehmen. Mitunter wird dabei sogar auf den Aluminiumzwischenring verzichtet und die Radbauteile werden direkt verklebt, was eine leichte Reduzierung der Felgenbreite nach sich zieht. Das mag zwar alles funktionieren, doch legt man die Allgemeine Betriebserlaubnis für das Rad und den genauen technischen Originalaufbau zugrunde, erlischt hierbei zwangsläufig die ABE. Von der Abweichung zu dem von Oldtimer-Enthusiasten geschätzten Originalzustand ganz abgesehen. In diesem Zusammenhang erwähnenswert ist auch das Thema Felgenreparatur. Während Schönheitsreparaturen, etwa das Einebnen kleiner Kerben bis maximal 1,0 Millimeter Tiefe vom TÜV gestattet ist, fallen Offerten, die bei größeren Beschädigungen der Felge beispielsweise einen Materialauftrag in Form von Auftragschweißen vorsehen, in den technisch höchst fragwürdigen Bereich, da der Schweißvorgang – wie übrigens auch thermische Behandlungen und

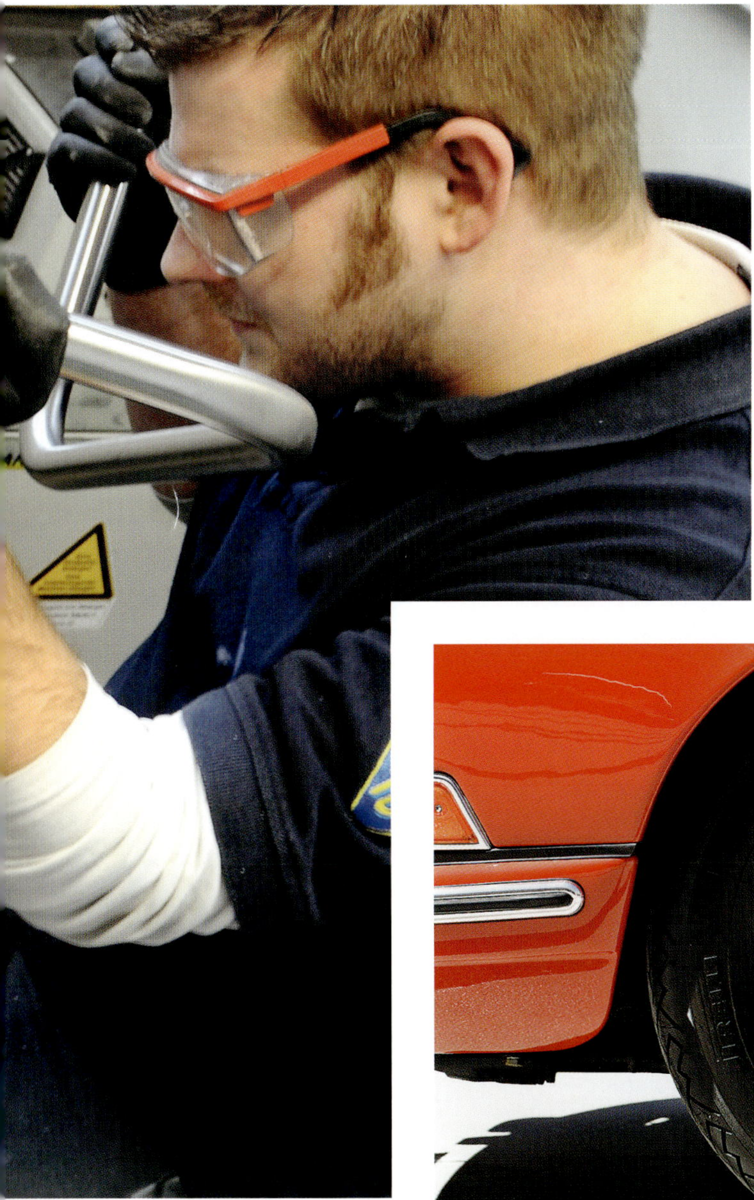

Die Restaurierung der Stahlräder wie hier beim 901 Nr. 57 ist sehr aufwendig. Das Rad muss getrennt, dann neu verchromt und anschließend wieder verschweißt werden.

1 Der Bordsteinrempler und seine Spuren. 2 Herausschleifen der Kratzer und Kerben. 3 Einsatz des befeuchteten Schleifpads. 4 Herstellung des Mikroschliffs wie ab Werk. 5 Überzug mit Klarlack.

6 Polieren der lackierten Oberfläche. **7** Das makellose Ergebnis – es ist nichts mehr zu sehen.

Rückverformungen – unkalkulierbare Gefügeveränderungen im Material bewirken und damit Einfluss auf die Festigkeit des Materials nehmen. Hier gilt also klar die Empfehlung, aus Sicherheitsgründen zu einem Neuteil zu greifen.

Mittlerweile fertig zusammengeschraubt, folgte das heikelste Kapitel dieser Restaurierung: Der Klarlackauftrag auf der polierten Außenseite des äußeren Felgenbettes. Hierbei wurden die Köpfe der Verbindungsschrauben schon in der damaligen Serienfertigung mit überlackiert. Dies geschah deshalb, um eine einwandfreie Auflage der Schraube direkt auf dem Metall des Felgenbettes zu ermöglichen und ein gefährliches Setzverhalten durch eine dazwischen liegende Lackschicht auszuschließen. Der Lackaufbau selbst erfolgte dabei in besonderer Weise unter Verwendung eines speziellen Haftvermittlers für hochglanzpolierte Metalle sowie dem anschließenden Auftrag einer Schicht 2-Komponenten-Acryllacks. Nach gutem Durchtrocknen sowie Zwischenschliff mit 1000er-Körnung erfolgte ein zweiter Klarlackauftrag. Ganz exakt der damaligen Werksspezifikation entspricht dies jedoch nicht, da seinerzeit auf der polierten Oberfläche eine Transparentchromatierung zum Einsatz kam. Da es heute aber extrem leistungsfähige Haftvermittler für diese Zwecke gibt, kann darauf auch durchaus verzichtet werden, ohne Einbußen hinsichtlich der Dauerhaltbarkeit befürchten zu müssen.

In einem weiteren Lackierschritt wurden dann noch die Außenseiten der inneren Felgenbetten in Arctissilber metallic lackiert sowie mit zwei Schichten Klarlack veredelt. Wichtig hierbei: Die relativ raue Mattlackoberfläche der Innenseiten der Felgenbetten insbesondere im Bereich zwischen Felgenhorn und Felgenhump unbedingt maskieren. Spiegelglatter Lack würde hier die Haftreibung so stark herabsetzen, dass sich der Reifen beim harten Beschleunigen oder Bremsen möglicherweise auf dem Rad drehen und dadurch schlimmstenfalls überhitzen würde. Bei besonders zugkraftstarken Fahrzeugen empfiehlt sich zudem wie in der Luftfahrt eine sogenannte Rutschmarke. Im Prinzip genügt dafür ein weißer Eddingstift, mit dem man eine übereinstimmende Markierung an Reifen und äußerem Felgenring aufbringt und diese regelmäßig kontrolliert.

Im Rahmen des Projekts „Carrera GT recommissioned" erhielten die Räder einen Silberauftrag mit anschließendem Klarlacküberzug.

Last but not least erfolgte schließlich die Reifenmontage. Selbstredend auf einer modernen und praktisch berührungsfrei arbeitenden Montagemaschine. Alleine deshalb, weil schon eine kleine, mit dem klassischen Montierhebel erzeugte Kerbe später das Eindringen von Feuchtigkeit ermöglichen und unsere Restaurierungsarbeit langfristig wieder zunichtemachen würde. Abschließend folgte das Auswuchten, das wir mit Spannung erwarteten. Wieviel Gewicht würden die aufbereiteten Räder wohl benötigen. Die Antwort lieferte die Digitalanzeige der Auswuchtmaschine. Mit Werten zwischen lediglich 5 und 40 Gramm lagen sämtliche Räder im guten bis sehr guten Bereich.

Wer angesichts des glänzenden Ergebnisses nun nach Aufwand und Kosten fragt, sollte sich eine Restaurierung in dieser Dimension angesichts eines Gesamtaufwands von insgesamt etwa 80 Arbeitsstunden sowie Materialkosten für Dichtringe, Lacke und Schrauben gut überlegen. Leicht kommen bei Rädern dieser Bauart dann 4.500 Euro und mehr zusammen. Angesichts der Tatsache, dass die Speedline-Räder bei Porsche Classic nach wie vor als Neuware erhältlich sind, also eine Restaurierungsprozedur, die man durchführen kann, aber nicht durchführen muss. Es sei denn, der Besitzer legt aus historischen Gründen wert darauf, die Originalräder »seines« Autos mit dem damaligen Stempel des Produktionsdatums zwingend beibehalten zu wollen. Ein durchaus schlüssiges Argument – gerade dann, wenn es sich gar um einen 993 Carrera RS im Originalzustand handelt.

Eine Restaurierungsaufgabe völlig anderer Art halten hingegen die Räder bereit, wie sie beispielsweise beim 901 »Nr. 57« oder auch bei anderen 911- und 356-Modellen zum Einsatz kamen. Die Rede ist von den verchromten Stahlrädern. Die perfekte Restaurierung dieser Exemplare ist keine leichte Aufgabe, denn simples Entchromen, Schleifen und Polieren sowie anschließendes Neuverchromen führt hier nicht zum Erfolg. Der Grund liegt in der Konstruktion der Räder, die aus einer Felgenschüssel und einem auf der Rückseite mit ihr verschweißten Radstern bestehen. Knackpunkt dieser Konstruktion ist der enge Spalt zwischen Radstern und Schüssel. Der Versuch, das Rad als Ganzes neu zu verchromen würde im Ergebnis dazu führen, dass sich in diesem Spalt nur eine unzureichende oder sogar gar keine Anhaftung von Kupfer, Nickel und Chrom ergeben würde. Ein schlechtes optisches Ergebnisses und langfristig auch Korrosion wären die Folgen.

Aus diesem Grund werden Radstern und Felgenschüssel auf mechanischem Wege mit einer dünnen Trennscheibe an den Schweißnähten getrennt. Anschließend können beide Teile in klassischer Manier bearbeitet und wieder neu verchromt werden. Den Abschluss bildet schließlich das Verschweißen der beiden Teile auf der Rückseite. Dies stellt die größte Herausforderung dar, da eine zu hohe Wärmeeingabe hier dazu führt, dass sich der Chrom irreversibel gelblich verfärbt und die schöne galvanische Arbeit zunichtemacht. Beim Schweißen – aus Gründen absoluter Maßhaltigkeit natürlich ausschließlich auf einer entsprechenden Vorrichtung – wird daher oftmals ein kühlendes Wasserbad eingesetzt. Erfolgversprechend könnte hier auch das Laserschweißen sein, da die Wärmeeingabe hier sehr lokal und auf einen extrem kleinen Bereich begrenzt erfolgt.

Doch die beiden beispielhaft beschriebenen Komplettrestaurierungen von Rädern sind in vielen Fällen überhaupt nicht notwendig. Oftmals sind es kleine Bordsteinrempler, die das Schmuckstück verunstaltet haben. Derart zerkratzte und zerdepperte Felgen sind aber nicht zwangsläufig schrottreif. Anhand einer Radreparatur beim Spezialisten Cartec lässt sich aufzeigen, wie das rollende Gut perfekt und TÜV-zertifiziert instandgesetzt wird.

Dazu wird das Rad auf eine Bearbeitungsmaschine gespannt und in Rotation versetzt. Dann wird der Felgenring mit einer rotierenden Schleifeinheit bearbeitet. Mit einer gröberen Schruppscheibe wird der Felgenring zunächst eben geschliffen. Händisch und mit feinerem Schleifpapier erfolgt anschließend die Feinbearbeitung der Fläche. Im Nachgang lässt sich mittels Schwabbelscheibe und Polierwachs schließlich eine perfekte Oberfläche herstellen. Nun werden mit einem Lösungsmittel etwa vorhandene Wachsrückstände penibel entfernt, bevor ein befeuchtetes Schleifpad mit 3000er-Körnung zum Einsatz kommt, das die bei diesem Rad originale, serienmäßig vorhandene Schliffstruktur wieder herstellt. Entspricht das Schliffbild dem gesteckten Ziel, wird der so bearbeitete Felgenring für die nun folgende Lackierung abgeklebt. Die exakte Lackierkante wird mit dem blauen Abklebeband festgelegt, das sich unter leichter Wärmeeingabe perfekt anschmiegen lässt. Nun folgen der Auftrag eines Haftvermittlers und die abschließende Lackierung.

Einen weiteren beachtenswerten Aspekt bei der Räderrestaurierung wirft der Porsche-Supersportwagen Carrera GT beispielhaft auf. Es geht um das Thema »Räder hochglanzpolieren«. Für einen Kunden in den USA hatte Porsche Classic unter der Leitung von Uwe Makrutzki 2018 das Project »Carrera GT Recomissioned« in Angriff genommen. Der Wagen wurde in einen nahezu vollständigen Neuzustand versetzt und dazu bis in die letzte Schraube zerlegt. Wo nötig wurden Teile aufgearbeitet oder ersetzt.

Dem Wunsch des Kunden entsprechend sollten die Räder des in Oak Green metallic neu lackierten Wagens Reminiszenzen an Rennsporträder des Hauses BBS darstellen. Mit gold lackierten Fünfspeichen-Radsternen aus Magnesium und polierten Felgenringen. Wie eine Materialanalyse im Entwicklungszentrum Weissach ergab, wäre eine Gefügeveränderung und damit eine Schwächung des Materials durch das Polieren jedoch nicht auszuschließen gewesen. Entsprechend suchte Porsche Classic nach einer anderen Verfahrenstechnik, um den gewünschten Effekt hochglanzpolierten Metalls zu erzielen. Die Lösung bestand schließlich in Form einer Silberbeschichtung. Aufgrund der hohen Reaktionsfähigkeit von Silber mit Luftsauerstoff und Wasser, was im Laufe der Zeit zu einem schwarzen Anlaufen von Silber durch die Ausbildung einer Oxidschicht führt, erhielt die Silberbeschichtung abschließend einen schützenden Überzug mit Klarlack.

5.6. Lackierung

Die perfekte Lackierung ist sozusagen die erste Visitenkarte, die ein Fahrzeug abgibt. Ist sie minderwertig ausgeführt, tritt nahezu alles andere in den Hintergrund – selbst eine optimal aufbereitete, wiederhergestellte Technik und Funktionalität des Fahrzeugs. Doch wann ist eine Lackierung perfekt? Dann, wenn ein früher 356 spiegelt wie ein aktuelles Neufahrzeug, dazu noch über absolut stimmige Spaltmaße verfügt und sämtliche Linien am Fahrzeug optimal »stehen«, wie Karosseriebauer zu sagen pflegen? Oder heißt perfekt ganz einfach, dass der Farbauftrag zu einhundert Prozent exakt jenem des damaligen Auslieferungszustands entspricht? Nicht zu vergessen die dritte Möglichkeit, bei welcher der Begriff »Perfektion« ausschließlich vom Fahrzeugbesitzer selbst definiert wird und sich schlicht nach dem persönlichen Geschmack und der Vorstellung dessen richtet, wie er seinen Wagen am Ende haben möchte.

Hier über »richtig« und »falsch« zu urteilen, halte ich für unangebracht. Am Ende des Tages entscheidet immer der Besitzer darüber, wie er sein Fahrzeug möchte – und so viel Toleranz muss sein. Gerade auf dem Gebiet der Fahrzeugrestaurierung, wo der Begriff »Originalität« nur allzu gerne strapaziert, aber nicht immer eingelöst wird oder auch nicht immer eingehalten werden kann. Streng genommen wird der Originallack immer nur der Erstlack sein. Ist er abgeschossen und verblichen oder durch mechanische oder chemische Einflüsse in Mitleidenschaft gezogen, ist zu entscheiden: So belassen oder neu lackieren? Im letzteren Fall ist die Originalität streng genommen dahin.

Bei einer Entscheidung hilft freilich ein Blick in die Historie des Fahrzeugs. Ist der Wagen in irgendeiner Weise berühmt? Hat er gar Motorsporterfolge eingefahren? Oder handelt es sich einfach »nur« um ein Volumenmodell ohne jedwede Dokumentation? Sicherlich wiegt eine geschichtliche Bedeutung schwer und muss zur selbstkritischen Frage führen: Vernichte ich die Spuren von vielen Jahrzehnten automobilen Daseins um den Preis, das Fahrzeug wie neu oder sogar besser als neu aussehen zu lassen? Eine Frage, auf die

Lackieren eines Oldtimers bedeutet ausschließliche Handarbeit. Das Signalrot 6407 wurde bei der Nr. 57 in der Kombination Wasserbasislack-Acrylklarlack dargestellt.

es aus meiner Sicht die eine wahre und immer richtige Antwort nicht gibt. Es wird stets eine Einzelfallentscheidung bleiben, die der Besitzer nach Abwägung aller für ihn erkennbaren Vor- und Nachteile sorgsam abwägen sollte.

Selbst die Qualität des wieder aufzubringenden Lacks sollte sorgfältig überdacht werden. Ist es für den Besitzer wichtig, bei seinem Projekt – im Sinne bestmöglicher Originalität – den seinerzeit verwendeten, jedoch mit einer schlechten Polierfähigkeit ausgestatteten Kunstharzlack wieder aufzubringen? Oder ist es nicht doch sinnvoller, auf zeitgemäßen Wasserbasislack mit anschließendem Klarlacküberzug zu gehen? Oder belässt man den Wagen gar

Beim 910/8 des Porsche Museums erfolgte der Substanzerhalt der Erstlackierung in einer detaillierten Nacharbeit und Konservierung beschädigter Stellen.

Der 928 von Thomas Müller nach der Lackierung im Originalfarbton „Flieder".

völlig in seinem derzeitigen Zustand, um die historische Substanz bestmöglich zu erhalten und begnügt sich mit Beilackierungen hier und dort? Dass der moderne Wasserbasislack seine volle Berechtigung hat, belegt beispielsweise der 901 Nr. 57. Bei der Lackfarbe Signalrot 6407 musste die Originalität tatsächlich einen Schritt zurückstehen und statt der ursprünglichen lösemittelhaltigen Lackfarben verarbeiteten die Spezialisten Wasserbasislack. Nach dem originalen Schwarzlackierplan wurde außerdem beispielsweise rund um die Aussparungen fur die Armaturen das Rot überdeckt, um ein Durchscheinen der Farbe an den Spalten zu verhindern. Kofferraum und Unterboden erhielten wiederum einen PVC-Auftrag, ganz wie beim Original.

Gerade das Kapitel »Lackierung« ist – wie im Übrigen auch der Bereich des Interieurs – wie kaum ein anderes dazu geeignet, lebhafte Diskussionen zu führen. Aus meiner Sicht eine großartige Sache, denn im Regelfall können das Porsche Museum, Porsche Classic, die vielen engagierten kleineren Restaurierungsbetriebe und nicht zuletzt die Besitzer selbst stets schlüssig argumentieren, weshalb ein Fahrzeug gerade so und nicht anders restauriert und lackiert wurde.

Gerne möchte ich hier drei weitere Beispiele des Porsche Museums anführen, weil sie für ganz verschiedene Strategien in diesem Bereich stehen. Exempel eins ist der Porsche 910/8 Bergspyder. 1967 wurde der Wagen nach Angaben des Porsche Museums letztmals eingesetzt, es war Gerhard

Dachpartie des 911 Carrera RSR der Targa Florio 1973. Bei der Restaurierung des Fahrzeugs wurde die Dachpartie wie zur damaligen Zeit nachträglich mit dem Pinsel lackiert – ganz bewusst inklusive einiger kleiner Verunreinigungen.

Mitters Fahrzeug, mit dem er die Europa-Bergmeisterschaft gewann. Nachdem der 910/8 in Rente ging, wurden alle Flüssigkeiten abgelassen, die Batterie ausgebaut und so stand der Wagen bis 2018 im Lagerfundus des Porsche Museums.

Als das Fahrzeug 2018 wieder in den Fokus geriet, befand Alexander Klein, Leiter Fahrzeugmanagement im Porsche Museum: »Diesen Zustand tasten wir nicht an. Denn jeder Eingriff wäre eine Zerstörung dieser absoluten Originalität.« Dieses Credo schloss auch jegliche Funktionalität mit ein. Der Motor musste nicht mehr zwangsläufig laufen, der Rennwagen sollte auch nicht mehr unbedingt fahren. »Wir entkoppeln seinen Status von der Fahrbereitschaft,« formulierte Alexander Klein weiter. Konservieren statt restaurieren, lautete daher in diesem Falle die Devise. »Kampfspuren« in Gestalt rissigen Glasfaserlaminats an der Karosserie inklusive. Eine Vorgehensweise, die ganz grundsätzlich aber auch mit einer einwandfreien Funktionalität von Motor, Getrieb, Fahrwerk und Bremsen zu realisieren wäre. So mag der 910/8 Bergspyder dem einen oder anderen Restaurator sicherlich zur Inspiration dienen, wenn es um die Entscheidung geht, einen Wagen neu zu lackieren – was bei einer Komplettrestaurierung in der Regel unumgänglich ist – oder ihn wie hier unangetastet im Originalzustand zu belassen. Extra neu nachgefertigte Bauteile wie etwa den Außenspiegel oder die Schrauben für die Scheiben ließ die eigens dafür engagierte Diplom-Restauratorin Dr. Gundula Tutt auf künstlichem Wege altern, damit sie sich nahtlos in den patinierten Gesamtzustand des Wagens einfügen und nicht als Neuteile ins Auge springen. Zu diesem Zweck wurden die aus Messing gefertigten Schrauben beispielsweise in einen Knoblauch-Extrakt getaucht. Die chemische Reaktion bewirkte, dass sie nach einigen Tagen dunkel anliefen und sich so stimmig in den Gesamtzustand einfügten.

Ein weiteres Beispiel dafür, wie das Porsche Museum mit dem Thema Lackierung verfährt, liefert der 911 Carrera RSR »Targa Florio« aus dem Jahr 1973. Als der Wagen vor einigen Jahren restauriert wurde, erhielt das Dach einen Farbauftrag, der wie damals – unter Zeitdruck, kurzerhand und schnell – einfach mit dem Pinsel aufgetragen wurde. Ohne Frage, schön ist anders und im Sinne ästhetischen Empfindens hätte die Spritzpistole hier ohne Zweifel besseres geliefert. Doch im Sinne bestmöglicher Originalität wurde eben der Pinsel geschwungen. Genauso übrigens, wie der bereits erwähnte Schwarzlackierplan in der Serienfertigung des 911 im Falle »heller« Lackierungen das händische Überpinseln bestimmter Sichtbereiche – etwa bei den Seitenschwellern – mit schwarzer Farbe vorsah. Ja, und selbst einige der Werks-917 erhielten ihren letzten optischen Schliff kurz vor dem Rennen mittels Pinsel oder auch Sprühdose unter freiem Himmel im Hof von Werk 1. Sogar in der Le-Mans-Werkstatt in Teloché wurde bis kurz vor dem 24-Stunden-Rennen noch lackiert – mit der Sprühdose. So haben also selbst der simple Pinsel und das Spritzwerkzeug für jedermann im Bereich der Porsche-Restaurierung ihre volle Daseinsberechtigung.

Beispiel Nummer drei zum Thema Lackierung liefert schließlich der allererste gebaute Porsche 917 aus dem Jahr 1969 – der 917-001. Seinerzeit wurden die Fahrzeuge außen mit weißem Kunstharzlack lackiert. Der Aluminium-Rohrrahmen wiederum erhielt einen Überzug mit schwarzem Industrielack. Bei 917-001 entschied sich Porsche seinerzeit zudem dazu, die hinteren Radhausschalen sowie den Heckdeckel ebenfalls in Schwarz heraus zu lackieren, während die übrigen der ersten 25 gebauten Fahrzeuge hier ihre natürlich Laminatstruktur vorwiesen. Der schwarze Farbauftrag war ausschließlich einem schöneren Erscheinungsbild bei der Präsentation in Genf geschuldet und wurde bei der Rückführung von 917-001 in den Zustand von Genf 1969 deshalb auch wieder so realisiert. Auch der reduzierte Glanzgrad der Außenlackierung – Seidenglanz – wurde bei der Restaurierung beziehungsweise der Rückführung in den Originalzustand von 1969 wieder hergestellt.

Eine Lackierung ganz besonderer Art datiert aus den 1970er-Jahren: Fischsilber. Cyprinus alburnus – Ukelei oder auch Laube genannt – gehört zur Unterfamilie der karpfenartigen Fische und machte sich bis Anfang der 1970er-Jahre als schmackhafter »Steckerlfisch« einen Namen, bevor er aufgrund seiner vielen kleinen Gräten von der Makrele verdrängt wurde. Doch nicht nur auf der Speisekarte hinterließ dieser Weißfisch einen brillanten Eindruck.

Bereits im 17. Jahrhundert wurden aus seinen silberglänzenden Schuppen die aus Hypoxanthin und Guanin bestehenden Kristalle extrahiert, um sie als Pigment in der Malerei und zur Herstellung von Kunstperlen zu verwenden. Der Effekt des Pigments äußert sich in einem perlmuttartigen Glanzeffekt, der je nach Lichteinfall changiert und für ein beeindruckendes Farbenspiel sorgt. Zur Gewinnung von 500 Gramm »Fischsilber« sollen 18.000 bis 20.000 Exemplare des 15 bis 25 Zentimeter großen Fisches erforderlich gewesen sein und Anfang des 20. Jahrhunderts begann die industrielle Herstellung dieses Pigments. Das erklärt den hohen Preis von heute rund 4.000 EUR für ein Kilogramm Fischsilberpulver.

Karriere machte das »Fischsilber« dann aber nicht nur bei Kosmetika wie Lidschatten, Lippenstiften und Nagellacken, sondern auch bei Fahrzeuglackierungen. Etwa bei General Motors in den USA, wo Anatole Lapine von 1951 an für die Karosserie-Vorentwicklung zuständig war. Als Lapine

Hans Mezger und der in Fischsilber lackierte Heckdeckel. Diese Art der Lackierung brachte Porsche-Design-Chef Anatole Lapine zu Beginn der 1970er-Jahre ein.

1969 Chefdesigner bei Porsche wurde, dauerte es nicht lange, bis sich das »Fischsilber« auch auf der Außenhaut des 911 niederschlug, wie sich Hans Mezger erinnert: »Kurz nach dem Erscheinen des 911 Carrera RS 2.7 kreierte das Team um Anatole Lapine zwei dieser Fahrzeuge in einer solchen ›Fischsilber‹-Lackierung. Eines erhielt Louise Piëch, das andere der damalige Vorstandsvorsitzende Dr. Ernst Fuhrmann. Zehn Schichten Klarlack waren notwendig, um die groben Pigment-Partikel in ein stabiles Lackgerüst einzubinden und der Effekt war beeindruckend, gab der weißsilberne, perlmuttartige Lack bei Sonneneinstrahlung doch das wunderschöne Spektrum an Spektralfarben wieder.«

Als Dr. Ernst Fuhrmann diesen Dienstwagen turnusgemäß abgab, übernahm ihn Hans Mezger und noch heute besitzt er den Motordeckel mit dem legendären Entenbürzel davon. »Der Wagen wurde irgendwann verkauft und der neue Besitzer wollte unbedingt einen großen Flügel im Stile des 911 Turbo montiert haben. Seitdem ziert der Motordeckel in ›Fischsilber‹ mein Büro. Über die Jahrzehnte freilich etwas vergilbt und ausgeblichen, aber immer noch mit diesem einzigartigen Farbeffekt«, erzählt Hans Mezger.

MARTINI
PORSCHE

Der frisch restaurierte 911 Carrera RSR beim ersten Roll-out auf der Piste 07/25 des Flugplatzes in Heubach. Am Steuer: Die schwäbische Rennsportlegende Roland Asch.

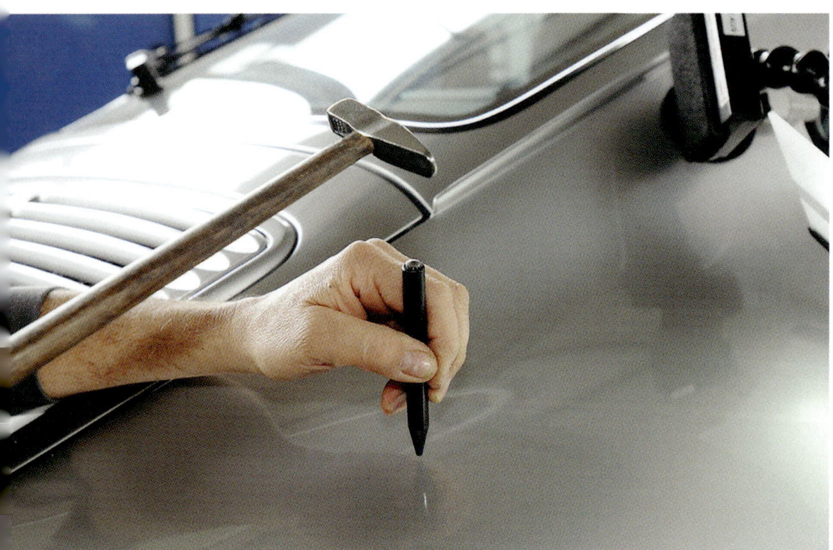

Mit dem Zughammer können leichte Dellen von außen gezogen werden (oben). Eine eventuell entstehende Überhöhung wird mit zartem Hämmern egalisiert (unten).

5.7. Dellenreparatur

Versuch macht bekanntermaßen klug, wenngleich nicht immer zur Freude des Betroffenen, wie in meinem Fall. Denn, eines Tages fiel mir aus Schusseligkeit meine mehr als 260 Kilogramm schwere Honda CBX um. Und mit ihrem linken Lenkerende geradewegs hinein in den hinteren linken Kotflügel meines 911 (993) Carrera S. Autsch! Zurück blieb eine gut fünf Millimeter tiefe und etwa fünf Zentimeter durchmessende, kreisrunde Beule, die dazu noch einen ganz leichten Knick im Blech aufwies. Das Ganze dann noch an einer Stelle, die alles andere als gut zugänglich ist, nämlich weit innen, dort wo Kotflügelaußenhaut und innere Spritzwand zusammenlaufen.

1 Tiefe Delle im linken hinteren Kotflügel. **2** Eine Drück- und Drehbewegung treibt das Blech langsam wieder nach außen. **3** Eine leichte Überhöhung wird korrigiert. **4** Ein leichter Kratzer wird fein beigeschliffen. **5** Polieren sorgt für eine makellose Oberfläche. **6** Mit dem Streiflicht wird der Konturverlauf überprüft. **7** Perfekte Arbeit – von der Delle ist nichts mehr zu sehen.

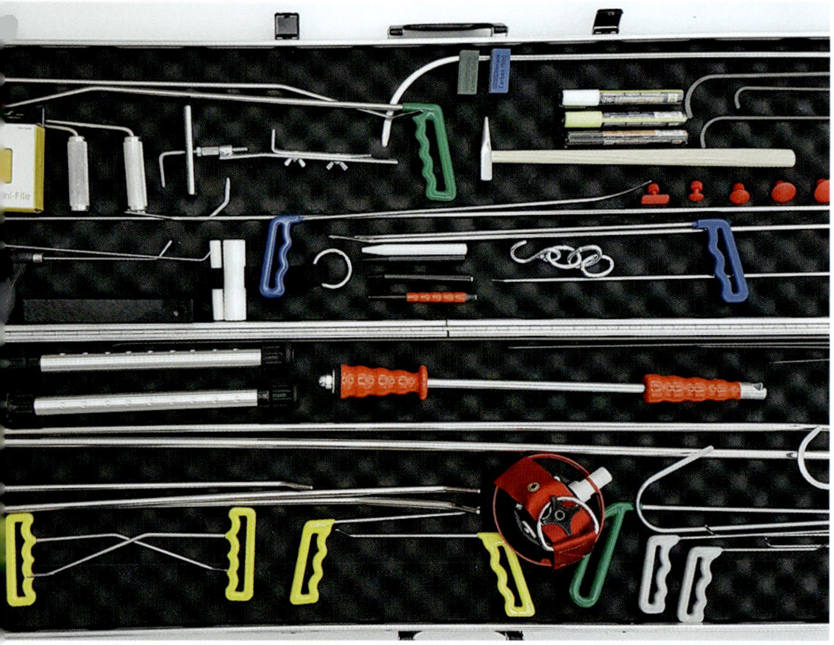

Das Sortiment eines „Dellen-Doktors“ umfasst eine Vielzahl von Zug- und Drückwerkzeugen.

Als völlig bestürzter Elfer-Fan sah ich mich bereits beim Karosseriebauer, die Schleifmaschine, Ausbeulwerkzeuge und Lackierpistole förmlich vor Augen. Doch weit gefehlt. »Dellendoktor« heißt umgangssprachlich das Zauberwort zur Problemlösung, die nun zum Einsatz kam. Dahinter verbergen sich Karosserieexperten wie Gunter Nuding, die es alleine durch händische Rückformung des Bleches schaffen, aufwändige Folgearbeiten wie Schleifen, Spachteln und Lackieren erfolgreich zu verhindern.

Üblicherweise wird Gunter Nuding von Lackier- und Karosseriefachbetrieben, wie in diesem Fall von Hartwig Thaler im schwäbischen Böbingen, engagiert. »Das können simple Parkrempler sein, wie sie auf Parkplätzen gerne mal durch unachtsames Öffnen der Tür des Nebenmannes entstehen. Aber auch die typischen Hagelschäden zählen zum klassischen Aufgabengebiet. Hier hat man es mitunter mit mehreren hundert Dellen pro Fahrzeug zu tun, aber tatsächlich sieht man nach einigen Tagen Arbeit selbst davon nichts mehr. ›Dellendoktoren‹ wie Gunter Nuding sind wahre Künstler, die in hohem Maße dazu beitragen, den originalen Karosseriezustand gerade bei wertvollen Klassikern zu erhalten. Bevor sich diese Technik etablierte, musste man ausbeulen, füllern und beilackieren. Das lässt sich heute in sehr vielen Fällen umgehen«, erklärt Lackierer Hartwig Thaler.

Als Gunter Nuding schließlich die Beule des Elfers inspizierte, reagierte er weit weniger aufgeregt als ich. »Wir versuchen es einmal«, sagte er und bockte den 911 an der linken Fahrzeugseite etwas auf, um das linke hintere Rad ausfedern zu lassen und damit etwas mehr Arbeitsraum zu erhalten. Ich war erstaunt, dass sowohl Rad als auch Radhausinnenschale montiert bleiben konnten und war gespannt, was nun folgen würde.

Tatsächlich genügte Gunter Nuding lediglich ein kleiner Spalt, den er mittels eines Kunststoffkeils zwischen Kotflügel und Radhausschale geschaffen hatte, um mit einem rund 50 Zentimeter langen, schlanken Ausbeulhebel ins Innere bis zur Delle vorzudringen. Gleichzeitig erzeugte er mit einer speziellen LED-Leuchte ein Streifenmuster im Bereich der Delle, um eine Sichtkontrolle seiner Arbeiten zu erhalten. Erst wenn das Streifenmuster absolut parallel auf der Lackoberfläche verlaufen würde, wäre von der Delle tatsächlich nichts mehr zu sehen und zu spüren.

Es verging rund eine Dreiviertelstunde, in der Gunter Nuding mit einer Seelenruhe den T-Griff des Ausbeulhebels hin und her bewegte. »Geduld ist das Wichtigste bei dieser Arbeit. Dann stimmt am Ende auch das Ergebnis«, erklärte er mir und tatsächlich war von der Delle nichts mehr zu sehen. »Falsch! Man sieht fast gar nichts mehr, doch unterm Licht erkennt man eine minimale Überhöhung nach außen. Diese korrigiere ich nun mit dem Hammer und einem speziellen Schlagstift mit Teflonspitze«, befand er und einige Hammerschläge später zeigte sich die Karosserieoberfläche schließlich wieder perfekt in Form.

Was anschließend folgte, war das manuelle Abziehen des Dellenbereiches, um noch einige feine Kratzspuren in der Oberfläche des Klarlacks zu beseitigen. Dazu dienen Schleifklötze, die Nuding in 1500er-, 2000er- und 3000er-Körnung in seinem Sortiment führt. Abschließend kam die Poliermaschine zum Einsatz und am Ende war von der unansehnlichen Delle absolut nichts mehr zu sehen.

5.8. Lack-Kleinstreparatur

Besonders wertvoll und begehrenswert sind Oldtimer bekanntlich dann, wenn sie noch über ihren Erstlack verfügen. Daher gilt es, ihn in bestmöglicher Weise zu erhalten. Doch wenn der automobile Klassiker sein Dasein über die Jahrzehnte nicht nur in der Garage fristet, sondern auch fleißig bewegt wird, bleiben Gebrauchsspuren am Lack nicht aus. Stichwort Steinschläge.

Gerade die Porsche-Fahrerinnen und -Fahrer können ein Lied davon singen, wirken die flachen Frontpartien doch geradezu wie eine Schaufel, mit der kleinere Steinchen förmlich aufgesammelt werden und bleibende Spuren im Lack hinterlassen.

Wohl jeder hat sich im Laufe seines Autofahrerlebens schon einmal selbst an der Ausbesserung von Steinschlägen oder kleineren Kratzern versucht. In aller Regel mit einem Lackstift, etwas professioneller dann vielleicht mittels eines Fine-Liners oder eines feinen Lacktupfers. Je nach Handwerkskunst, Übung und natürlich auch Größe des Steinschlags oder Kratzers lassen sich auf diese Weise durchaus hervorragende Ergebnisse erzielen. Vor allem bei Nicht-Metallic-Lacken. Bei Metallic-Lacken gerät eine derartige Ausbesserung hingegen oftmals so, dass sie ins Auge springt und das Ergebnis nicht wirklich befriedigen kann.

Eine Alternative zu dieser Art der Lackausbesserung verspricht die Airbrush-Technik mit filigraner Spritzpistole und kleinem Kompressor. Im Falle unseres Porsche 911 (993)

Für Kleinstreparaturen am Lackkleid eignet sich die Airbrush-Pistole.

Carrera S wagten wir den Selbstversuch und widmeten uns insgesamt 25 Steinschlägen im Frontbereich. Auffällig war dabei die ungleichmäßige Verteilung der Steinschläge mit Schwerpunkt auf der rechten Fahrzeugseite. Die Erklärung fällt aber leicht, denn gerade am rechten Fahrbahnrand sammelt sich zuhauf unliebsames Kleinzeug, das dann von vorausfahrenden Fahrzeugen aufgewirbelt wird und auf die Karosserie prallt.

Die Ausbesserung mit der Airbrush-Pistole setzt freilich etwas Übung voraus, ist für den handwerklich Begabten jedoch eine beherrschbare Aufgabe. Ich empfehle jedoch, mit dem anhand des Farbcodes zur Ausbesserung beschafften Lackes zunächst einige sogenannte Probebleche zu spritzen. Einerseits, um ein Gefühl für Pistole und Fließverhalten des Lackes zu erhalten, zweitens, um den Farbton mit dem Tonwert der Karosseriepartie abzugleichen. Treten hier Unterschiede zu Tage, dann empfiehlt sich zwingend der Gang zum Lackspezialisten. Er hat die Möglichkeit, den Lack für ein perfektes Ergebnis gegebenenfalls eine Nuance dunkler oder heller bereitzustellen.

Die Ausbesserung selbst gehorcht einem relativ aufwendigen Arbeitsprozess in mehreren Schritten. Zuallererst gilt es dabei, die auszubessernden Stellen und ihr Umfeld mit Silikonentferner absolut fett- und wachsfrei zu bekommen. Anschließend wird die Ausbesserungsstelle mit Abklebeband maskiert und feingeschliffen. Bei besonders tiefen Steinschlägen wie in unserem beispielhaften Fall erfolgt das Auffüllen mit etwas Füller. Nach dem Trocknen erfolgen ein neuerlicher Feinschliff und schließlich der Farbauftrag des Basislackes – in unserem Fall ein Wasserbasislack, wie er auch in der Serienfertigung eingesetzt wurde. Den Abschluss bildete schließlich ein Überzug mit 2-Komponenten-Klarlack. Auch dies entsprach dann dem serienmäßigen Lackaufbau. Nach dem Aushärten (24 bis 48 Stunden) wurde die Ausbesserungsstelle feingeschliffen und mit Schleifpaste sowie Politur dem Glanzgrad der restlichen Karosseriepartie angeglichen. Vom Steinschlag war dann unter verschiedenen Lichteinfallswinkeln nurmehr wenig oder im Idealfall auch gar nichts mehr zu sehen.

Der 911 (993) Carrera S mit dem ehemaligen Motorradweltmeister Dirk Raudies am Steuer bei einer Fotofahrt mit dem 901 von Alois Ruf unweit von Pfaffenhausen.

1

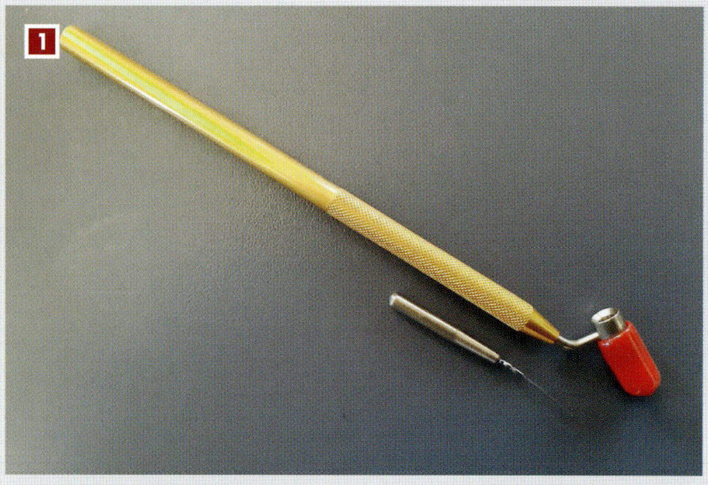

2

3

1 Entweder mit der Airbrush-Pistole oder mit einem Loew-Cornell-Lackstift lassen sich Kratzer und Steinschläge beheben.

2 Ein großer, bereits einmal ausgebesserter Steinschlag. **3** Grundlage ist immer ein entfetteter und entwachster Untergrund.

4 Anschleifen der Stelle. **5** Nach leichtem Füller-Auftrag wird der Basislack gespritzt. **6** Klarlack-Versiegelung.
7 Zunächst Einsatz von Schleifpaste, dann Politur. **8** Ein sehr zufriedenstellendes Ergebnis.

6 Restaurierung von Motor und Getriebe

Achim Schmied, Motorenmechaniker bei Porsche Motorsport in Flacht, beim Auslitern der Brennräume des Motors vom Typ 935/76 des 956-005.

6.1. Motorrevision und Optimierungen

6.1.1. Allgemeines

Grundlage einer jeden Motorrevision sind die Reinigung, Sichtprüfung und das Vermessen der Motorkomponenten. Ein entsprechendes Mess- und Begutachtungsprotokoll darf hier als Standard vorausgesetzt werden. Im Bereich des Kurbeltriebs sind die Haupt- und Pleuelellagerzapfen zu vermessen und die Kurbelwelle auf Rundlauf zu prüfen. Die entsprechenden Werte und Toleranzen dazu liefern die jeweiligen Handbücher. Sie entscheiden darüber, ob ein gemäß Sichtprüfung für gut befundenes Bauteil weiterhin eingesetzt werden kann oder aufgrund des Erreichens der Verschleißgrenze ausgetauscht werden muss. In der Praxis erfolgt die Bestimmung neuer Gleitlagerschalen im Regelfall über die Codierung. Da es in sehr seltenen Fällen aber vorkommen kann, dass eine Lagerschale fertigungstechnisch nicht der Codierung entspricht, empfiehlt sich hier die zusätzliche Prüfung mit Plastic Gauge. Hierbei handelt es sich um dünne Kunststoffstreifen, die zwischen Lagerschale und Lagerzapfen eingelegt werden. Anschließend werden – um beim Beispiel des Kurbeltriebs zu bleiben – die Pleuel mit dem vorgeschriebenen Drehmoment montiert und anschließend wieder demontiert. Mittels einer Messskala kann dann im Anschluss anhand der Breite des Kunststoffstreifens das tatsächlich vorhandene Lagerspiel bestimmt werden. Gängige Praxis bei der Überholung des Kurbeltriebs ist in diesem Zusammenhang auch das Ausspindeln der Hauptlagergasse. Dies wird in vielen Fällen standardmäßig durchgeführt. Ob es im Einzelfall aber tatsächlich notwendig ist, kann letztlich nur das Vermessen zeigen.

Der frisch revidierte Motor des 911 Carrera RS 2.7. In diesem Fall wurden Lüfterrad und Gehäuse noch mit Lack aufgehübscht. Heute genießen die Lüfterräder ebenfalls eine umfassende Restaurierung.

1 Kurbelwelle des 911 Carrera RS 2.7. **2** Rundlaufprüfung Kurbelwelle. **3** Ermittlung des Lagerspiels mittels Plastic Gauge. **4** Kolben und Zylinder des RS 2.7. **5** Zugehörige Zylinderköpfe.

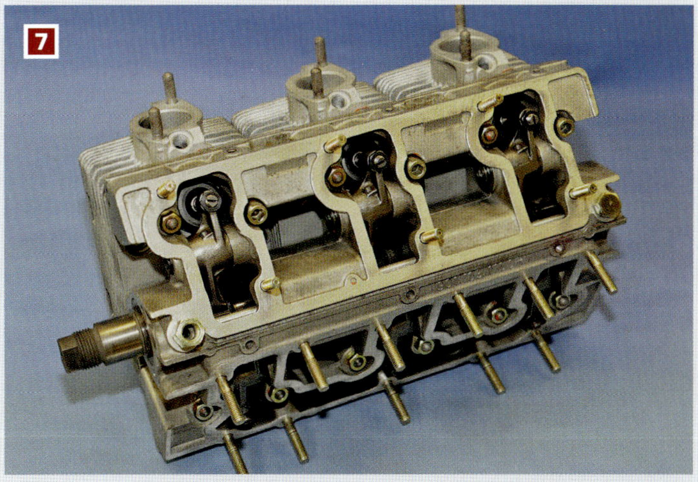

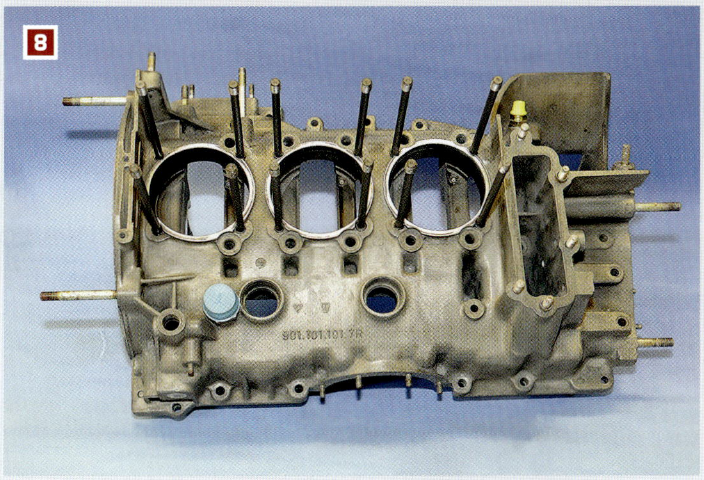

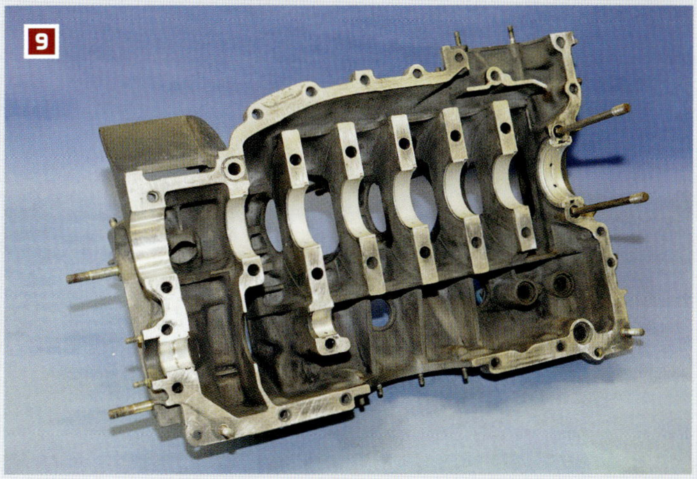

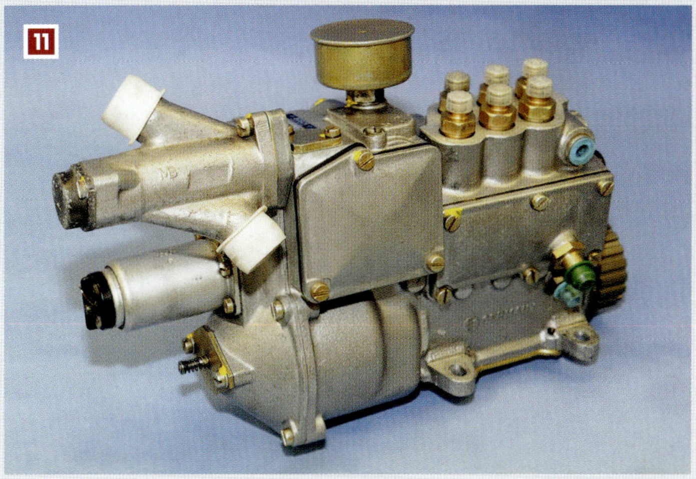

6 Kipphebel mit Einstellschraube und Kontermutter. **7** Zylinderköpfe mit montiertem Nockenwellengehäuse. **8 + 9** Kurbelgehäusehälften. **10** Ansaugrohre. **11** Mechanische Einspritzpumpe.

Hochzeit für den 928. Einbau des gesamten Antriebsstrangs, bestehend aus Motor, Transaxle-Rohr mit innen laufender Welle sowie Getriebe und Hinterachsantrieb.

Sichtprüfung und Vermessung sind auch bei den Laufgarnituren – Kolben und Zylinder – oberstes Gebot. Beim Zylinder ist einerseits die Oberflächenqualität der Lauffläche zu beurteilen, andererseits auch die Ovalität. Hat der Zylinder bereits deutlich sicht- und fühlbare Laufspuren und das Honbild ist in keiner Weise mehr zu erkennen, helfen nur Austausch beziehungsweise das Ausschleifen und – im Falle beschichteter Leichtmetallzylinder – das anschließende Neubeschichten, beispielsweise mit Nikasil. Gleiches gilt, wenn die Zylinderlaufbahn optisch zwar intakt zu sein scheint, die Vermessung jedoch ein Überschreiten der Ovalitätsgrenze ergibt. Damit einher geht in jedem Fall die Verwendung neuer Kolben und Ringe. Die Weiterverwendung von Kolben und Ringen ist nur bei intakten Zylindern und Maßhaltigkeit aller Komponenten zu empfehlen. Hierbei gilt die Sichtprüfung dem Kolbenhemd, dem Kolbenboden und dem Kolbenbolzen und seiner Lagerung. Zeigen sich diese Bereiche ohne Beanstandung, folgen das Vermessen des Kolbens hinsichtlich seiner Durchmesserwerte (mehrere vorgegebene Messpunkte) sowie die Bestimmung des Nut- und Stoßspiels der Kolbenringe.

Beim Zylinderkopf ist in erster Linie die Dichtigkeit der Ventile von Relevanz. Als Standard gelten hier das Reinigen der Ventile und das anschließende Einschleifen. In jedem Fall ist zuvor jedoch die Ventilsitzbreite am Ventil und am Sitz sowie die Maßhaltigkeit der Ventilführung zu bestimmen. Liegen Werte außerhalb der Toleranz, ist die Ventilführung zu ersetzen, der Ventilsitz gemäß den Vorgaben (Winkel) des Handbuchs nachzufräsen und das Ventil maschinell nachzuschleifen oder durch ein Neuteil zu ersetzen.

Als selbstverständlich gilt die Prüfung der Dichtflächen von Gehäuse zu Zylinder sowie von Zylinder zu Zylinderkopf. Üblicherweise verwendet man dazu ein Haarlineal. Sind die Dichtflächen nicht absolut plan, dann sind sie entsprechend maschinell plan zu schleifen beziehungsweise plan zu fräsen. Andernfalls sind Undichtigkeiten die Folge.

Im Bereich des Ventiltriebs sind – abhängig von der Motorkonstruktion – folgende Komponenten zu begutachten und zu vermessen: die Nockenwelle(n) im Hinblick auf ihre Lagerstellen, die Oberflächenbeschaffenheit der Nockenlaufbahn sowie die Nockenhöhe, außerdem (Tassen-)stößel, Kipp- oder Schlepphebel hinsichtlich ihrer Laufflächen und Maßhaltigkeit.

Es bedarf kaum der Erwähnung, dass der Zusammenbau der frisch revidierten Motorkomponenten mit hochwertigen (im Regelfall den originalen) Dichtungen und Wellendichtringen zu erfolgen hat. Ebenso natürlich mit neuen Steuerketten beziehungsweise Zahnriemen. Augenmaß walten lassen sollte man bei der Verwendung von Dichtmitteln. Zu viel hilft hier nicht viel, sondern im Gegenteil. Überstehendes Dichtmittel (i.d.R. Silikon) kann sich später innerhalb des Motors lösen und schlimmstenfalls in den Ölkreislauf gelangen.

Dem Ölkreislauf gilt ohnehin große Beachtung. Sämtliche Ölkanäle, Spritzdüsen und Ölführungen sind auf einwandfreie Durchgängigkeit und Sauberkeit zu prüfen. Die Ölpumpe ist in jedem Fall zu zerlegen und die Rotoren sind hinsichtlich Oberflächenqualität und Maßhaltigkeit (Spiel zum Gehäuse) zu prüfen. Minimale Riefen in den Rotoren lassen sich gegebenenfalls mit einem feinen Diamantstein egalisieren. Im Falle der mit Trockensumpfschmierung ausgestatteten Motoren wie den luftgekühlten Exemplaren des 911 gilt auch dem Öltank hohe Aufmerksamkeit. Prinzipiell sollte hier eine Sichtprüfung mittels Endoskop vorgenommen wurden, um Verunreinigungen oder zähen Ölschlamm zu lokalisieren. Insbesondere bei Restaurierungsobjekten, die eine lange Standzeit unter unwirtlichen Bedingungen hinter sich haben, ist besondere Vorsicht geboten. Teils haben sich Ablagerungen derart verfestigt, dass sie bei einer spülenden Reinigung mit Lösemitteln nicht entfernt werden. So gaukelt der Austritt klaren Lösungsmittels einen vermeintlich sauberen Tank vor, doch beim späteren Betrieb und entsprechender Öltemperatur können sich diese Ablagerungen (und darin gebundene Schmutzpartikel) lösen und im Extremfall für einen kapitalen Motorschaden sorgen. Gegebenenfalls ist hier also zum Einsatz eines Neuteils oder zum Auftrennen, Reinigen und anschließenden Verschweißen des Originalteils zu raten.

Im beispielhaften Falle des 911 Carrera RS 2.7 hatte der Zahn der Zeit sichtbar am Getriebe- und Motorgehäuse aus Magnesium genagt, doch Ersatz wäre damals höchstens in Form von neueren Aluminiumgehäusen in Frage gekommen und das wollte der Kunde um keinen Preis. Schließlich herrschte die wichtige und in Sammlerkreisen begehrte Nummerngleichheit und obendrein hätte dies auch nicht mehr dem originalen Zustand entsprochen. Ein Glücksfall also, dass die Substanz der Gehäuse noch brauchbar war. Allerdings waren die Buchsen der Kipphebel teilweise bis auf die Kupferschicht eingelaufen und auch die Kipphebelachsen wiesen zum Teil deutliche Laufspuren auf. Gar schrottreif war einer der Kipphebel, dessen Nockenlauffläche deutliche Ausbrüche, das so genannte Pitting aufwies. In noch ordentlichem Zustand präsentierten sich dagegen die beiden Nockenwellen.

Rudolf Bernt, Maximilian und Thomas Müller (v.l.) freuen sich über den fast fertiggestellten 928.

VORSICHT!

Blick in die Motorenwerkstatt von Porsche Classic in Freiberg, wo gerade einige Getriebe montiert werden.

Diese Schaltgabel des 911 Carrera RS 2.7 hätte ihren Dienst sicherlich noch längere Zeit getan, wurde im Zuge der Getrieberevision jedoch ebenfalls ersetzt.

Die Innereien des Getriebes lohnten ebenfalls näherer Betrachtung. Augenscheinlich stand alles zum Besten, doch bei näherer Begutachtung offenbarte das Gangradpaar des fünften Gangs leichte Pitting-Bildung an einigen Zahnflanken. Ersatz tat angesichts des jungfräulichen Stadiums der Zahnerkrankung zwar nicht zwingend Not, aber da das Getriebe schon mal offen war, wurde es ersetzt. Austauschreif zeigte sich das Lagerschild der Antriebswelle für die kraftschlüssige Verbindung zwischen Motor und Getriebe. Das entstandene Lagerspiel pflanzt sich im Antriebsstrang sozusagen fort, führt zu erhöhtem Lastwechselspiel und beeinträchtigt obendrein die Schaltbarkeit des Getriebes negativ. Hier war also ein Neuteil fällig. Ansonsten aber zeigte sich das Fünfganggetriebe von seiner besten Seite.

Bei Tetsu Ikuzawas 911 S 2.0 Targa präsentierten sich die wesentlichen Elemente von Motor und Getriebe in gutem Zustand und damit befähigt, noch viele tausend Kilometer laufen zu können. Neuteile kamen selbstredend bei allen Lagern und Dichtungen zum Einsatz. Während Kurbelwelle, Kolben und Zylinder wieder verwendet werden konnten, kamen neue Nockenwellen, Kipphebel sowie Ventile samt Führungen zum Einsatz. Lichtmaschine, Verteiler und Anlasser bekamen bei beiden Fahrzeugen eine Grundüberholung spendiert. Im Bereich der Kraftübertragung erfuhr das Getriebe des 911 S 2.0 Targa eine komplette Überarbeitung, wobei Schalt- und Führungsmuffe sowie Synchronringe und alle Lager ersetzt wurden.

Im Zuge der Restaurierung des Porsche 928 von Thomas Müller widmeten sich die Mechaniker dem kompletten Antriebsstrang, also Motor, Getriebe und Transaxle-Übertragung. Nach dem Vermessen wurde das Triebwerk komplett neu gelagert, dazu die Kurbelwelle feingewuchtet und an ihren Lagerstellen poliert. Übernommen wurden die alten Einlass- und Auslassventile, jedoch frisch geschliffen und mit neuen Ventilführungen in den um -0,1 mm geplanten Zylinderköpfen kombiniert. »Diese Maßnahmen haben wir deshalb getroffen, da sich aufgrund der langen Standzeit des Wagens teilweise bereits leichte Korrosion ausgebildet hatte. Gleichzeitig legten wir aber großen Wert darauf, so viel wie möglich original zu erhalten«, erklärte Rudolf Bernt dazu. Selbstredend erneuert wurden sämtliche Rollen des Zahnriementriebs sowie die Wasserpumpe. Da als Neuteil zu diesem Zeitpunkt nicht mehr lieferbar, wurde der Klima-Kompressor ebenfalls überholt. Gleiches galt für die K-Jetronic-Einspritzanlage, die komplett zerlegt und mit neuen Einspritzventilen versehen wurde. Weiterhin wurde die Mitnehmerscheibe

Das Lagerschild der Antriebswelle des 911 Carrera RS 2.7 zeigte sich aufgeweitet und musste ersetzt werden. Ansonsten wären ein zu hohes Lastwechselspiel und schlechtere Schaltbarkeit die Folgen.

Die drei prinzipiellen Ausführungen der Zylinderstiftschrauben: Stahl, Dilavar sowie Stahl mit langen Gewinden (v.l.). Stahl mit langen Gewinden wird heute sehr häufig bei Revisionen eingesetzt, auch bei Rennmotoren wie etwa dem Typ 908.

neu ausdistanziert und hinsichtlich ihrer Toleranzen geprüft sowie die Transaxle-Welle neu gelagert. Komplett zerlegt, gereinigt, geprüft und neu abgedichtet wurden das Automatik-Getriebe sowie der Hinterachsantrieb.

Werden irgendwo auf der Welt bei einem klassischen Porsche ein neues Getriebe oder ein neuer Motor fällig, dann laufen die Fäden vor allem bei Porsche Classic zusammen. Am Beispiel eines 993-Austauschgetriebes haben wir uns die werksseitige Aufbereitung eines Getriebes angesehen. Zugegeben, er kommt eher selten vor, tritt aber doch hin und wieder auf: der Getriebe-Defekt. Es hakt beim Schalten oder ein Gang lässt sich nicht mehr sauber einlegen. Dann führt kein Weg an einer Reparatur, an einem neuen Getriebe oder an einem Austauschgetriebe vorbei. Im letzteren Fall kann der Kunde im Porsche Zentrum beziehungsweise beim Porsche Classic Partner – ganz gleich wo auf der Welt – sein defektes Getriebe zurückgeben und erhält im Gegenzug ein generalüberholtes Austauschgetriebe. Das defekte Getriebe wird wiederum ins Werk geschickt, dort vollständig aufbereitet und wartet fortan im Porsche-Lager auf seinen Abruf durch ein Porsche Zentrum. Im Zuge der Revision werden sämtliche Lager und die molybdänbeschichteten Messing-Synchronringe sowie selbstredend alle Dichtungen, Simmerringe und O-Ringe ersetzt. Gegebenenfalls werden auch nicht mehr maßhaltige oder beschädigte Gangradpaare durch Neuteile ersetzt. Eher selten muss hingegen die Getriebe-Antriebswelle ausgetauscht werden. Im Regelfall beinhaltet der Aufbau eines Austauschgetriebes auch den Einbau eines neuen Triebsatzes, bestehend aus Kegel- und Tellerrad. Hierbei arbeitet Porsche Classic mit den originalen Einstelllehren.

Besondere Beachtung verdienen bei Revisionen von luftgekühlten Motoren insbesondere auch die Stiftschrauben (Stehbolzen) zur Verschraubung von Zylinderköpfen, Zylindern und Gehäuse. Gerade bei den Dilavar-Stiftschrauben können Motorenbauer ein Lied von gerissenen Exemplaren singen. Daher lohnt eine nähere theoretische Betrachtung dieser Bauteile.

Die Geschichte der Dilavar-Verschraubungen bei Porsche-Motoren geht in die zweite Hälfte der 1960er-Jahre zurück. Damals kamen Stiftschrauben aus dem seinerzeit noch neuen Werkstoff bei den Rennmotoren zum Einsatz. »Grundsätzlich haben wir die Stiftschrauben bei den Rennmotoren immer poliert«, erinnert sich Hans Mezger. Eine ganz besondere Lösung kam unter anderem beim Motor des Typs 912 für den 917 zum Einsatz.

Der 917. Eine Zahl, die für Porsche bis heute eine fast mythische Bedeutung hat, denn mit dem 917 betrat 1969 ein Rennwagen die Bühne des Motorsports, der das für Porsche ehrgeizigste Ziel im Jahr darauf Wirklichkeit werden ließ: den ersten Gesamtsieg bei den 24 Stunden von Le Mans.

Die Basis für diesen Erfolg schaffte Hans Mezger, der die Gesamtkonstruktion des 917 verantwortete. Kein Detail ließ er beim Fahrzeug und insbesondere bei der Konstruktion des Zwölfzylinders unberücksichtigt. Das galt auch für das Zusammenspiel der unterschiedlichen Werkstoffe. Von größter Wichtigkeit dabei: der thermische Längenausdehnungskoeffizient Alpha.

»Bei den damaligen Legierungen von Magnesium und Aluminium liegt dieser Wert bei 22 bis 24, bei Stahl hingegen bei ungefähr 11,5«, erklärt der Chefkonstrukteur. Anschaulich bedeutet dies, dass sich ein 1.000 Meter langes Werkstück aus Aluminium oder Magnesium bei einer Temperaturerhöhung um ein Grad Kelvin um 22 bis 24 Millimeter ausdehnt, während es bei Stahl nur 11,5 Millimeter sind.

Mit diesem erheblichen Unterschied einher gingen unerwünschte Wärmespannungen sowie ein Eindrücken der Unterlegscheiben in die Magnesium- und Aluminiumteile von Kurbelgehäuse und Zylinderkopf. Eine Lockerung der Schraubverbindungen, daraus resultierende Undichtigkeiten und schlimmstenfalls sogar ein Motorschaden durch Überhitzung hätten die möglichen Folgen sein können.

»Um dies zu vermeiden, haben wir diese Schraubverbindungen aus dem damals neuen Werkstoff Dilavar gefertigt, einer Stahllegierung mit einem Wärmeausdehnungskoeffizienten von etwa 18. Zusätzlich haben wir die Zylinderkopfschrauben am Schaft mit einer Isolierschicht aus Glasfaser und Kunstharz überzogen, da sie sonst wegen des Kühlluftstroms eine geringere Temperatur als der Zylinder und der Zylinderkopf aufweisen würden. Mit dieser Maßnahme wurde erreicht, dass die Wärmeausdehnung des Zylinders und Zylinderkopfs einerseits und der Befestigungsschrauben andererseits den gleichen Wert annimmt«, schildert Hans Mezger dieses kleine, für die Zuverlässigkeit des 917-Motors jedoch entscheidende Detail. Die damalige Bezugsquelle für den Werkstoff waren die Deutschen Edelstahlwerke (DEW) in Krefeld. Bei der ursprünglich verwendeten Legierung handelte es sich nach Aufzeichnungen von Hans Mezger um 0,65 % C, 0,2 % Si, 5 % Mn, 3,5 % Cr, 12 % Ni sowie einen entsprechenden Restanteil Fe.

Mitte der 1970er-Jahre hielten die Dilavar-Stiftschrauben schließlich auch bei den 911-Serienmotoren Einzug. Heute, mehr als vier Jahrzehnte danach, werden die luftgekühlten 911-Motoren aber nicht selten Opfer gerissener Stiftschrauben. Die Meinungen über die exakte Ursache dafür gehen jedoch auseinander. So werden Alterung des Materials ebenso verantwortlich gemacht wie Korrosion. Ein weiterer wichtiger Punkt als mögliche Ursache für Brüche stellt jedoch auch das Überschreiten der Streckgrenze dar. Sie ist ein Maß dafür, inwiefern ein Metall nach einer Zugbelastung wieder in seine ursprümgliche Form zurückkehrt. Wird die Streckgrenze stets unterschritten, kehrt in unserem Beispiel die Dilavar-Stiftschraube nach Entlastung wieder in ihre ursprüngliche Form zurück. Ein wichtiger Effekt bei diesen als sogenannte Dehnschrauben ausgelegten Schraubverbindungen. Wird die Streckgrenze – durch Anziehen mit zuviel Drehmoment – überschritten, verbleibt eine Formveränderung, die Stiftschraube längt sich und büßt dadurch an Zugfestigkeit ein. Zu festes Anziehen der Zylinderkopfverschraubung mit überhöhtem Drehmoment ist also in keiner Weise ratsam. Zur Erhöhung der Dauerfestigkeit kann jedoch in Erwägung gezogen werden, die Stiftschrauben wie bei den Rennmotoren zu polieren oder alternativ einem Shot Peening zu unterziehen.

Dilavar-Stiftschraube des Motortyps 912 für den 917: Eine Isolation aus Glasfaser-Laminat sorgt hier für ein bestmögliches Längenausdehnungsverhalten.

6.1.2. Shot Peening

Im Sinne einer verbesserten Dauerfestigkeit können Bauteile ganz generell dem Verfestigungsstrahlen – dem sogenannten »Shot Peening« – unterzogen werden. Porsche hatte es Mitte der 1980er-Jahre erstmals bei den Titan-Pleueln des TAG Turbo und des Langstreckenrenners 962 und kurz darauf im 959 (dessen Pleuel nahezu identisch mit denen des 962 sind) sogar in der Serie eingesetzt. Bis zu diesem Zeitpunkt griff man beim Oberflächenfinish der Titan-Pleuel stets auf das Hochglanzpolieren zurück. Ein Verfahren, das wie schon erwähnt auch bei den Zylinderstiftschrauben (Stehbolzen) der Porsche-Rennmotoren zur Reduzierung der Bruchgefahr zum Einsatz kam.

Beim Shot Peening (früher nannte man es auch Kugelstrahlen oder Kugelverdichten) begegnet man unerwünschten Zugeigenspannungen im Werkstoff, die sich bei einem Bauteil aus Bearbeitungen wie Schleifen, Fräsen, Drehen, Biegen oder durch ein Wärmebehandlungsverfahren ergeben. Diese Zugeigenspannungen führen zu einer verringerten Lebensdauer von Bauteilen. Durch das Shot Peening werden diese Zugeigenspannungen an der Oberfläche in Druckeigenspannungen überführt, was zu einer deutlichen Erhöhung der Lebensdauer und zu einer Verbesserung der Lasteigenschaften führt. Dauerschwingfestigkeit und Beständigkeit gegen Spannungsriss- und Schwingungs-Risskorrosion werden insbesondere bei solchen Bauteilen verbessert, die starken Wechselbeanspruchungen ausgesetzt sind. Etwa Federn, Antriebswellen, Kurbelwellen, Zahnräder, Pleuel oder Turbinenschaufeln.

Beim Beschuss eines Bauteils – beispielsweise mit Drahtkorn rund – prallen die Drahtkornkugeln am Bauteil ab und wandeln dabei einen Teil ihrer kinetischen Energie in Verformung der Bauteiloberfläche um. Dabei entsteht ein kalottenförmiger Eindruck in der Oberfläche – die Kugeln wirken wie viele kleine Schmiedehämmer. Dadurch werden Dichte und Härte im Bereich des Eindringens verändert und es baut sich die angestrebte Druckeigenspannung in der Bauteilrandzone auf. Da Risse oder Brüche meistens in der Bauteilrandzone und nicht in Bereichen mit Druckeigenspannungen entstehen, erhöht sich auf diese Weise die Dauerfestigkeit der Bauteile.

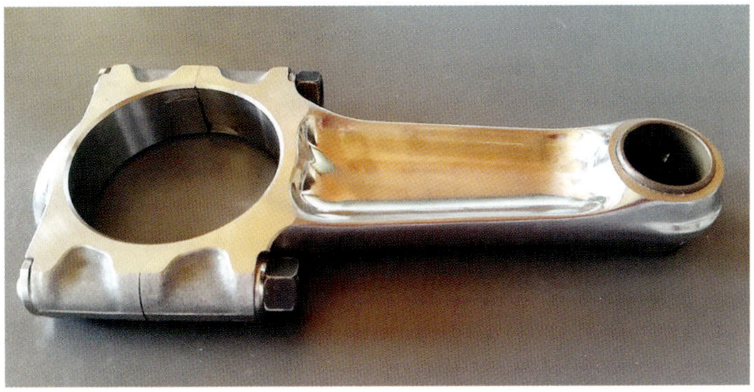

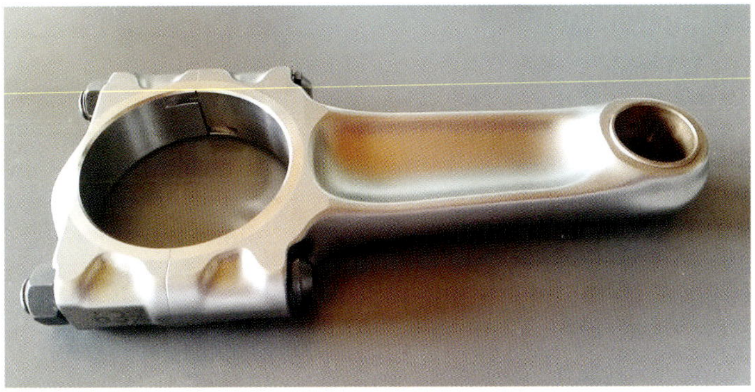

Hochglanzpoliertes Titan-Pleuel des Porsche 956/962 oben und mittels Shot Peening behandeltes Titan-Pleuel des Porsche 959. Die 962-Motoren sowie auch das TAG Turbo Formel-1-Triebwerk erhielten zu späteren Zeitpunkten ebenfalls gestrahlte Pleuel.

Allerdings handelt es sich bei den heute eingesetzten Shot-Peening-Verfahren nicht mehr nur um simple Strahltechnik. Das Shot Peening setzt die genaue Einhaltung aller Strahlparameter hinsichtlich der Strahlgeschwindigkeit, der Art des Strahlmittels, des Düsenabstands, des Strahldrucks, der Strahlzeit sowie des Aufprallwinkels voraus. Versuchsweise haben wir beispielsweise Stahlpleuel und auch Zylinderstiftschrauben erfolgreich bei OSK-Kiefer diesem Verfahren unterzogen. Grundlage eines materialgerechten und kontrollierten Shot Peening bildet dabei ein eine Almen-Messung zur Festlegung der notwendigen Strahlzeit und Strahlintensität.

Die Strahlintensität wird mittels Almen-Teststreifen der Stärken »N« (0,8 mm), »A« (1,3 mm) oder »C« (2,4 mm) er-

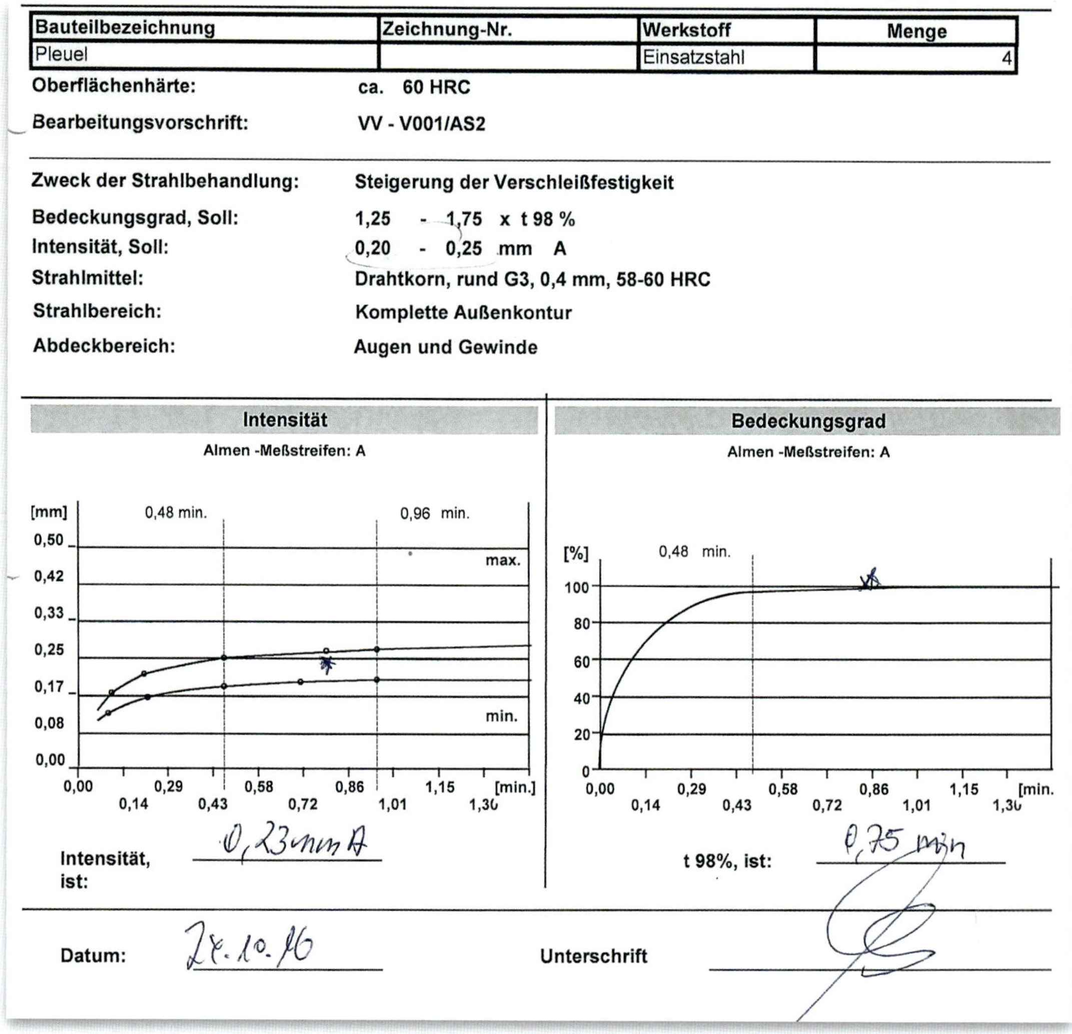

Bauteilbezeichnung	Zeichnung-Nr.	Werkstoff	Menge
Pleuel		Einsatzstahl	4

Oberflächenhärte: ca. 60 HRC

Bearbeitungsvorschrift: VV - V001/AS2

Zweck der Strahlbehandlung: Steigerung der Verschleißfestigkeit

Bedeckungsgrad, Soll: 1,25 - 1,75 x t 98 %

Intensität, Soll: 0,20 - 0,25 mm A

Strahlmittel: Drahtkorn, rund G3, 0,4 mm, 58-60 HRC

Strahlbereich: Komplette Außenkontur

Abdeckbereich: Augen und Gewinde

Datum: 28.10.16 Unterschrift

Messprotokoll einer Shot-Peening-Behandlung von Stahl-Pleueln.

mittelt. Sie bestehen beispielsweise aus Federstahl einer dem Bauteil vergleichbaren Materialqualität und werden in einem Halter montiert einseitigem Shot Peening unterzogen. Dabei wölbt sich der Messstreifen zur gestrahlten Seite hin. Anhand der messbaren Bogenhöhe und einer daraus erstellbaren Kurve unterschiedlicher Strahlzeiten lässt sich daraus die anzuwendende Strahlintensität bestimmen. Im Falle unserer Stahlpleuel betrug sie beispielsweise 0,20 – 0,25 mm A (A = Almen), bei den Zylinderstiftschrauben 0,10 – 0,15 mm A. Selbstverständlich muss es das Ziel sein, eine gleichmäßig hohe Druckeigenspannung in der gesamten Bauteilrandzone zu erhalten, weshalb der sogenannte Bedeckungsgrad von großer Wichtigkeit ist. Er sollte nicht wesentlich unterhalb von 100 Prozent liegen.

6.1.3. Matching

Eine durchaus übliche Arbeit an Rennmotoren ist das sogenannte Matching. Hierbei werden aus einem größeren Fundus von Pleueln, Kolben und Kolbenbolzen die im Hinblick auf fertigungsbedingte Gewichtsunterschiede bestmöglichen Paarungen gebildet. Am Beispiel des Sechszylinder-Boxers des 911 bedeutet dies die Auswahl von sechs Kolben geringster Gewichtsdifferenz, sechs nahezu gewichtsidentischen Pleueln sowie sechs annähernd gleich schweren Kolbenbolzen. Untereinander werden diese 18 Komponenten dann so gepaart, dass sich die geringstmöglichen Gewichtsunterschiede zwischen den sechs Einheiten ergeben. Gegebenenfalls können noch bestehende Gewichtsunterschiede durch entsprechende Materialabtragungen an Pleueln und Kolben reduziert werden. Der Vorteil einer solchen Gewichtsangleichung liegt insbesondere in der Reduzierung von Vibrationen und damit in der Verbesserung der Laufkultur. Eine Arbeit, die sich selbstverständlich auch bei herkömmlichen Serienmotoren auszahlt.

Kolben und Sackzylinder des Motortyps 935/76 des Porsche 956.

Pleuel, Kurbelwelle und Zwischenrad des 935/76. Eine Angleichung der Massen von Kolben, Bolzen und Pleueln erfolgt über das sogenannte Matching, also die hinsichtlich der Gesamtmasse optimale Kombination dieser Komponenten.

6.2. Fuhrmann-Motor und Flugmotor Typ 678

Beim Viernockenwellen-Motor, dem sogenannten »Fuhrmann-Motor« handelt es sich bis heute um den leistungsfähigsten luftgekühlten Vierzylinder-Boxer von Porsche. Ein reinrassiger Rennmotor, der zahlreiche Kapitel Rennsportgeschichte schrieb und im legendären, 1953 vorgestellten 550 Spyder berühmt wurde – dem ersten konsequent für den Rennsport ausgelegten Porsche-Sportwagen. Parallel zur Entwicklung des Wagens liefen die Arbeiten an einem neuen Hochleistungsmotor, denn man hatte auch in Zuffenhausen erkennen müssen, dass die VW-Käfer-basierte Motorentechnik mit wenig drehzahlfestem ohv-Ventiltrieb für hohe und konkurrenzfähige Literleistungen ausschied.

Die mit Königswellen ausgestattete Motorengeneration 547/587 (hier im Bid) zählt zu den interessantesten Motorkonstruktionen von Porsche.

Der als reinrassiger Rennmotor konzipierte „Fuhrmann-Vierzylinder“ sorgte auch im Porsche 356 Carrera 2 für dynamischen Vortrieb.

55

Der 550 Spyder, mit dem Hans Herrmann bei der Carrera Panamericana 1954 ein dritter Gesamtrang und ein Klassensieg bei den Sportwagen bis 1,5 Liter Hubraum gelang. Hier am Steuer: Der ehemalige Motorradweltmeister bis 125 ccm, Dirk Raudies.

So bediente sich Porsche-Konstrukteur Dr. Ernst Fuhrmann beim neuen Vierzylinder-Boxer des Typs 547 vier obenliegender Nockenwellen, die via Königswellen angetrieben wurden und so eine hohe Drehzahlfestigkeit mit einer exakten Einhaltung der Ventilsteuerzeiten verknüpften. Aus lediglich 1.498 cm^3 Hubraum schöpfte der Vierzylinder mit dreifach rollengelagerter Kurbelwelle beachtliche 110 PS Leistung.

Konstruktiv machte der mit Doppelzündung ausgestattete Fuhrmann-Vierzylinder auch an anderen Stellen keinen Hehl daraus, dass es sich bei ihm um einen astreinen Rennmotor handelte. So verfügte er für maximale Betriebssicherheit über eine Trockensumpfschmierung und ein Ölvolumen von 8 Litern.

Über einen Zeitraum von mehr als zehn Jahren stellte der Fuhrmann-Vierzylinder eine hervorragende Basis zur stetigen Weiterentwicklung dar. So leistete er im 550 Spyder bei der Panamericana 1954 bereits 117 PS. Hans Herrmanns Erfolg mit dem 550 Spyder bei der Carrera Panamericana 1954 sorgte bei allen darauffolgenden 356-Modellen mit dem Fuhrmann-Vierzylinder zudem für die Zusatzbezeichnung Carrera.

Stetig anwachsende Verdichtungsverhältnisse und größere Vergaserdurchmesser stellten 1956 bereits 135 PS bereit und sorgten in Italien für den bis dahin größten Erfolg von Porsche beim schwierigsten Rennen jener Tage – der Targa Florio. Umberto Maglioli fuhr in Sizilien den ersten von insgesamt elf Gesamtsiegen ein. Auch die Nachfolgemodelle 645 »Mickymaus« und 718 setzten auf den Fuhrmann-Motor als Antriebsquelle und in den 1960er-Jahren befeuerte er sogar den 904 Carrera GTS. Nicht zu vergessen die Porsche-Formel-2-Rennfahrzeuge. Auch im Porsche 356 machte der mechanisch so aufwendig konstruierte Vierzylinder-Boxer Karriere – als 1500er, 1600er, 1700er und sogar mit vollen 2 Litern Hubraum. Bis Mitte der 1960er-Jahre sorgte dieser Motor für unzählige Rennsiege und begründete den Weltruf von Porsche im Motorsport.

So nimmt es einen nicht Wunder, dass die Porsche-Modelle mit dem Vierzylinder-Königswellenmotor heute zu den begehrtesten und teuersten Exemplaren überhaupt zählen. Das

Dr. Ernst Fuhrmann schuf den Königswellen-Vierzylinder vom Typ 547. Seine Promotion legte er über Ventiltriebe ab.

Triebwerk des 356 B 2000 GS Carrera 2 stellte die höchste im Porsche 356 serienmäßig verfügbare Ausbaustufe des Königswellenmotors vom Typ 587/1 dar. Er leistete 130 PS und ermöglichte 200 km/h Höchstgeschwindigkeit.

Im konstruktiven Aufbau entspricht er in weiten Zügen den kleinvolumigeren Exemplaren. Allerdings ist die Kurbelwelle im Gegensatz zu den meisten Rennversionen dieses Triebwerks sowie den Serienversionen mit 1,5 und 1,6 Litern Hubraum mit einer dreifachen Gleitlagerung an Stelle der Rollenlagerung versehen.

Der Antrieb der Nockenwellen erfolgt von einer Zwischenwelle aus. Sie treibt über je eine parallel zur jeweiligen Zylinderachse geführte und an ihren Enden mit Kegelrädern versehene ausgestattete Welle die Auslassnockenwelle an, die in der Mitte ebenfalls über ein Kegelrad verfügt. Der Antrieb der Einlassnockenwelle erfolgt über eine von der Auslassnockenwelle angetriebenen Verbindungswelle, die ebenfalls mit Kegelrädern versehen ist. Die beiden Ventile pro Zylinder werden über leichte Schlepphebel betätigt, die federbelastet in Kugelbolzen gelagert sind.

In dieser alleine schon fertigungstechnisch sehr anspruchsvollen Motorenkonstruktion liegen auch die Herausforderungen bei der Motorrevision begründet. So wohnen dem Triebwerk doch einige besonders zu beachtende Punkte inne. An oberster Stelle stehen dabei neben dem Kurbeltrieb sämtliche Lagerungen des Ventiltriebs. Herrscht hier zu viel oder zu wenig Lagerluft, dann sind mangelnde Steu-

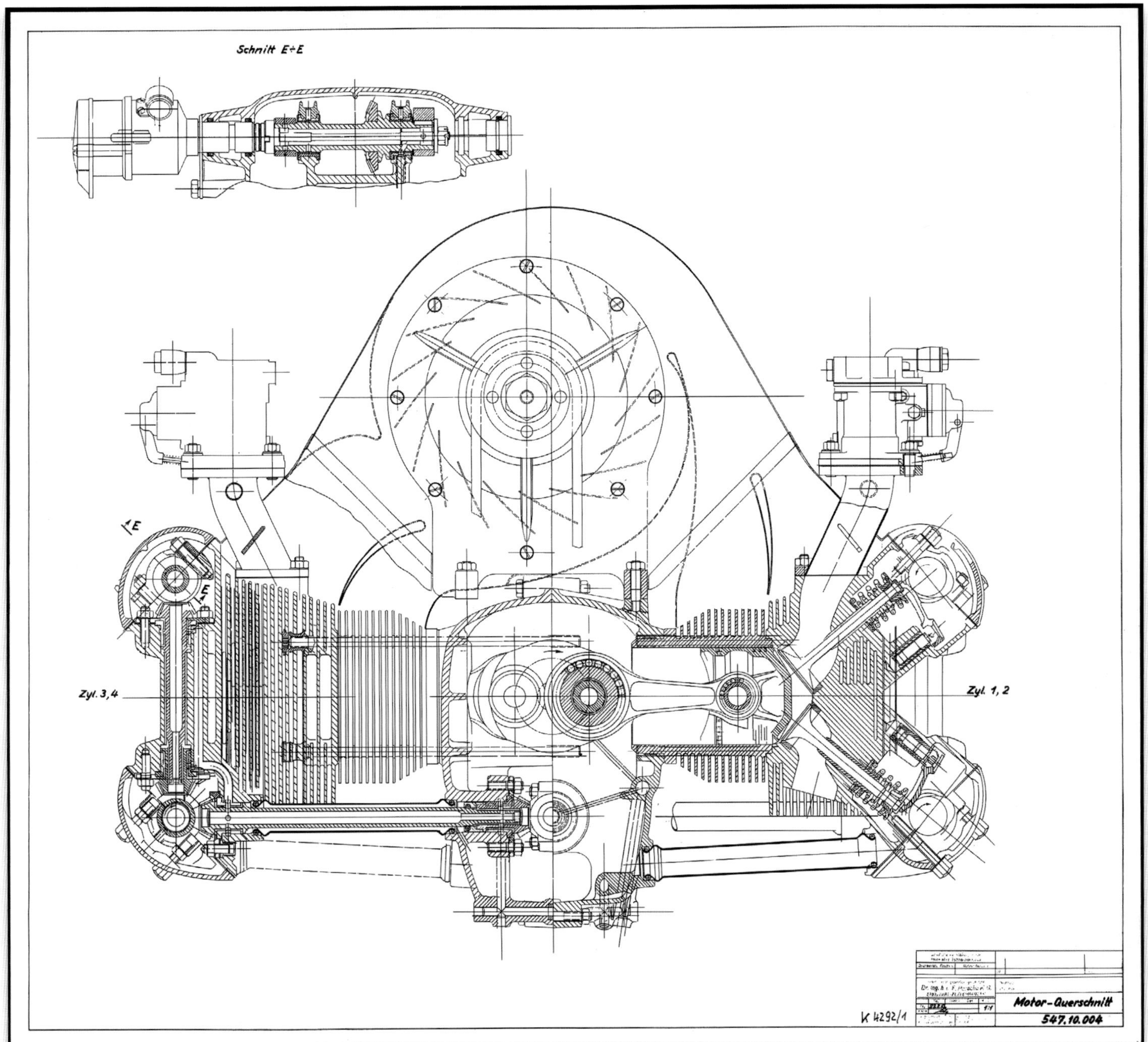

Querschnitt-Zeichnung des Typs 547. Gut zu erkennen die Königswellen zum Antrieb der Nockenwellen. Die Betätigung der Ventile erfolgt über Schlepphebel.

Blick auf Details des Motortyps 547: rollengelagerte und Hirth-verzahnte Kurbelwelle (u.), Kegelräder mit Spiralverzahnung (o.l.) sowie Schlepphebel (o.r.).

erpräzision, erhöhte Laufgeräusche und im Extremfall sogar kapitale Motorschäden die Folgen.

Daher gestaltet sich der Zusammenbau des Motors selbst für kundige Motorenbauer zu einer Arbeit, die neben Fachkenntnis auch Erfahrung, Geduld und Gefühl erfordert. Maßgeblich für die einwandfreie und dauerhafte Funktion des gesamten Ventiltriebs ist dabei das Zahnflankenspiel zwischen den einzelnen Kegelrädern, das über entsprechendes Distanzieren hergestellt wird. Ein zu geringer Wert beeinflusst die Haltbarkeit negativ, ein zu großer Wert setzt die Steuerpräzision herab. Zur Ermittlung des optimalen Zahnflankenspiels können die Kegelräder vor dem Einbau mit Tuschierfarbe belegt werden, um das Tragbild zu prüfen. Ergeben sich Abweichungen vom Sollwert, sind die Wellen samt Kegelrädern erneut auszubauen und geändert zu distanzieren. Der Vorgang wird solange wiederholt, bis sich an allen Kegelradpaaren die perfekten Werte einstellen. Die wenigen großen Könner auf dem Gebiet des Fuhrmann-Motors erfühlen dieses Zahnflankenspiel mitunter gar dank ihrer Erfahrung und Routine und verzichten auf das Tuschieren.

Von besonderer Bedeutung bei der Revision des Fuhrmann-Motors ist auch die hohlgebohrte Zwischenwelle. In Ihrem Innern besitzt sie ein Füllstück aus Hartholz, das dazu dient, unmittelbar nach dem Anlassen schnellstmöglich Öldruck aufzubauen, sodas die Lagerstellen optimal mit Schmierstoff versorgt werden. Mitunter zeigt sich dieses Füllstück aufgequollen und muss ersetzt werden. Dann wird es ausgebohrt und im Regelfall kommt dann – wie bereits früher schon bei den Rennmotoren geschehen – ein Drehteil aus Aluminium zum Einsatz.

Die Revisionskosten für einen Vierzylinder-Königswellenmotor liegen in einem durchaus exorbitant hohen Bereich und Ersatzteile sind allein aufgrund der geringen Fertigungszahlen rar und teuer. Eine Alternative zu originalen Teilen bietet die Capricorn Group in Düsseldorf beziehungsweise die Capricorn WORKS GmbH in Mönchengladbach an. Vom kompletten Fuhrmann-Motor bis hin zu Einzelteilen ist praktisch alles verfügbar. Aufgrund der enormen Rennsport-

Blick von oben auf das 1,5-Liter-Triebwerk vom Typ 547 des 550 Spyder „Carrera Panamericana“.

Expertise dieses Unternehmens ist dieser Motor mit einer verbesserten Materialauswahl nach modernsten motorenbaulichen Gesichtspunkten gefertigt und optimiert und verfügt beispielsweise über DLC-Beschichtete Schlepphebel. Auch der gesamte Königswellenantrieb wird mit modernen Legierungen, jedoch unter Berücksichtigung der originalen Spezifikation komplett nachgefertigt. Zudem kommen Aluminiumzylinder mit einer Nickel-Keramik-Beschichtung zum Einsatz.

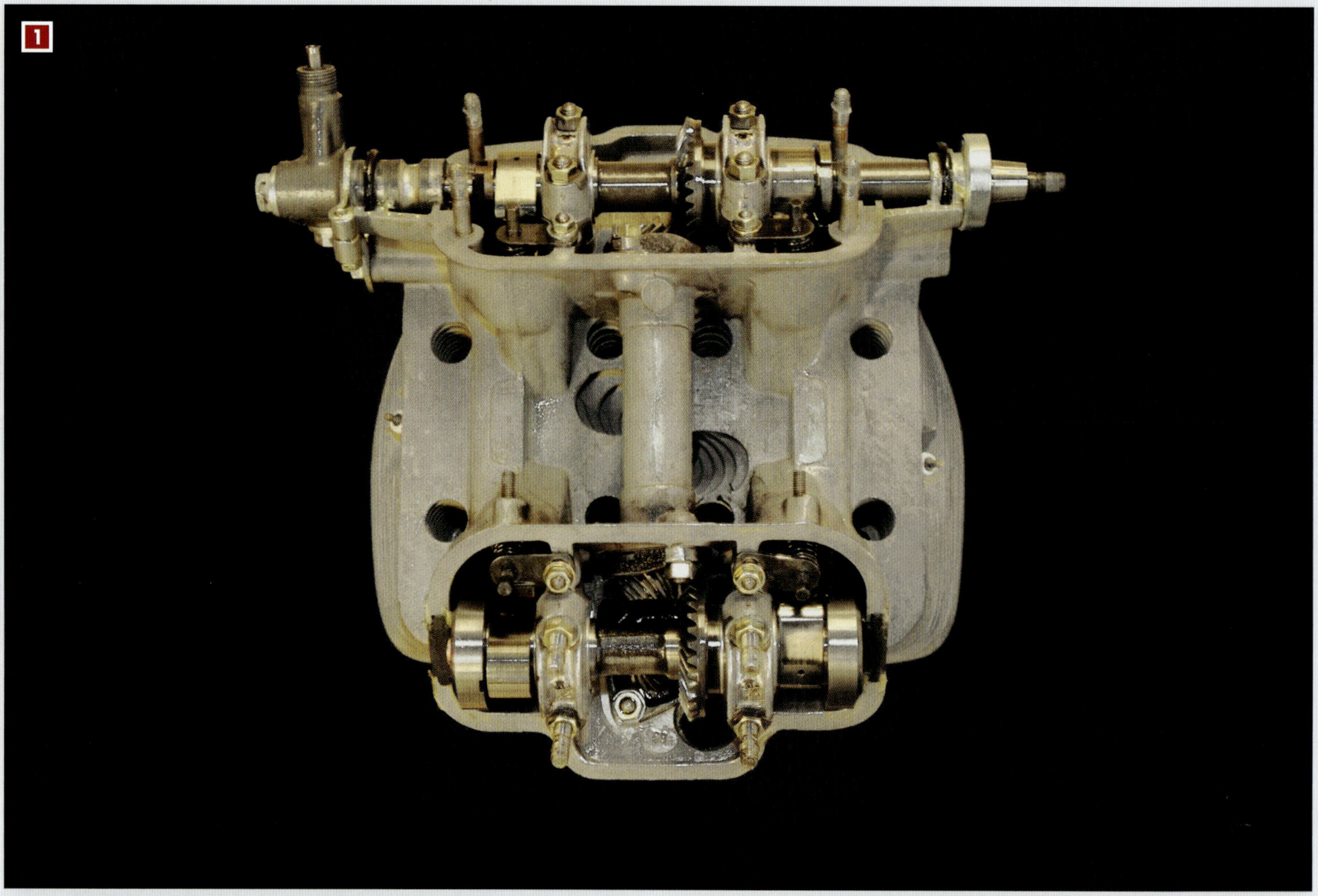

1 Zylinderkopf mit montierten Ventilen, Schlepphebeln und Nockenwellen. **2** Antrieb der Einlassnockenwelle via Königswelle von der Auslassnockenwelle. **3** Modernes, hochwertiges Pleuel zur Erhöhung der Standfestigkeit.

4
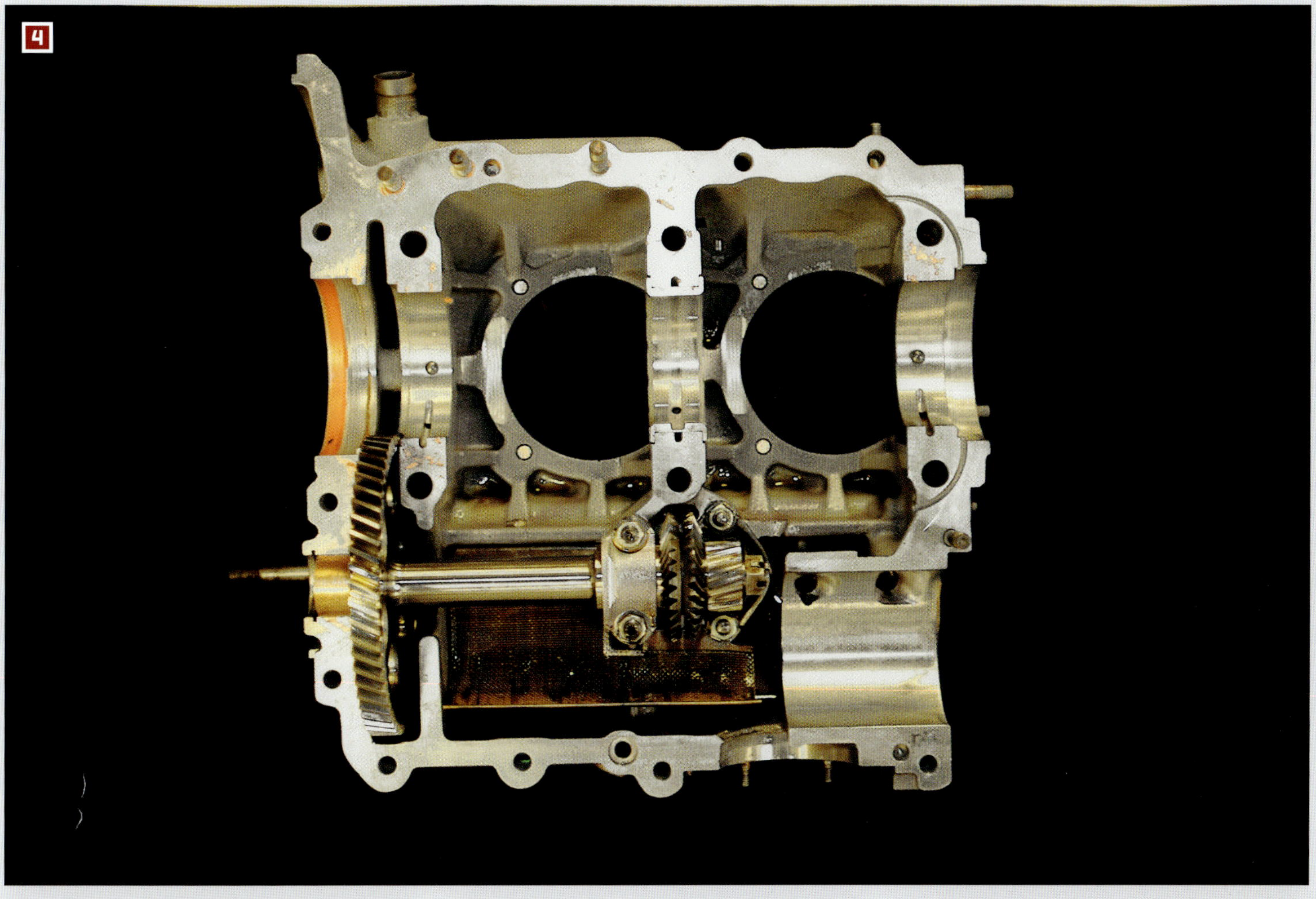

5
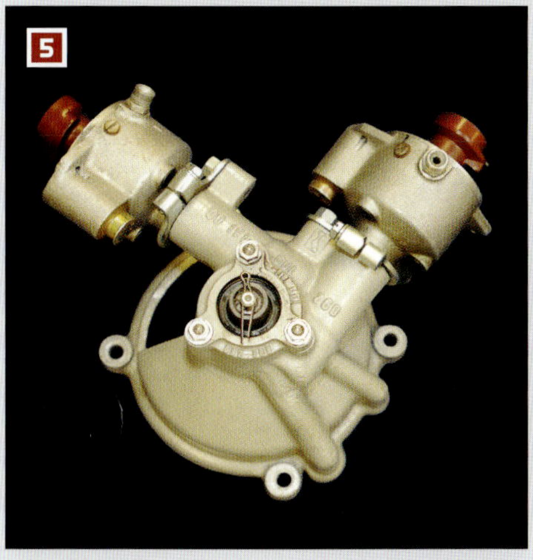

6

7

4 Gehäusehälfte mit Zwischenwelle zum Antrieb der Königswellen. **5** Zweifach-Verteiler für die Doppelzündung. **6** Kolben mit Bolzen. **7** Solex-Fallstromvergaser vom Typ PII-4.

Eine Motorrestaurierung der anderen Art erfolgte im Jahr 2011. Aus den Tiefen des Motorenlagers hatte das Porsche Museum eine ganz besondere Rarität zu Tage gefördert – einen Flugmotor vom Typ 678/4, basierend auf dem Triebwerk des Porsche 356. Mit starken Blessuren riefen die 112 Kilogramm Flugzeug-Triebwerk mit der Seriennummer 103 nach einer Restaurierung, um sich zukünftig als Exponat des Porsche Museums präsentieren zu dürfen. Nicht in betriebsbereitem Zustand, sondern als sogenanntes »static display«.

Seinem Ruf als Allround-Talent wurde der Vierzylinder des Porsche 356 auch bei der Flugmotorenbaureihe vom Typ 678 gerecht. Mit Doppelzündung und Doppelverteiler sowie einem Untersetzungsgetriebe versehen, stellte der 678/4 Ende der 1950er-Jahre die Spitze des Flugmotorenprogramms dar. Immerhin 75 PS schöpfte er aus 1582 Kubikzentimetern Hubraum – genug, um beispielsweise eine RW-3 oder auch den Prototypen der Pützer Elster B in die Luft zu bringen.

Flugmotor Typ 678/4, die Elster B, der „Fliegende Botschafter“ des Porsche Museums und ein Porsche 356 beim Flugplatzfest in Mühlacker.

Doch die amerikanische Konkurrenz von Lycoming und Continental sorgte mit stärkeren Triebwerken dafür, dass diese Flugmotoren-Baureihe nach rund 140 produzierten Exemplaren in den späten 1960er-Jahren eingestellt wurde. Entsprechend rar sind die Aggregate deshalb heute. Umso mehr auch deshalb, weil sich die Tuningszene für Porsche 356 und VW Käfer in den 1960er- und 1970er-Jahren gerne Bauteilen abgelaufener 678-Flugmotoren bediente – insbesondere der Zylinderköpfe mit zwei Zündkerzen je Brennraum. Taucht heute ein kompletter 678 auf, ist dies also als echter Glücksfall zu bezeichnen.

Im vorliegenden Fall wurde das Porsche Museum jedoch wie erwähnt im eigenen Motorenlager fündig. Wie eine kurze Begutachtung ergab, war der Motor bis auf die Schläuche für die Vergaservorwärmung sowie das Lüftungsgitter des Gebläsekastens komplett – soweit die gute Nachricht. Die schlechte: Allerorten wies der Motor Dellen und Schrammen auf und notdürftige Ausbesserungsarbeiten mit Pinsel und schwarzer Farbe machten ihn wenig ansehnlich.

Wie im Zuge der Teilzerlegung ein Blick in die Ansaugkrümmer des Motors zeigte, ließen ihm offenbar kundige Motoren-Experten eine feine, strömungsgünstige Nacharbeit angedeihen. Zusammen mit den rudimentären Ausbesserungen an schwarz lackierten Verblechungsteilen sowie der Tatsache, dass der Motor augenscheinlich viele Betriebsstunden auf dem Buckel hatte, deutete dies daraufhin, dass es sich möglicherweise um einen Motor aus dem Versuch oder aus der Flugerprobung handeln könnte. Genaueres war nicht mehr in Erfahrung zu bringen.

Der Umstand, dass sich hinter diesem Motor aber möglicherweise noch eine weitere spannende Geschichte verbergen könnte, ließ es angeraten erscheinen, die Restaurierung im Sinne größtmöglicher Originalität unter Bewahrung einer stimmigen Patina durchzuführen. Also kein »shine & show« mit gelbverzinkten Ventildeckeln, Schrauben, Muttern und Riemenrädern an der Lichtmaschine sowie auch keinesfalls mit einem gestrahlten Getriebegehäuse.

Diesem Ansatz verpflichtet, wurden die Ventildeckel ausgebeult und zusammen mit sämtlichen von außen sichtbaren Schrauben, Muttern sowie den Riemenrädern neu blauverzinkt. Die ursprünglich schwarzverzinkten Spannbügel erhielten hingegen eine wesentlich dauerhaftere galvanische Beschichtung in Schwarzchrom. Eine hervorragende, sehr haltbare und optisch gegenüber dem Original nicht wahrnehmbare Lösung.

Der 678-Flugmotor, wie er aus dem Lager des Porsche Museums kam. Das Abdeckgitter wurde mittels eines Drahtgeflechts aus einem 356-Gebläse und einem handgefertigten Außenring nachgefertigt. Ventildeckel und weitere Teile wurden neu verzinkt.

Größtmögliche Authentizität auch bei der Lackierung der Verblechung in Schwarz. Hier wurden lediglich einige Teile neu lackiert – ebenso wie der Anlasser. Das Entfernen des alten Lackes geschah hier jedoch nicht mittels Sandstrahlens, sondern – maximal oberflächenschonend – mittels chemischen Entlackens. Dies förderte auch die Erkenntnis zutage, dass Porsche sich hier in jenen Tagen jegliche Art von Grundierung sparte und aus Gründen der Wärmeentwicklung direkt aufs nackte Blech lackierte. Um eine absolut perfekte Angleichung der neu in Schwarz lackierten Blechteile hinsichtlich Tonwert und Glanzgrad zu erreichen, wurden insgesamt fünf verschiedene Schwarztöne ausprobiert und Probebleche lackiert. Ein Schwarzlack eignete sich schließlich perfekt und so konnten selbst Experten später die original lackierten Teile nicht mehr von den neu beschichteten Komponenten unterscheiden.

Die Aufarbeitung des Getriebegehäuses erfolgte schließlich komplett in aufwändiger Handarbeit. Mehrere Bürstvorgänge – zunächst mit weichen Messing-, anschließend mit harten Kunststoffbürsten – lieferten unter Zugabe von Reinigungszusätzen schließlich ein Oberflächenbild, welches in etwa dem eines wenige Stunden gelaufenen Neumotors entsprach. Der mit hohem Magnesiumanteil legierte Motor-Rückwanddeckel wurde indes nur mit einer Reinigungslösung gebürstet und anschließend mit mattem Zaponlack versiegelt. Viele Jahre später hat nun die Oxidation über den natürlichen Luftsauerstoff dafür gesorgt, dass sich der Motor kaum mehr restauriert, sondern vielmehr »in gutem gepflegtem Zustand« präsentiert.

Ergänzt von einem mittels einer Originalform nachgefertigten Spinner sowie einem originalen und sogar noch lufttüchtigen Holzpropeller der Pützer Elster B verlässt der authentische 678/4 seither auch ab und an das Porsche Museum und wird bei besonderen Events gezeigt. Meistens bei Luftfahrtveranstaltungen zusammen mit der Pützer Elster B des Autors – seit 2010 der »Fliegende Botschafter« des Porsche Museums.

Honen eines Zylinders zur Erzielung einer optimalen Zylinderlauffläche.

6.3. Zylinderbeschichtung und Kolbenfertigung

Ob im Vierzylinder des 356, im Sechszylinder des 911 oder in zahlreichen Porsche-Rennmotoren – häufig kommen auch von Mahle Nikasil-beschichtete Aluminiumzylinder zum Einsatz. Die von der Stuttgarter Firma Mahle entwickelte Nikasil-Beschichtung, deren geschützter Markenname gleichzeitig Akronym für die Bestandteile der reibungsminimierenden Zylindergleitschicht ist, besteht aus Nickel und Silizium-Carbid. Ende der 60er-Jahre entwickelt, konnten Aluminium-Zylinder oder Aluminium-Laufbuchsen mit einer Beschichtung schwere und reibungsintensive Stahl- oder Gusslaufbuchsen ersetzen. Dieses Know-how ließ sich Mahle markenrechtlich schützen.

Zu Beginn der 1970er-Jahre hielt die Nikasil-Beschichtung insbesondere bei Rennmotoren Einzug. Etwa bei den 50-Kubik-Grand-Prix-Motorrädern. Herbert Rittberger, in den 70er-Jahren erfolgreicher Motorrad-Grand-Prix-Rennfahrer auf Kreidler und zweifacher Vize-Weltmeister mit den 50-Kubik-Rennern des Kornwestheimer Moped-Herstellers, machte genau zu jener Zeit ausgiebige Erfahrungen mit der

Lange Zeit kümmerte sich der ehemalige 50 ccm- Motorrad-Grand-Prix-Fahrer Herbert Rittberger um die Nikasil-Beschichtungen von Mahle.

Nikasil-Beschichtung. 17.000/min und mehr drehten die kleinen 50er-Motoren und geringes Gewicht war ebenso ein rennsportliches Muss wie geringstmögliche innere Reibung im Motor. Punkte, die klar für einen Leichtmetallzylinder mit reibungsarmer Nikasil-Beschichtung sprachen. Außerdem neigten die rasenden, 21 PS starken und über 210 km/h schnellen Zweitakter auch gerne zu Kolbenklemmern. Auch hier half die Nikasil-Beschichtung – mit ihren vorzüglichen Notlaufeigenschaften, die einen richtigen Kolbenfresser und damit kapitalere Motorschäden oft verhinderte.

Was für diese 50er-Rennmotoren gut war, half sogar dem legendären Porsche 917 nochmals auf die Sprünge. Für die Saison 1970 wurde der Hubraum mittels eines von 66 auf 70,4 Millimeter vergrößerten Hubs und einer von 85 auf 86 Millimeter erweiterten Bohrung zunächst auf 4.907 Kubikzentimeter vergrößert, was in 600 PS Leistung resultierte. Für die Saison 1971 entwickelte Hans Mezger dann ein Upgrade dieses Motors, der das Hubraumlimit von 5 Litern voll ausschöpfte. Eine weitere Vergrößerung der Zylinderbohrung um 0,8 auf 86,8 Millimeter ergab 4.999 cm^3 Hubraum.

Obwohl diese Hubraumerhöhung gegenüber dem 4,9-Liter-Motor gerade mal 92 Kubikzentimeter betrug, konnt die Leistung auf beträchtliche 630 PS gesteigert werden. Das Drehmoment des Zwölfzylinders legte sogar von 549 auf 588 Nm zu. Hauptverantwortlich für diese erheblichen Steigerungen waren vor allem die neuen Zylinderlaufbahnen. Bisher verwendete Porsche hierfür die Hartchrombeschichtung Cromal von Mahle. Beim 5-Liter-Motor kam nun erstmals die Nikasil-Beschichtung zum Einsatz. Aufgrund deren besserer Gleit- und Schmiereigenschaften konnte die Reibleistung deutlich verringert werden und auch die Abdichtung zwischen Kolbenringen und Zylinderlaufbahn fiel jetzt günstiger aus. Ein weiterer herausragender Vorteil der Nikasil-Beschichtung war deren Haltbarkeit. »Während wir in der Vergangenheit immer wieder mit dem Abplatzen der Cromal-Beschichtung zu kämpfen hatten, bereitete Nikasil hier keinerlei Probleme mehr«, beschreibt Hans Mezger diesen wesentlichen Fortschritt beim Motortyp 912 des Porsche 917.

Heutzutage rüsten zahlreiche Porsche-Enthusiasten im Zuge von Restaurierungen oder Revisionen ihr ehemals mit Cromal oder Ferral beschichteten Aluminiumzylindern ausgestattetes 356-Triebwerk mit Nikasil -beschichteten Zylindern nach. Hierbei wird die alte Beschichtung entfernt, die Grundbohrung vorgehont, mit Nikasil beschichtet und auf den benötigten Durchmesser diamantgehont.

Beim 356-Motor und seinen verschiedenen Konstruktions- und Ausbaustufen werden die verschiedenen Zylinderbauarten und die damit verbundenen Restaurierungsmöglichkeiten sehr gut deutlich. Die sogenannten Biral-Zylinder, bei denen die Stahlguss-Laufbuchse mit Hinter-

Aufbereitung eines Cromal-Zylinders. Links der Ausgangszustand, rechts das Endergebnis.

Ausbrüche in der Lauffläche bedingen die aufwendige Instandsetzung des Zylinders.

Auch die elektronenstrahlverschweißten Sackzylinder von 962 (li.) und 956 (re.) setzen auf die Zylinderbeschichtung mit Nikasil.

schnitten in den Aluminium-Zylinderkörper eingegossen wurde, können jedoch nicht mit Nikasil beschichtet werden. Möglich wäre dies nur, wenn die Gussbuchse durch eine Aluminiumbuchse ersetzt werden würde. Genauso verhält es sich bei Aluminiumzylindern mit eingepresster Laufbuchse aus Stahlguss. Hier sieht die Restaurierung zunächst lediglich das Ausschleifen der Laufbuchse und die Verwendung eines entsprechenden Übermaßkolbens vor. Alternativ kann die Stahlguss-Laufbuchse aber auch durch ein Aluminium-Pendant ersetzt werden, das sich dann mit Nikasil beschichten lässt. Ein aufwändigerer, teurer, aber im Endergebnis auch besserer Weg.

Die so genannten Ferral-Zylinder sind Aluminiumzylinder, in denen mittels Flammspritzen eine Eisenschicht aufgebracht wurde. Bei dieser Art von Zylinder lässt sich die marode Ferral-Schicht entfernen und durch eine hochwertige Nikasil-Schicht ersetzen. Ebenfalls mit Nikasil beschichtet werden können die so genannten Cromal-Zylinder. Im Originalzustand verfügen diese über eine Hartchromschicht als Zylinderlauffläche mit einer Dicke von 0,06 bis 0,08 Millimeter. Galvanisches Entfernen und anschließend ebenfalls galvanisches Auftragen der Nikasil-Schicht sind hier ohne Weiteres möglich.

Beschichtungsvorgang eines Zylinders mit Nikasil bei der Firma Mahle.

Bei einem bereits mit Nikasil beschichteten Aluminium-Zylinder, besteht die Lauffläche aus einer 0,06 bis 0,1 Millimeter dicken, galvanisch aufgebrachten Nickeldispersionsschicht mit gleichmäßig eingelagerten, harten Silizium-Carbid-Teilchen. Nach dem Honen entsteht eine sehr glatte Oberfläche der Zylinderlaufbahn, die jedoch über mikrofeine Vertiefungen mit einer bestimmten Rauheit für bestmögliche Ölanhaftung verfügt. In dieser mikrofeinen Struktur stehen die harten Silizium-Karbid-Teilchen praktisch aus der Nickeldispersionsschicht hervor, bilden die verschleiß- und reibungsarme Tragfläche für die Kolbenringe und ermöglichen durch die Vertiefungen in der Laufbahn die Anhaftung von Öl und damit eine besonders effective Schmierung.

Vorteile von Nikasil-beschichteten Zylindern liegen zum Teil gegenüber bestimmten anderen Zylinderbauarten wie Grauguss oder Biral im deutlich geringeren Gewicht sowie in einer sehr kurzen Einlaufphase mit schnellem Abdichten der Kolbenringe. Außerdem bietet Nikasil durch die sehr geringe Reibleistung nahezu ideale Voraussetzungen zum Bau von Hochleistungsmotoren. Neben der verminderten Reibung überzeugt Nikasil zudem auch durch eine sehr geringe Durchblasmenge zwischen Kolbenringen und Zylinderlaufbahn – das sogenannte Blow-by – und damit geringe Pumpwirkung im Kurbelhäuse, geringeren Ölverbrauch, minimierten Zylinderverschleiß und höhere Motorleistung. Von Beginn der 1970er-Jahre an verfügten zahlreiche Hochleistungsmotoren über diese Art der Zylinderbeschichtung, die laufend weiterentwickelt wurde und sich bis heute behaupten kann. Immer wieder gab es aber auch Versuche, das aufwändige Beschichtungsverfahren und dessen galvanische Prozesse zu umgehen – mit eher bescheidenem Erfolg. So setzten verschiedene Hersteller auch auf Leichtmetall-Laufbuchsen mit direkt im Aluminium des Zylinders eingelagerten Keramik-Partikeln. Gedanklich war dieser Ansatz ähnlich dem des Nikasil-Zylinders, doch zeigte sich mitunter, dass diese Bauweise zwar sehr gute Ergebnisse bei den Kriterien Durchblasen, Pumpwirkung und Ölanhaftung lieferte, jedoch eine höhere Reibleistung aufwies.

Helmut Wahl und sein Fachbetrieb in Fellbach bei Stuttgart sind seit mehr als 50 Jahren eine der ersten Adressen, wenn es um die Anfertigung von Kolben geht. Bei Wahl ist nahezu alles darstellbar.

In vielen Fällen lässt sich der Einsatz neuer Kolben bei einer Motorrevision nicht umgehen, da entweder die Verschleißmaße des Kolbens selbst erreicht oder die Führungsnuten für die Kolben- und Ölabstreifringe nicht mehr maßhaltig sind. Der Markt bietet hier oftmals fertig konfektionierte Kolben-Kits an, die dann mit neuen beziehungsweise neu beschichteten beziehungsweise neu gebohrten und gehonten Zylinderlaufbuchsen zu kombinieren sind. Doch nicht immer sind neue Ersatzkolben verfügbar. Was dann?

Kolbensatz für den Motortyp 912 des Porsche 917. Hier handelt es sich um die 5-Liter-Version, die mit Nikasil-Zylindern ausgestattet war.

Die in der weltweiten Klassiker- und Oldtimerszene wohl bekannteste Adresse ist die Firma Wahl Spezialkolben GmbH im schwäbischen Fellbach vor den Toren Stuttgarts. Unweit von der berühmten Weinkelter inmitten eines Wohngebietes gelegen, entstehen hier seit mehr als 50 Jahren Kolben für Oldtimer und Klassiker, aber auch Sonderexemplare für Versuchsmotoren und Prototypen renommierter Kraftfahrzeughersteller. Angesichts der Lage in einem kleinen, blitzsauberen Hinterhof käme kaum jemand auf den Gedanken, dass es sich bei »Kolben-Wahl«, wie die Firma im Szene-Jargon gern genannt wird, um das vermutlich wohl kleinste Weltunternehmen unseres Planeten handelt. Und auch ein Rundgang durch die kaum 300 Quadratmeter große mechanische Fertigungswerkstatt weist zunächst in keiner Weise auf die Bedeutung der kleinen Firma hin. Dicht an dicht stehen Dreh- und Fräsmaschinen, ehrwürdige hölzerne Werkbänke und an den Wänden türmen sich feinsäuberlich beschriftete Regale mit Kolben aller Art auf.

»Schauen Sie, das ist ein Kolbensatz für den 5-Liter-Zwölfzylinder des Porsche 917 und hier haben Sie einen Sonderkolben für eine 6-Ventil-Entwicklung von John Britten«, erzählt Seniorchef Helmut Wahl, der zusammen mit Frau, Tochter, zwei Söhnen und drei weiteren Mitarbeitern die gesamte Fertigungsmannschaft darstellt. Ein kleiner Rundgang entlang der Regale gerät mit Helmut Wahl förmlich zur Wanderung durch die Motorengeschichte der letzten 120 Jahre. Ob für die Flugmotoren von Hirth, Argus, BMW und Continental oder für die bahnbrechenden 12- und 16-Zylinder-Renntriebwerke von Auto Union – es gibt wohl kaum einen Motor, für den Helmut Wahl und sein kleines Team nicht irgendwann Kolben hergestellt hätte. Und sogar bis hin zu den Formel-1-Motoren reicht die Expertise.

Dabei gehorcht die Herstellung eines Kolbens einer genau definierten Abfolge von Fertigungs- beziehungsweise Bearbeitungsschritten. »Als Ausgangsbasis dienen dabei fast immer Aluminium-Schmiederohlinge der Firma Mahle. Wir können Sie in verschiedenen Größen ordern, für sehr kleine oder auch sehr große Kolben. Da ist nahezu alles möglich«, erklärt Helmut Wahl.

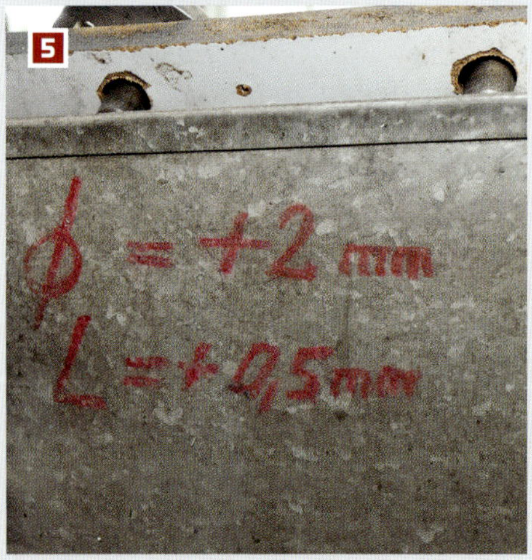

1 Aluminium-Rohlinge von Mahle. **2** Formschlüssiges Aufnahmewerkzeug für die Bearbeitung. **3** Ausdrehen der Innenseite. **4** Überdrehen der Außenseite. **5** Übermaßangabe fürs Überdrehen. **6** Vorbohren der Kolbenbolzenbohrung. **7** Fräsen der Taschen.

8 Bearbeitung des Kolbenbodens. **9** Einstechen der Ringnuten. **10** Mehrfaches Messen beim Drehen des Kolbenhemds.
11 Oval-ballige Formgebung des Kolbenhemds auf der Drehmaschine mittels Meisternocken und Kopiervorrichtung.
12 Fräsen der Ventiltaschen. **13** Finishen mit dem Schleifteller. **14** Manuelles Entgraten.

Im allerersten Bearbeitungsschritt wird die Außenfläche des Kolbenrohlings zunächst auf der Drehmaschine abgedreht. Das Einspannen des Schmiederohlings erfolgt dabei über ein passgenaues Formstück, wie es Mahle speziell für seine Rohlinge anbietet. Anschließend werden die Unterseite abgedreht und die Innenseite ausgedreht, um später die passgenaue Aufnahme einer Spannscheibe zu ermöglichen. »Über die Jahrzehnte hinweg haben wir Hunderte dieser Spannscheiben angefertigt. Und da unsere Maschinen allesamt voreigerichtet sind, ermöglicht uns das eine sehr schnelle und flexible Fertigung«, erklärt Helmut Wahl und deutet auf das Arsenal an Spannscheiben an der Wand. Nachdem auch die Kolbenoberseite zunächst plangedreht wurde, erfolgt im nächsten Bearbeitungsschritt das Vorbohren der Kolbenbolzenführung. »Je nach Motortyp sitzt diese entweder genau mittig oder – je nach Motorenkonstruktion – um einige Zehntelmillimeter bis Millimeter desaxiert«, erläutert Helmut Wahl dazu. Dazu wird der Kolben über seine zuvor innen ausgedrehte Unterseite waagerecht auf eine Vorrichtung gespannt und anschließend vorgebohrt. Im darauffolgenden Arbeitsgang werden die beiden Taschen auf der Kolbenaußenseite im Bereich der Kolbenbolzenführung gefräst. Anschließend erfolgt auf der Drehmaschine das Einstechen der Nuten für die Kolbenringe. »Sowohl Kompressions- als auch Ölabstreifringe können wir dabei in jeder Qualität und Ausführung in passenden Abmessungen liefern«, berichtet Helmut Wahl dazu. Weiter folgende Arbeitsgänge sind das Feinbohren der Kolbenbolzenführung, das Einstechen der Sicherungsnuten für den Kolbenbolzen sowie das Setzen gegebenenfalls vorhandener Ölbohrungen.

Neue, aber auch gebrauchte Kolben können im Bereich des Kolbenhemds mit einer Molybdän-Beschichtung versehen werden. In gewissen Grenzen lässt sich bei gebrauchten Kolben damit auch übermäßiges Laufspiel reduzieren.

Danach folgt der bei der Kolbenfertigung anspruchsvollste und beeindruckendste Arbeitsgang – das Drehen des Kolbenhemds unterhalb des kreisrund verbleibenden Bereichs der Kolbenringe auf einer Drehmaschine mit Kopiervorrichtung. Dazu ein kleiner technischer Exkurs. Aufgrund der unterschiedlichen Wanddicken des Kolbens – im Bereich der Kolbenbolzenführungen ist sehr viel Material vorhanden, während das Kolbenhemd im restlichen Bereich dünnwandig ist – erfährt der Kolben mit zunehmender Temperatur im Betrieb unterschiedliche Ausdehnungen. Dort wo die Materialdicke hoch ist, dehnt er sich stärker aus als in dünnen Bereichen. Aufgrund dieser Tatsache sowie vor dem Hintergrund, dass er seine Arbeit später in einer kreisrunden Zylinderlaufbahn zu verrichten hat, erfolgt nun eine besondere formgebende Bearbeitung. Betrachtet man den Kolben senkrecht von oben, so erhält er nun eine elliptische Form. Im Bereich des Kolbenbolzens wird er etwas schmaler gehalten, jeweils um 90 Grad dazu versetzt, wo geringere Wanddicken herrschen, muss er etwas breiter bleiben. Gleichzeitig berücksichtigt dieser Bearbeitungsvorgang den Verlauf der Materialdicke vom dickwandigen oberen Teil hin zum dünnwandigen unteren Teil des Kolbens. Der größeren Ausdehnung entsprechend wird der Kolben von unten nach oben zunehmend stark abgedreht.

Die bearbeitungstechnische Darstellung dieser beiden Formmerkmale – Ellipse und Berücksichtigung der Materialdicke von oben nach unten – erfolgen auf der Drehmaschine über eine Kopiereinrichtung. Als formgebende Grundlage dient dabei der sogenannte Meisternocken. Wie der zu bearbeitende Kolben sitzt er auf derselben Achse und rotiert dementsprechend mit derselben Drehzahl. Über die Kopiervorrichtung wird die Formkurve des Meisternockens

Im Laufe der Jahrzehnte hat sich die Firma Wahl einen riesigen Fundus an Kolben-Aufnahmen erarbeitet. Dadurch kann sehr schnell und flexibel auf praktisch jeden Kundenwunsch reagiert werden.

auf die Führung des Drehstahls übertragen und ermöglicht auf diese Weise die gewünschte Bearbeitung des Kolbens. Ein Bearbeitungsvorgang, der viel Erfahrung und wiederkehrendes Messen erfordert, um die exakte Einhaltung der elliptischen Form sowie des von unten nach oben abnehmenden Kolbendurchmessers gemäß den Vorgaben des Herstellers beziehungsweise Kunden zu gewährleisten.

Den Abschluss der Kolbenherstellung bilden schließlich das Drehen der Brennraumfläche des Kolbenbodens sowie das Fräsen der Ventiltaschen. Zu guter Letzt erfolgen das Finishen im Bereich des inneren Teils der Kolbenbolzenaufnahme mit einer rotierenden Schleifscheibe sowie das Entgraten der äußeren Kanten des Kolbenhemds. Wird der Kolben nun mit Kompressions- und Ölabstreifringen bestückt, ist er einsatzbereit.

»Doch nicht immer sind bei einer Motorrevision gleich neue Kolben nötig. Oftmals kann durch uns eine Überarbeitung erfolgen, die anschließend wieder einen völlig problemlosen Einsatz ermöglicht«, wirft Helmut Wahl ein. Ist beispielsweise nur das Kolbenlaufspiel leicht erhöht, der Kolben ansonsten einwandfrei und der zugehörige Zylinder hinsichtlich seiner Maßhaltigkeit innerhalb der Toleranzmaße, dann ist beispielsweise die Beschichtung des Kolbenhemds mit einer teflonhaltigen Molybdänbeschichtung möglich. Hierbei kann eine Schichtdicke von bis zu 0,1 Millimeter realisiert werden, was dann im Bedarfsfall sogar ein Nachhonen des Zylinders gestattet. Eine ebenfalls sehr gute technische Lösung, die – verglichen mit einem neuen Kolben – aufgrund des wesentlich geringeren Aufwands gleichzeitig eine Menge Geld spart. Weitere Möglichkeiten, noch lauffähige Kolben weiterhin einsetzen zu können, sind beispielsweise die Überarbeitung der Ringnuten und das Versehen mit neuen Ringen oder aber sogar die komplette Überholung des Kolbens inklusive Bearbeitung des Kolbenhemds. »Unseren Möglichkeiten sind dabei kaum Grenzen gesetzt«, erklärt Helmut Wahl und zeigt auf einen schwarzen, mit derben Fresspuren verunstalteten Kolben. »Selbst dieses Exemplar bekommen wir wieder einwandfrei hin, sodass der Besitzer wieder Freude mit seinem Motor hat«, erklärt der findige Schwabe.

Helmut Wahl vor einem sehr kleinen Teil seines Bestandes an Porsche-Kolben. Über die Jahrzehnte hat der Schwabe für fast jeden Porsche-Motor Kolben angefertigt. Die Renntriebwerke bis hin zur Formel 1 eingeschlossen.

115/10

Ein Paar Weber-Doppelvergaser nach umfassender Restaurierung.

6.4. Vergaserrestaurierung

Perfekt funktionierende Vergaser sind eine der Grundvoraussetzungen für eine optimale Leistungs- und Drehmomentdarstellung sowie ein einwandfreies Lauf- und Ansprechverhalten eines Motors. Eine Grundüberholung gehorcht im Regelfall stets derselben Vorgehensweise, die ich am bekannten Weber-Doppelvergaser vom Typ DCOE 40/45, wie er teilweise auch beim Porsche 924 an Stelle der serienmäßigen Einspritzung zu Tuning-Zwecken zum Einsatz kam, sowie am Solex PII-4, wie ihn beispielsweise die Carrera-Vierzylinder besaßen, aufzeige.

Die besagten Weber-Doppelvergaser fristeten 25 Jahre lang ihr Dasein in einem Hühnerstall und zeigten sich in einem erbärmlichen Zustand. Was angesichts der verrosteten Ansaugrichter und dem bemitleidenswerten Erscheinungsbild jedoch kaum auszumachen war: Der technische Zustand im Innern offenbarte sich als aufarbeitungsfähig.

Erstes Indiz für eine lohnende Rettung der Weber-Doppel lieferte ein prüfender Blick auf die mittels einer Lampe hin-

Für Sportzwecke kamen diese Weber-Doppelvergaser beispielsweise auch bei den 924-Motoren zum Einsatz.

terleuchteten Drosselklappen. Fiele Licht hindurch, hätte dies das aufwändige Aufspindeln und Honen der Mischkammer sowie das Anfertigen von Übermaßdrosselklappen auf der Drehbank bedeutet. Eine Arbeit, die sich bei seltenen Vergasern wie den Solex PII-4 lohnt, nicht jedoch bei einem Paar der in Form spanischer Nachbauten auch heute noch erhältlichen Weber-Doppel. Doch die Drosselklappen zeigten sich ihrer Schließfunktion bestens gewachsen und auch die in Kugellagern laufenden Drosselklappenwellen wiesen keinerlei fühlbares Spiel auf. Ganz im Gegensatz dazu die Solex PII-4. Ganz typisch für diese Vergaser sind die in das Mischrohr eingeschlagenen Drosselklappen und zumeist auch ausgeschlagene Drosselklappenwellen. Schließlich sind zumeist auch die Montageflansche verzogen, die deshalb plangefräst werden müssen. Ein Experte auf diesem Gebiet ist Wolfgang Reile, der sich in diesem Zusammenhang als einer der Wenigen auch auf die Porsche-Königswellen-Motoren mit diesen Vergasern versteht.

Die Arbeiten bei unseren beispielhaft gezeigten Weber-Doppel beschränkten sich vor allem auf die Reinigung des

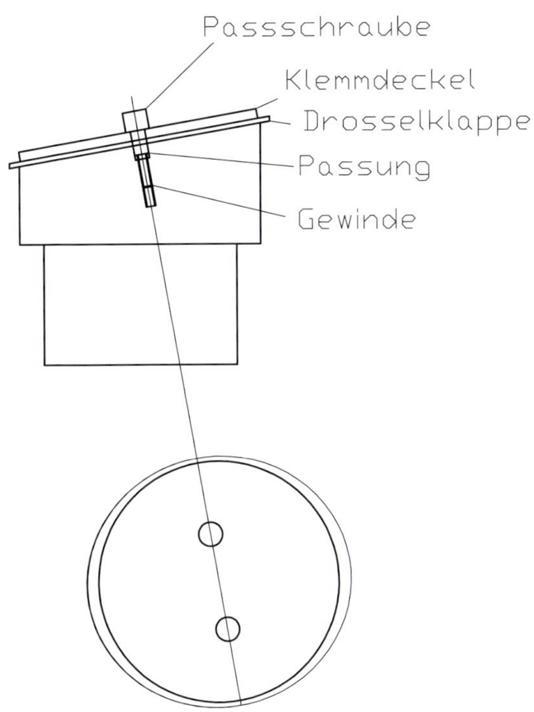

Schematische Zeichnung einer Aufnahme zur Anfertigung von Drosselklappen auf der Drehmaschine. Der Drosselklappenwinkel würde in diesem Fall 10 Grad betragen.

Innenlebens sowie auf die Wiederherstellung eines ansehnlichen und stimmigen Äußeren. Mittels Abbeizer befreiten wir die ursprünglich für einen Ford Escort 1300 mit »Kent-Motor« gebaute Ansaugbrücke zunächst von Ihrer unansehnlichen Farbe. Anschließendes Reinigungsstrahlen und Gelbchromatieren ließen die Brücke bereits nach kurzer Zeit in tollem Zustand erscheinen. Dabei bietet die Gelbchromatierung nicht nur guten Schutz des Aluminiumgusses vor Korrosion, sondern darüber hinaus auch eine edle, technische Oberflächenanmutung, wie sie im Sinnen des »sports purpose« beim zeitgenössischen Tuning durchaus statthaft ist. Im Zuge der Aufarbeitung erhielt die Ansaugbrücke auch neue M8-Stehbolzen, die wir im Originalmaß auf der Drehmaschine anfertigen.

Nach dem vollständigen Zerlegen zeigten sich die beiden italienischen Kult-Vergaser doch reichlich verschmutzt und mit hartnäckigen Ablagerungen versehen, was die Reinigung im Ultraschallbad favorisierte. Entsprechender Reinigungszusatz für den Aluminium-Druckguss hinzugefügt und auf 60 Grad vorgeheizt, entledigten sich die Weber-Doppel nahezu vollständig des Drecks der letzten Jahrzehnte. Auf gleichem Wege wurden auch sämtliche Vergaserdü-

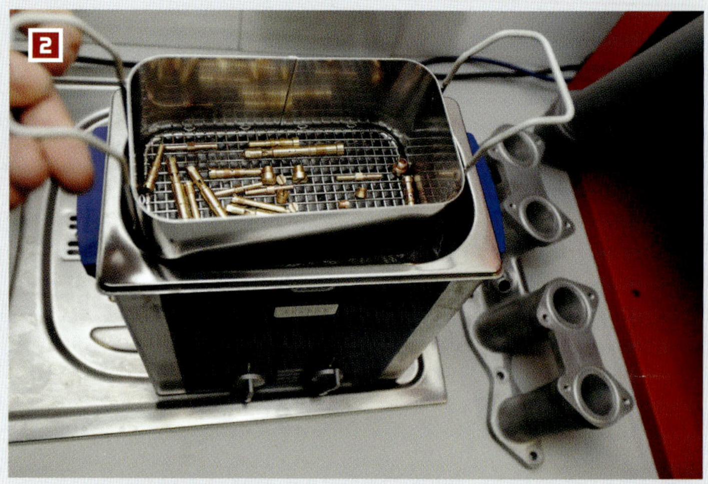

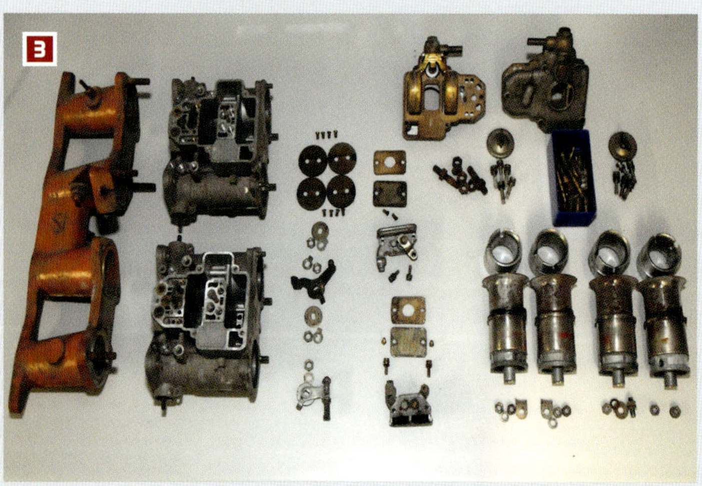

1 Erbärmlicher Zustand vor der Restaurierung. **2** Reinigung von Düsen und Kleinteilen im Ultraschallbad. **3** Die beiden komplett zerlegten Vergaser. **4** Nach vollständiger Überholung inklusive chromatierter Ansaugbrücke.

sen gereinigt, anschließend mit Pressluft ausgeblasen und wo nötig von Hand mit feinsten Düsenreibahlen nachgearbeitet und mittels Düsenlehren geprüft. Letzte verbliebene Oxidationsspuren an den aus Messing gefertigten Teilen ließen sich durch gefühlvolles Bürsten mit einer weichen Messingbürste entfernen. Lediglich eines der Schwimmernadelventile erwies sich hartnäckig mit Ablagerungen durchsetzt, weshalb wir beide Exemplare gegen Neuteile austauschten. In geradezu begeisterndem Zustand präsentierten sich hingegen die beiden Messing-Schwimmer. Sie sahen schlicht perfekt aus – ein Glücksfall.

Die unansehnlichen, in ihrer Funktion jedoch einwandfreien Schlitzschrauben sowie die übrigen Stahlteile und Hebeleien der Weber-Vergaser wurden an der rotierenden Drahtbürste zunächst sauber gebürstet, wo nötig gefeilt und sanft überdreht und erhielten dann in der Galvanik einen neuen Zinkauftrag. Entgegen manch anderen Restauratoren setzten wir bei der Aufarbeitung der von außen sichtbaren Benzinfilterschraube jedoch nicht auf die Poliermaschine. Stattdessen stellten wir auf der Drehmaschine das ursprüngliche Fertigungsbild mittels Abdrehen um wenige Zehntelmillimeter wieder her. Ein ver-

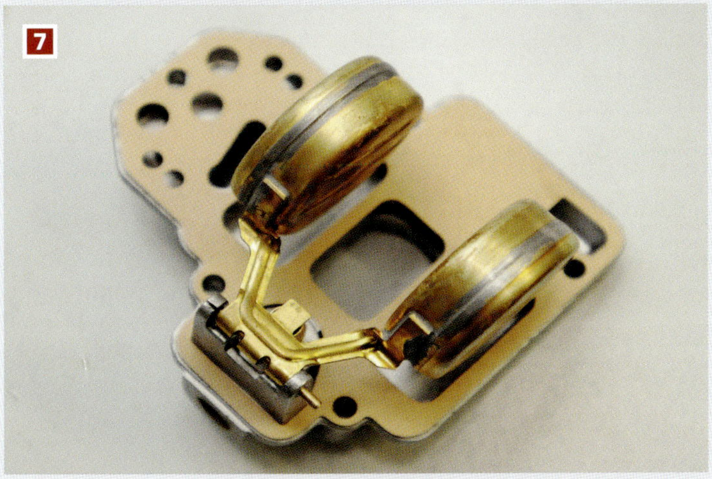

5 Selbstverständlich sind neue Dichtungen. **6** Sauberes Schließen der Drosselklappen. **7** Die alten Messing-Schwimmer sehen wieder aus wie neu. **8** Wolfgang Reile: Experte für Porsche und für Solex-Vergaser (siehe nächste Seite).

1 Solex PII-4, eingesetzt u.a. beim Fuhrmann-Vierzylinder. Urzustand links, mikrogestrahlt rechts. **2** Chemische Farbangleichung des gestrahlten Gehäuses rechts. **3** Gereingter Innenraum. **4** Typisch sind verzogene Flansche. Hier muss plangefräst werden.

gleichsweise geringer Aufwand, der sich jedoch in stimmiger Optik auszahlte.

Nicht minder wichtig war freilich das Erscheinungsbild der aus Aluminiumdruckguss gefertigten Vergasergehäuses. Oftmals kommt hier das Strahlen mit Glasperlen zum Einsatz, was aufgrund der Schärfe des Strahlmittels jedoch nur zu einem bedingt befriedigenden Oberflächenergebnis führt. Besser, allerdings auch sehr viel zeitaufwändiger ist das Reinigungsstrahlen mit Granulat von maximal 40 Mikrometer Durchmesser bei sehr geringem Druck. Hierbei bleibt die originale Oberflächenstruktur nahezu vollständig erhalten und es werden vordringlich Verschmutzungen und Oxidationsprodukte herausgestrahlt. Von größter Wichtigkeit ist das anschließende Reinigen der Gehäuseteile, um sie von jeglichen Resten des Strahlguts zu befreien. Mehrfaches Ausblasen sowie das Spülen mit heißem Wasser und erneutes Ausblasen erledigen dies jedoch zuverlässig.

Blieb der Zusammenbau der beiden Vergaser, der selbstverständlich mit einem komplett neuen Dichtungssatz erfolgt. Hierbei sind nochmals sämtliche Düsen auf Sauberkeit zu kontrollieren, und falls wie in unserem Falle geplant ist, die Vergaser auf unbestimmte Zeit einzulagern, empfiehlt sich bei

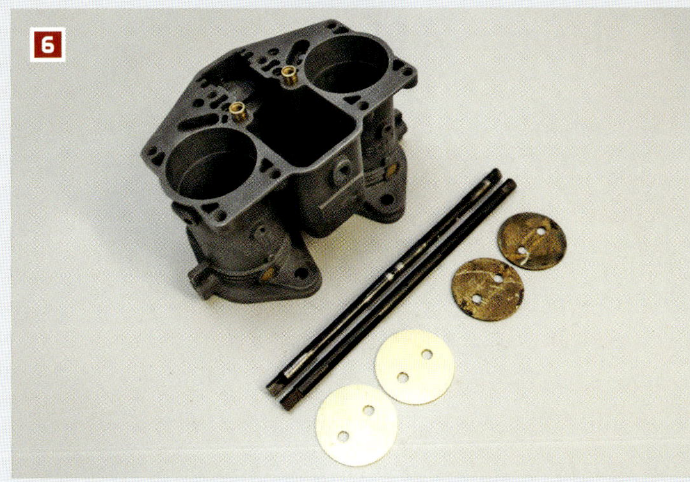

5 Wohlhaupter zum Ausspindeln der Mischkammer. 6 Angefertigte Übermaß-Drosselklappen links inklusive neuer Welle im Vergleich zu den Altteilen. 7 Die heruntergewirtschafteten Originalschrauben könnte man ersetzen. 8 Man kann die Köpfe aber auch leicht überdrehen und den Schlitz zuvor händisch mit der Feile richten, falls notwendig.

jeder Schraubverbindung ein Tröpfchen Waffenöl, um mögliche Kontaktkorrosion mit dem Aluminiumdruckguss zu vermeiden. Last but not least gilt es dabei auch, die für den jeweiligen Fahrzeugtyp angegebenen Einstellwerte mit zu berücksichtigen. Neben der Bedüsung gilt dies auch insbesondere für den korrekten Schwimmerstand. Zu guter Letzt erhielten unsere beiden Weber-Doppel dann noch vier neue Ansaugtrichter, die es als gut gemachte Replikateile zu kaufen gibt.

Vergaser aus weicherem Aluminium-Zinkdruckguss, wie sie in Form der Solex PII-4 etwa beim Porsche 356 B 2000 GS Carrera 2 eingesetzt wurden, sind auch in optischer Hinsicht deutlich aufwändiger zu restaurieren. Das beginnt bei der originalen, leicht dunklen Farbe der Oberfläche, bei der es sich um eine feine Oxidation auf der Gusshaut handelt, die sich nach dem Reinigungsstrahlen nur auf chemischem Wege wieder einwandfrei herstellen lässt. Abdunkeln der restaurierten und im Regelfall deutlich aufgehellten Oberfläche kann dabei mit tensidischen Reinigungslösungen unter Wärmeeingabe im Ultraschallbad erzielt werden. Ein Aufhellen lässt sich – freilich legierungsabhängig – mit verdünnter Schwefelsäure erreichen. Mit etwas Erfahrung ist es damit möglich, den originalen Tonwert wieder herzustellen.

6.5. Instandsetzung von Einspritzventilen

Bei Motoren mit Kraftstoffeinspritzung sind oftmals verschmutzte Einspritzventile schuld an schlechtem Motorlauf. Der Motor springt schlecht an, der Leerlauf ist etwas unrund, dazu gesellen sich dann schlechte Gasannahme und leichtes Ruckeln beim Beschleunigen und obendrein kann auch Kraftstoffverbrauch erhöht sein. Die Ursachen dafür können zwar vielschichtig sein, doch nicht selten sind Ablagerungen und Verschmutzungen in den Einspritzventilen Schuld, wie wir bei einem Besuch bei Reiner Telkamp, Spezialist für die sogenannten Transaxle-Modelle der Baureihen 924, 944, und 968 erfahren durften. Der erfahrene Motoren-Mann bietet eine umfassende Diagnose und Instandsetzung von Einspritzventilen unter Verwendung des Prüf- und Reinigungssystems der englischen Firma ASNU an. Doch nicht ausschließlich für Porsche-Modelle, sondern ganz generell für Einspritzventile, wie sie von Bosch bei den Einspritzanlagen vom Typ L-Jetronic zum Einsatz kommen.

Ziel der Prüfung und gegebenenfalls Reinigung der Einspritzventile ist es, für alle Zylinder des Motors eine über den gesamten Drehzahl- und Lastbereich identische Kraftstoffaufbereitung hinsichtlich Strahlform, Strahlwinkel, Verteilung, Zerstäubung sowie eingespritzter Kraftstoffmenge zu erreichen.

Doch woraus resultieren die Abweichungen in diesen Kriterien? Die Antworten darauf gibt der Betrieb des Motors. Verunreinigungen sowie Additive im Kraftstoff bilden Ablagerungen am Filtersieb, Nadelventil, Nadelkopf und Ventilsitz und durch die Abwärme des Motors nach dem

Reiner Telkamp ist Experte für die Transaxle-Verzylinder und Spezialist für Einspritzungen.

Das Prüf- und Reinigungssystem für Einspritzventile der englischen Firma ASNU.

Abstellen werden derartige Rückstände gewissermaßen festgebacken. Entsprechend arbeiten die Einspritzventile nicht mehr alle identisch, sondern sorgen für eine Zylinder-unterschiedliche Gemischaufbereitung. Schlechtes Laufverhalten des Motors ist dabei die harmloseste aller Folgen. Schlimmstenfalls können dadurch auch Lamdasonde und Katalysator zerstört werden.

Doch die Anschaffung neuer und bisweilen sehr teurer Einspritzventile (130 bis 800 Euro je Stück) ist in vielen Fällen gar nicht erforderlich, um dem Motor wieder zu einer perfekten Gemischaufbereitung zu verhelfen. Oftmals genügt eine Reinigung mit dem erwähnten ASNU-Verfahren.

Hierbei werden die ausgebauten Einspritzventile zunächst in eine Aufnahmevorrichtung eingesetzt und anschließend mit einer Testflüssigkeit von benzinähnlichem Verhalten unter Beaufschlagung mit realen Einspritzdrücken geprüft. Anhand eines Vergleichs der Spritzbilder sowie der während einer definierten Einspritzdauer abgegebenen Einspritzmenge sowie weiterer Werte wird zunächst der Ist-Zustand aufgenommen. Treten zwischen den Einspritzventilen signifikante Abweichungen auf, erfolgt die Reinigung.

Hierzu werden die Einspritzventile teilzerlegt und in dem in das Testgerät integrierten Ultraschallbad gereinigt. Dieses Ultraschallbad besteht aus einer nichtrostenden, von piezokeramischen Ultraschallwandlern umgebenen Wanne, die mit einer Reinigungsflüssigkeit gefüllt ist. Über die Ultraschallwandler wird schließlich hochfrequente Energie über die Wannenwände in die Flüssigkeit eingeleitet, in der dann ein Schall- beziehungsweise Wellenbild entsteht. Die Schwingungsenergie der Moleküle der Reinigungsflüssigkeit sorgt schließlich dafür, dass selbst kleinste Verunreinigungen zuverlässig gelöst und entfernt werden.

Nach der Reinigung erfolgen der Zusammenbau sowie das neuerliche Testen der Einspritzventile sowie der Vergleich mit den Ausgangsdaten beziehungsweise den Ausgangsbeobachtungen. Im Regelfall sind die Einspritzventile jetzt wieder einsatzbereit und der Motor dankt es mit einwandfreiem Laufverhalten, spontaner Gasannahme und reduziertem Verbrauch.

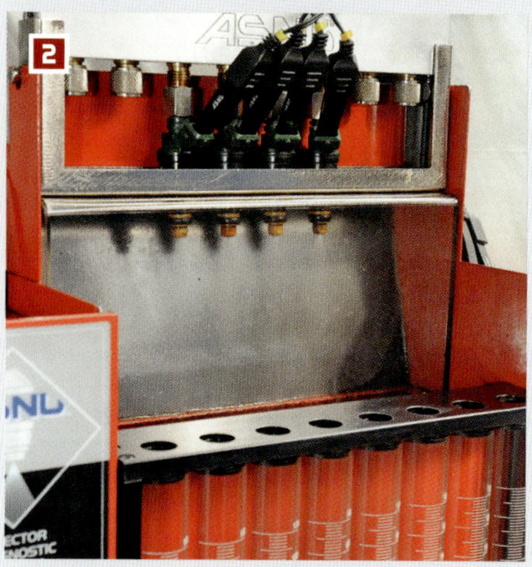

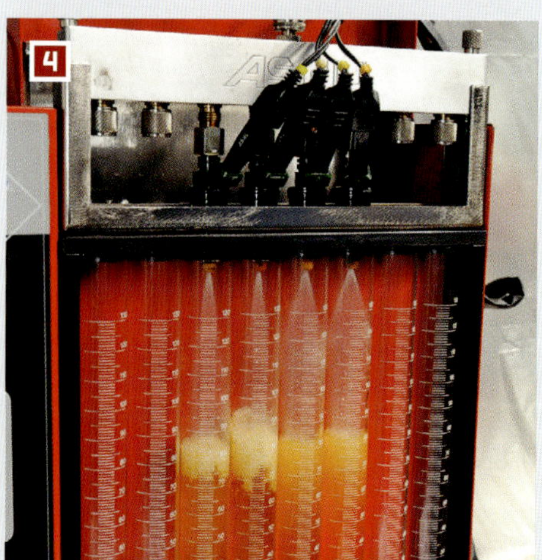

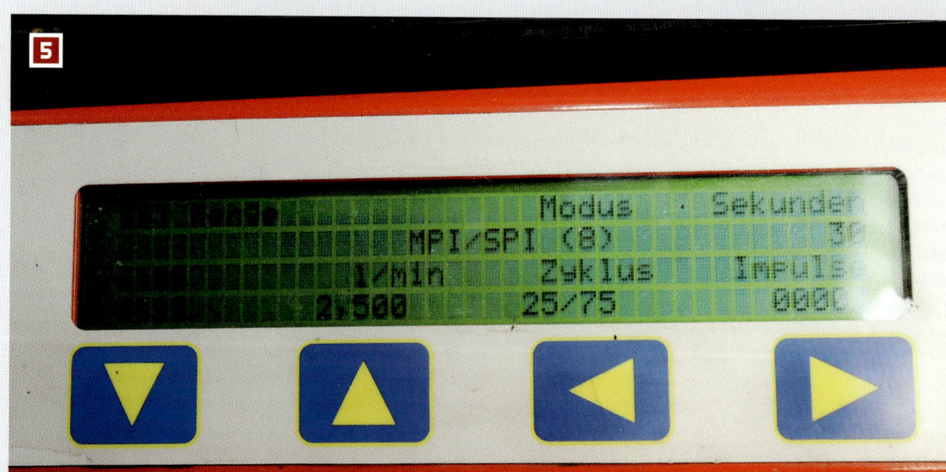

1 Einspritzventile eines 944 Turbo in der Aufnahmevorrichtung. **2 + 3** Sichtprüfung der Auffächerung des Strahls.
4 Ist-Aufnahme der Enspritzmengen. **5** Das ASNU bietet wichtige Einstellbarkeiten.

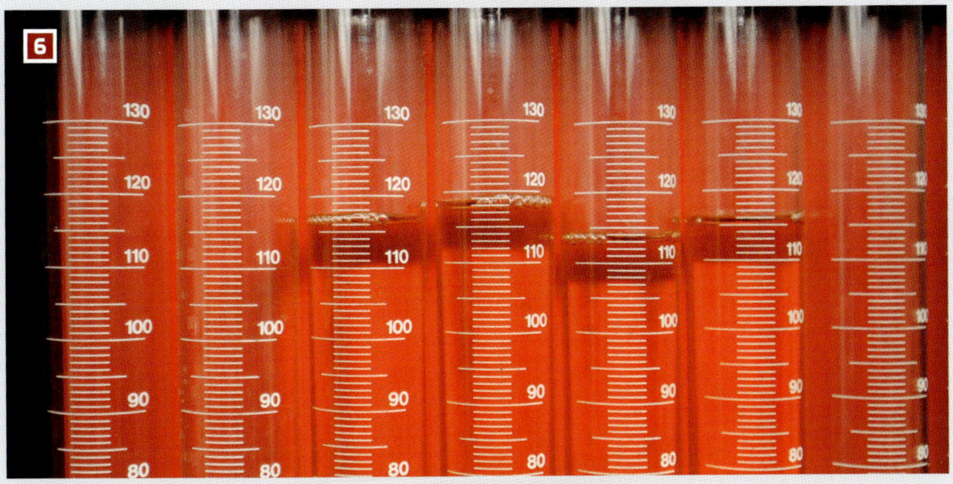

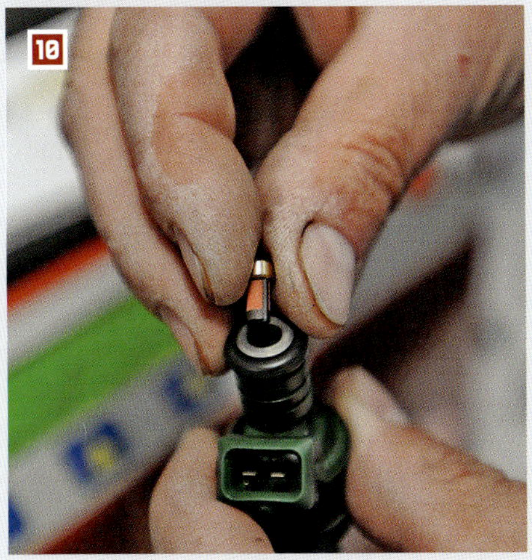

6 Die Mengenunterschiede sind erheblich. **7** Zerlegen des Einspritzventils. **8** Reinigung im Ultraschallbad. **9** Neuerliche Prüfung des Strahlbildes. **10** Gereinigter oder neuer Filter. **11** Einbau der Einspritzventile in den 944 Turbo.

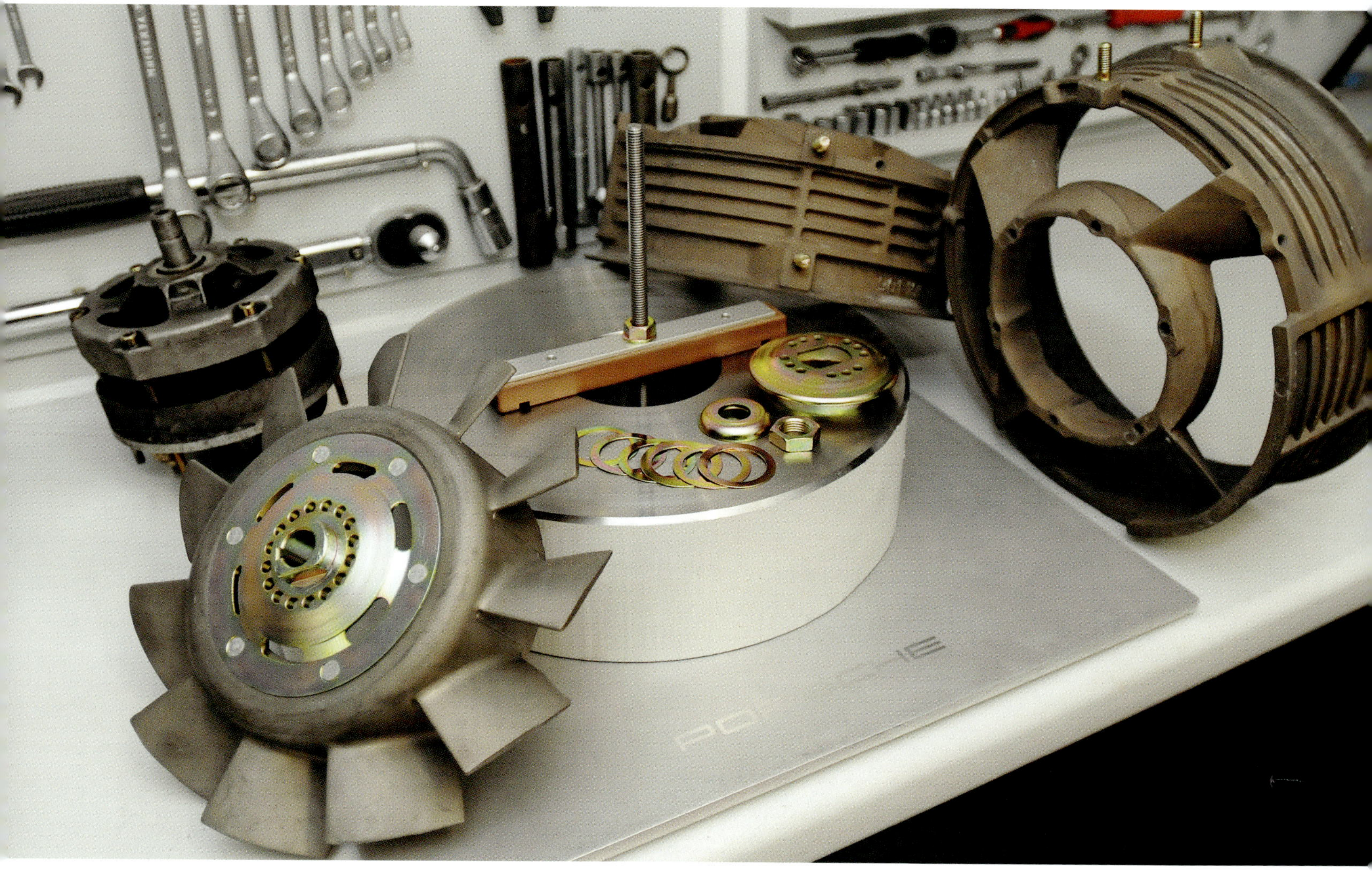

Restauriertes Laufrad – auch kurz Lüfterrad genannt – eines 911 Carrera 3.2 an der Nietvorrichtung. Im Hintergrund die Lichtmaschine, rechts die frisch verzinkten Stahlteile sowie zwei Lüfterradgehäuse.

6.6. Lüfterradrestaurierung

An den Lüfterrädern des Porsche 911 nagt bisweilen der Zahn der Zeit, doch mit der richtigen Verfahrenstechnik lassen sie sich zumindest wieder annähernd in den Originalzustand bringen. Die Lüfterräder – oder im korrekten Porsche-Jargon »Laufräder« – sind Objekte der Begierde und werden von ihren Fahrern mitunter kunstvoll verziert. Oft sind sie rot, grün, gelb, blau, schwarz oder silbern und wenn man Glück hat, befinden sie sich sogar noch in gut erhaltenem Originalzustand. Doch an den mit mehr als der Kurbelwellendrehzahl rotierenden Schaufelrädern des Kühlgebläses gehen die Jahrzehnte ebenso wenig vorüber wie an der Karosserie und den übrigen Teilen eines Elfers. So bleibt es denn nicht aus, dass auch ein Lüfterrad – meist im Zuge einer Motorrevision oder einer Gesamtrestaurierung des Fahrzeugs – der Aufarbeitung bedarf. Und die gestaltet sich durchaus umfangreich.

Nach dem Abziehen von der Lichtmaschinenwelle, auf der das Lüfterrad läuft und mittels Keilriemen von der Kurbelwelle aus angetrieben wird, steht zunächst eine intensive manuelle Grundreinigung und Sichtprüfung an, bevor auf der Ständerbohrmaschine das Ausbohren der 5-Millimeter-Senkkopfnieten aus Aluminium erfolgen kann.

Die Sichtprüfung gilt insbesondere den elf filigranen Luftschaufeln, die frei von Beschädigungen und Korrosionsfraß sowie keinesfalls verbogen sein sollten. Oftmals sind die aus Elektron gefertigten Lüfterräder jedoch beträchtlich in Mitleidenschaft gezogen – abhängig von Pflege und Laufleistung, die der 911 über die Jahrzehnte erfuhr.

Unser beispielhaft gezeigtes Exemplar befand sich jedoch in einem substanziell guten Zustand und bot eine vortreffliche Basis zur Aufarbeitung, die nach dem Ausbohren der Nieten und der Trennung von Stahlnabe und Lüfterrad zunächst das Reinigungsstrahlen der Bauteile vorsah. Dies erfolgte mit einem extrem feinkörnigen, fast mehlartigen Reinigungsgranulat mit einer Teilchengröße von 25 bis 40 Mikrometer, das insbesondere die Gusshaut des Lüfterrades unverletzt lässt. Eine Grundvoraussetzung, um am Ende wieder zu einer bestmöglich originalen Oberflächenstruktur zu gelangen. Zudem besitzt die Gusshaut auch festigkeitsbeeinflussende Eigenschaften und so wirkt sich simples Strahlen mit einem zu abrasiven Strahlgut negativ und schlimmstenfalls sogar gefährlich auf die Bauteilfestigkeit aus.

Im dritten Arbeitsschritt wurden das Lüfterrad sowie auch der aus Magnesium gefertigte und in gleicher Weise vorbereitete Lüfterradring mit einer speziellen Chromatierung versehen. Sie dient nicht nur zum Schutz vor Korrosion, sondern bietet dem Fan durch ihre haftvermittelnden Eigenschaften nun auch die Möglichkeit, das Lüfterrad abschließend gegebenenfalls in einem individuellen Farbton zu lackieren, falls das gewünscht wird.

Arbeitsschritt Nummer vier sah schließlich die Anwendung der originalen Fügetechnik in Form des Vernietens von Lüfterrad und neu gelbverzinkter Nabe vor. Hierzu wurde das Lüfterrad mit eingesetzter Nabe nebst Nieten auf einen ringförmigen Amboss – eine 40 bis 50 Kilogramm schwere, plangedrehte Gegenmasse – gespannt. Für die Zentrierung und plane Auflage sorgte dabei eine mit passgenau gefrästen Ringnuten versehene Spannbrücke aus Hartholz, um die frisch chromatierte Oberfläche beim Nietvorgang keinesfalls zu beschädigen und um ein Setzverhalten der Nabe im Lüfterrad auszuschließen.

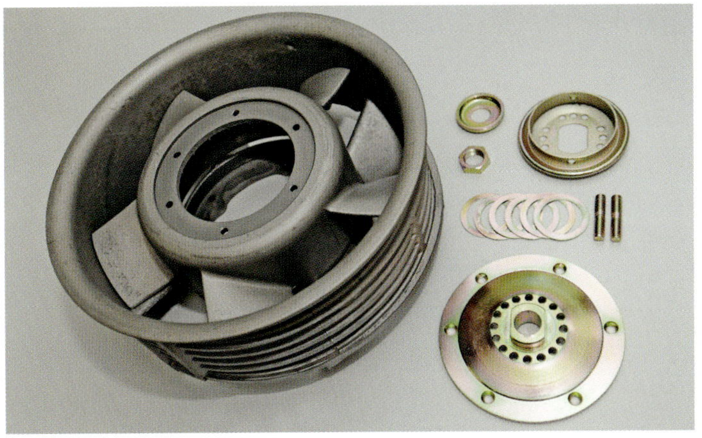

Hier ein fünfflügeliges Laufrad, wie es lediglich bei den 2,7- und 3-Liter-Motoren der Modelljahre 1976 und 1977 zum Einsatz kam. Betrug der Durchmesser zuvor 245 mm, so schrumpfte er bei dieser Konstruktion auf 226 mm.

Das Vernieten selbst war traditionelle Handwerksarbeit. Zunächst wurde die 5-Millimeter-Niete mit dem Nietzieher gezogen und anschließend mit wenigen Schlägen gestaucht, bis sie die 5,5 Millimeter große Bohrung ausfüllte. Anschließend erfolgte der Einsatz des Nietkopfsetzers, mit der die Nieten wie ab Werk ihren originalen halbrunden Kopf erhielten. Abzuraten ist in jedem Fall von der von und wieder zu beobachtenden Verwendung von M5-Senkkopfschrauben sowie Muttern auf der Rückseite. Tatsächlich kam diese Verschraubung bei Porsche zum Einsatz, jedoch nur bei den Lüfterrädern des Porsche Flugmotors PFM 3200. Aufgrund der asymmetrischen Anordnung der Bohrungen ändert sich hierdurch jedoch auch die Masse in einseitiger Weise und erzeugt eine Unwucht, die auf Dauer die Lagerung der Lichtmaschine in Mitleidenschaft ziehen kann. Last but not least erfolgt deshalb stets noch eine abschließende Wuchtkontrolle sowie gegebenenfalls das statische Wuchten des Lüfterrades, wie es seinerzeit auch im Werk vorgenommen wurde. Dauerhafte Freude am frisch restaurierten Lüfterrad gewähren entweder die Nachbehandlung mit einer dünnen Schicht Schutzwachs, das gelegentliche Einreiben mit einem nicht harzenden Schließzylinderöl oder – als perfekte Lösung – ein zusätzlicher, hauchdünner transparenter Überzug mit seidenmattem Klarlack.

1 Ausgangszustand. **2** Reinigungsgestrahlt. **3** Ausbohren der Köpfe der Aluminium-Nieten. **4** Austreiben der Nieten. **5 + 6** Chromatieren von Laufrad und Laufradgehäuse.

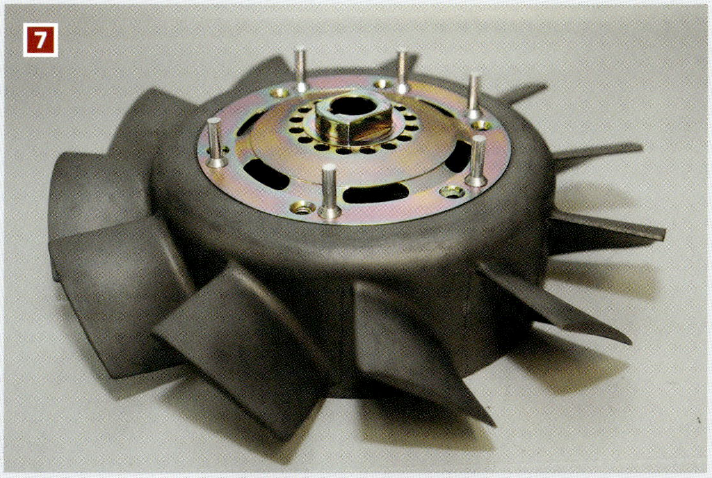

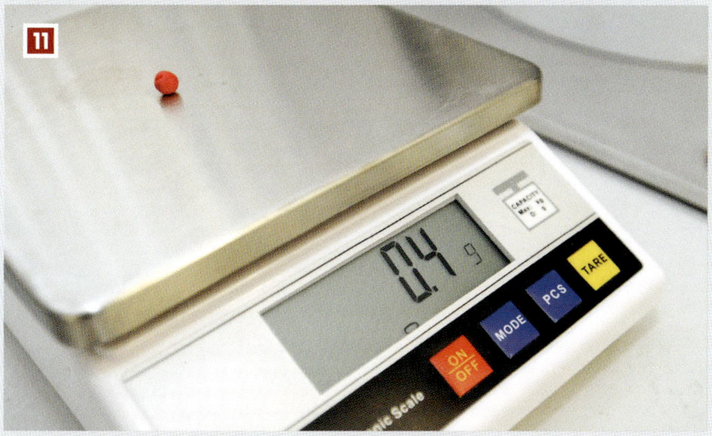

7 Das Laufrad und seine Komponenten vor dem Zusammenfügen. **8** Aufspannen von Laufrad, Nabe und Nieten auf die Gegenmasse „Ringamboss“. **9** Einsatz des Nietkopfsetzers. **10** Statische Wuchtkontrolle und gegebenenfalls wuchten. **11** Gewichtsermittlung nach der Wuchtkontrolle. **12** Das Laufrad ist nun wieder einsatzbereit.

6.7. Laserschweißen

Was früher noch die unabwendbare Anschaffung eines teuren Neuteils bedeutete, kann heute mittels Laserschweißen perfekt repariert werden, wie einige Beispiele zeigen. Etwa in folgendem Fall, als plötzlich ein harter metallischer Schlag aus dem Motorraum des Porsche 911 zu vernehmen war und bereits beim Öffnen des Heckdeckels deutlich wurde, was sich zugetragen hatte. Irgendetwas schien in den Bereich des mit etlichen tausend Umdrehungen rotierenden Lüfterrades geraten zu sein und hatte kurzerhand eine der elf kleinen Luftschaufeln abgerissen. Jetzt blieben entweder der Austausch des Lüfterrades gegen ein neues oder gut erhaltenes Gebrauchtteil – oder die Reparatur mittels Schweißen. Da das Lüfterrad einst aus der Magnesium-Legierung Elektron mit äußerst filigran gestalteten Luftschaufeln gefertigt wurde, stellte dies jedoch eine nicht gerade einfache Schweißaufgabe dar.

Gleiches galt für das havarierte Solex-Vergasergehäuse. Aus vergleichsweise weichem Aluminium-Zinkdruckguss gefertigt, litt es unter einem abgerissenen Stück am Montageflansch. Üblicherweise das Todesurteil für einen solchen Vergaser, scheitert die Reparatur mittels konventioneller Schweiß- oder Löttechnik zumeist daran, dass die erforderliche Energie- und damit Temperatureingabe viel zu hoch und ein Verzug des gesamten Vergaserkörpers die Folge ist.

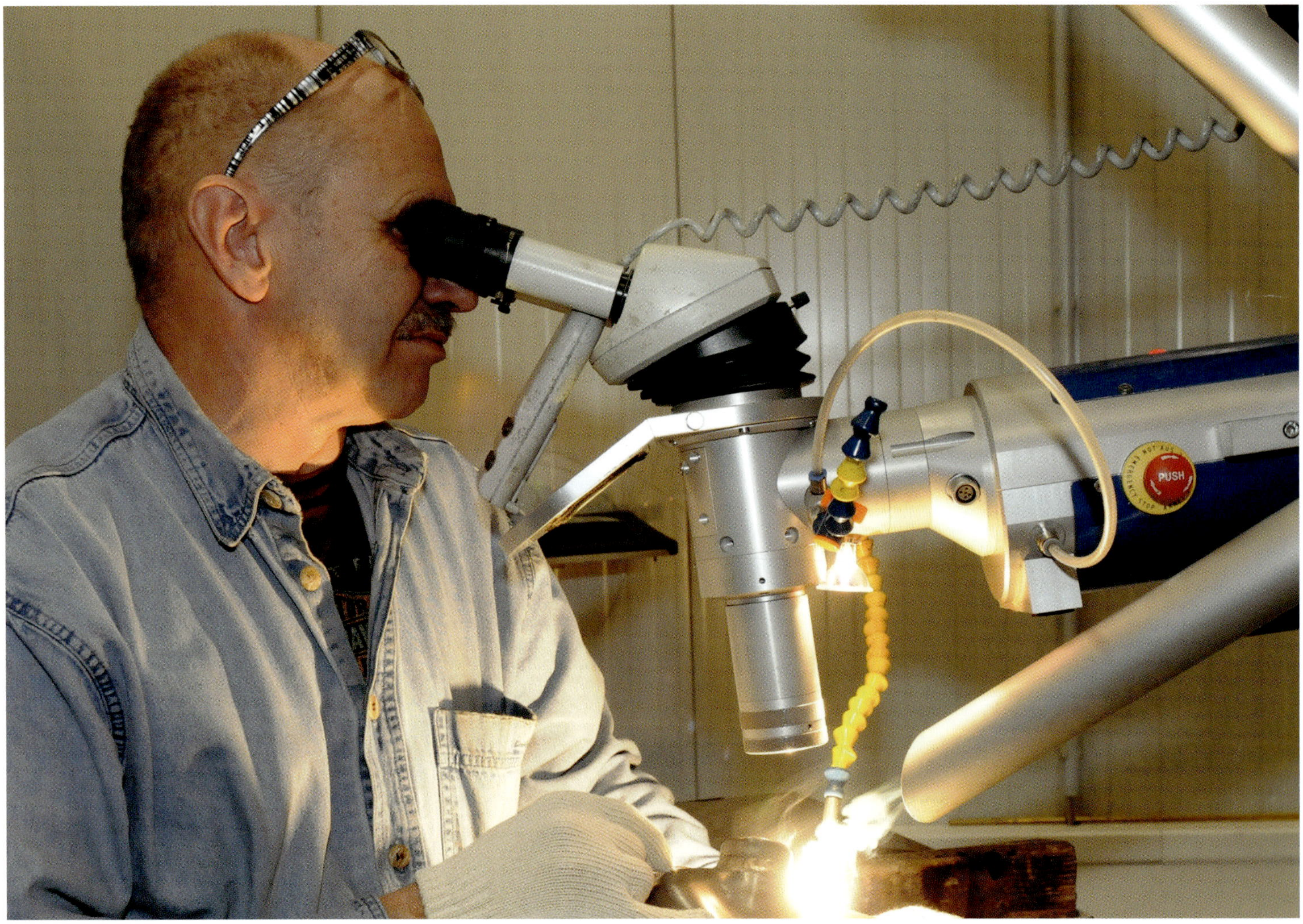

Christian Frank und seine Firma DSI Laser Service GmbH sind insbesondere bei Motorkomponenten mitunter die letzte Rettung.

Zwar gelangen mithilfe herkömmlicher Autogen- oder Lichtbogen-Schweißverfahren auch früher schon viele Arten von Reparaturen, doch beschränkte sich die Anwendung im Regelfall auf Werkstoffe wie Aluminiumlegierungen, Stähle und Edelstähle. Erst seit etwa 20 Jahren steht mit dem Laserschweißen eine Technologie zur Verfügung, die sich mittlerweile so intensiv weiterentwickelt hat, »dass wir nur selten auf Metalllegierungen stoßen, die wir mit unserer Technik nicht schweißen können«, sagt Christian Frank, Geschäftsführer der Firma DSI Laser Service GmbH im schwäbischen Maulbronn, unweit von Stuttgart.

Bei ihm gehen sie ein und aus, die Oldtimerfans mit ihren Schätzchen auf zwei oder vier Rädern, und sogar havarierten Flugmotorengehäusen nehmen sich Frank und seine Mitarbeiter an, »denn schließlich verfügen wir gerade in diesem sicherheitstechnisch sensiblen Bereich auch über eine entsprechende, sogar militärische Zertifizierung«, wie er erklärt. Frank ist aber nicht nur Profi in seinem Bereich. Vielmehr scheint er das Thema Laserschweißen förmlich zu leben. Er sagt: »Von größer Wichtigkeit überhaupt ist es, das jeweilige Material verstanden zu haben. Dann ist sehr vieles möglich.« Kein Wunder also, dass selbst die Renn- und Classic-Abteilungen renommierter deutscher Automobilhersteller hin und wieder Franks Hilfe suchen. Etwa auch dann, wenn es gilt, die Lagerzapfen einer 908-Kurbelwelle oder die

Auftragschweißung eines defekten Lagersitzes. Die Nacharbeit erfolgt durch Ausspindeln der gesamten Lagergasse.

Nockenwelle eines 917 auftragzuschweißen. Oder gerissene Magnesiumgehäuse und ausgerissene Gewinde der Zylinderstiftschrauben früher 911-Motoren zu schweißen.

Die komplexe Technik, die hinter dem Laserschweißen steckt, ist rasch erklärt. Während beim Autogenschweißen die Energiezufuhr über eine Flamme – meist erzeugt aus Acetylen und Sauerstoff – erfolgt und beim Elektroden-,

Beschädigter und auftraggeschweißter Hubzapfen zur Rettung dieser Kurbelwelle.

Beschädigter und auftraggeschweißter Nocken des Motortyps 912 des Porsche 917. Die Nachbearbeitung erfolgt mittels einer Kopierschleifmaschine. Anschließend wird nitriert.

Schutzgas- oder WIG-Schweißen ein durch elektrischen Strom erzeugter Lichtbogen für die notwendige Schmelztemperatur sorgt, erfolgt diese Energiezufuhr beim Laserschweißen mithilfe eines Laserstrahls. Wie von anderen Schweißverfahren gewohnt, erfolgt die Zugabe eines Schweißzusatzwerkstoffes, sofern notwendig, entweder manuell in Form von Schweißstäben aus dem jeweils geeigneten Material wie etwa Stahl, Edelstahl, Aluminium oder anderen Werkstoffen oder in Form von automatisch zugegebenem, pulverisierten Material. Letzteres kommt beim manuellen, also von Hand geführten Laserschweißen jedoch kaum zum Einsatz, sondern ist dem computergestützten Laserschweißen, etwa mittels eines Roboters, vorbehalten.

In der Regel besteht eine Laserschweißanlage aus dem Laser selbst sowie einer Bewegungseinheit und einem optischen System zur Führung des Laserstrahls. Die manuelle Führung des Laserstrahls sowie gegebenenfalls des Schweißzusatzstoffes verfolgt der Mitarbeiter durch eine Fokussieroptik.

Einer der wesentlichen Vorteile des Laserschweißens besteht im extrem schnellen Anstieg der Temperatur über die Schmelztemperatur des Metalls hinaus, so dass sich eine Schmelze sehr schnell bilden kann, ohne dem zu schweißenden Werkstück ein zu hohes Maß an Energie und damit Temperatur zuzuführen. Entsprechend sind damit Schweißarbeiten selbst an dünnwandig gestalteten Werkstücken ohne Verzüge möglich. Ein weiterer Vorteil des Laserschweißens besteht in der sehr hohen Präzision. Abhängig von der Gestaltung des Werkstücks, dem Werkstoff und der Art der Beschädigung sind extrem schmale, wenige Zehntelmillimeter breite Schweißnähte ebenso möglich wie breitere. Zudem lässt sich die Tiefe des Einbrands ebenso vom Zehntelmillimeterbereich bis hin zu deutlich tieferen Maßen variieren.

Damit eignet sich das Laserschweißen gerade im Oldtimerbereich für ganz vielfältige Reparaturunterfangen. »Wir können fast alle hier anzutreffenden Metalle und Legierungen schweißen, ganz gleich ob Stahl, Aluminium, Magnesium, Titan, Kupfer oder Messing Bronze. Mitunter

Selbst eine abgebrochene Luftschaufel eines Laufrads lässt sich per Laserschweißen wieder zuverlässig anfügen.

Abgebrochener und lasergeschweißter Flansch eines Vergasers aus Zinkdruckguss.

ist es sogar möglich, Reparaturschweißungen direkt am Fahrzeug vorzunehmen. Dann kommt der Kunde einfach vorbei, wir schweißen und er kann sein Fahrzeug gleich wieder mitnehmen«, erklärt Christian Frank. So beispielsweise im Falle eines gut erhaltenen Kreidler-Florett-Mopeds. Hier hatte einer der Vorbesitzer – zu welchem Zweck auch immer – Löcher in den lackierten Pressblechrahmen gebohrt, die im Sinne der Originalität nun wieder zugeschweißt werden sollten. Diese circa acht Millimeter großen Löcher wurden direkt am Fahrzeug zugeschweißt und einmal mehr konnte das Laserschweißen hier seine Vorteile von geringer Energiezugabe und hoher Präzision ausspielen. Rund um die Schweißstellen wurde der Lack nur wenige Millimeter breit verbrannt, und so ließen sich die Reparaturstellen sogar diskret mit einer Feinspritzpistole mühelos beilackieren.

»Mitunter bearbeiten wir auf diese Weise auch Risse oder unzulängliche Schweißstellen in tiptop lackierten Karosserien. Da wir solche Schweißreparaturen auf den Millimeterbereich genau durchführen können und rund um die Schweißstelle praktisch keine Brandbeschädigungen entstehen, genügen als Nacharbeiten oftmals sogar händisches Tupflackieren, Beischleifen und Polieren. So lässt es sich – und das freut die Besitzer hochwertiger Oldtimer ganz besonders – vermeiden, beispielsweise ganze Fahrzeugpartien wie Kotflügel, Türen oder Abschlussbleche aufwändig nachzulackieren«, erklärt Christian Frank weiter.

Last but not least ist das Laserschweißen freilich auch in der Motorentechnik erste Wahl, wenn es darum geht, sündhaft teure Bauteile wie etwa durch kapitale Motorschäden havarierte Nocken- und Kurbelwellen zu retten. »Gerade bei Lager- und Hubzapfen oder auch bei beschädigten oder verschlissenen Nockenwellen eignet sich das Laserschweißen aufgrund geringer Energieeintrag und Präzision abermals ganz ausgezeichnet. Mittels Auftragsschweißens fügen wir hier in den beschädigten Bereichen gerade so viel Material hinzu, dass eine anschließende Bearbeitung und damit Rückführung in den Originalzustand möglich ist«, erläutert Christian Frank weiter.

Auftraggeschweißter Nocken mit je einem Stück Draht links und rechts als Stützen während des Schweißvorgangs.

Zur Darstellung dieser additiven Fertigungsmethode ließen wir bei 3D Laserdruck in Reutlingen ein Laufrad im 3D-Druck aus Aluminium anfertigen.

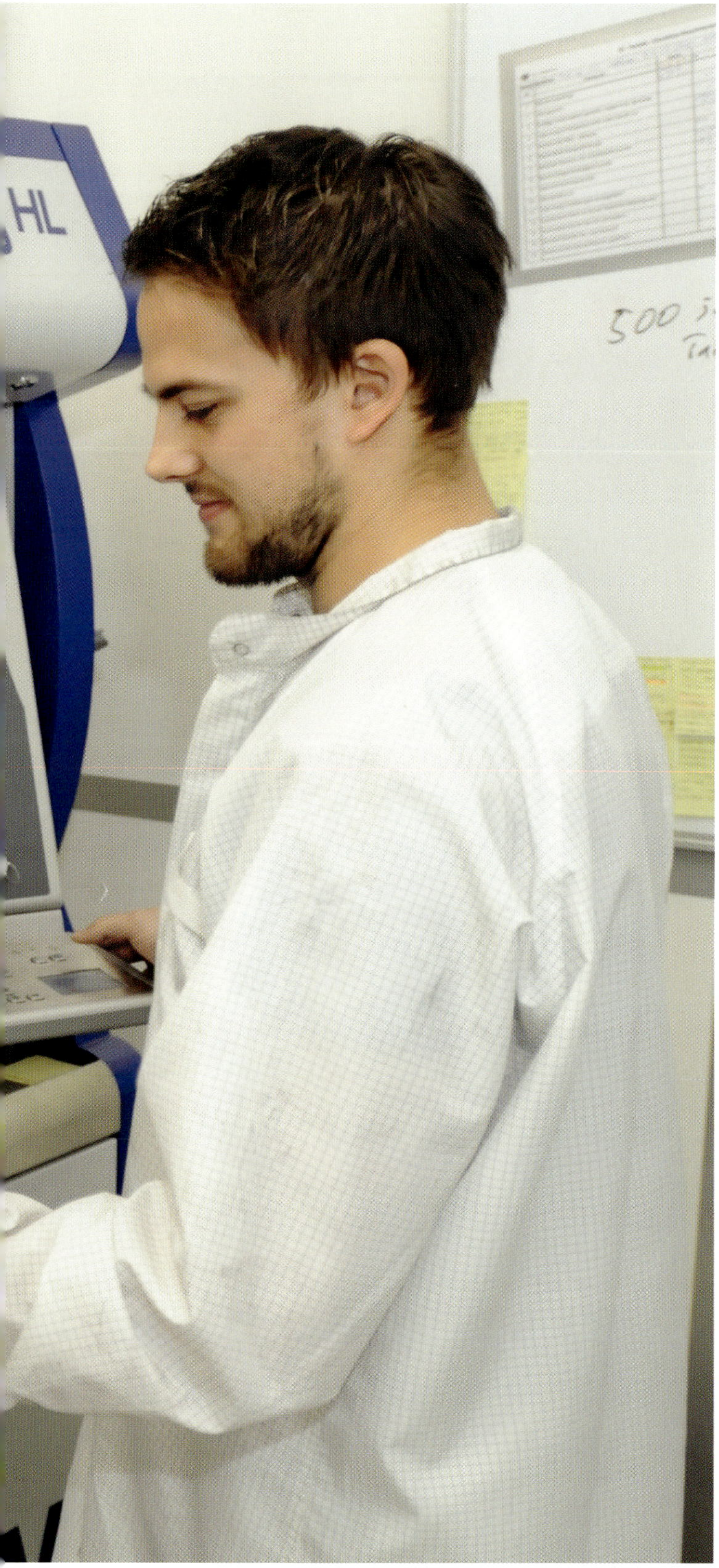

6.8. 3D-Technologie und Teilenachfertigung

Es war bereits im Jahr 2010, als ich einen Freund in dessen Werkstatt besuchte. Gerade befand er sich im Kundengespräch, drehte einen völlig porösen Kühlwasserstutzen aus Aluminium nachdenklich in seiner Hand und sagte: »Nein, den lassen wir nicht im Sandgussverfahren neu fertigen. Den digitalisieren wir und bauen ihn im 3D-Druck nach.« Sechs Wochen später lag das neu gefertigte Bauteil vor. Exakt mit denselben kleinen Macken und der Oberflächenstruktur versehen wie das Ausgangsteil, nur eben neu – ein perfekter Klon im Sinne der Originalität, gedacht für einen Horch aus dem Jahr 1935.

Zu dieser Zeit galt der 3D-Druck in Metall noch als exotisches Verfahren, das vornehmlich den Entwicklungsabteilungen zugängig war. Seinen Ursprung hat der 3D-Druck in Metall im sogenannten Rapid Prototyping. Einem Verfahren, mit dem bereits in den 1990er-Jahren Kunststoffteile anhand von CAD-Konstruktionsdaten mit Hilfe eines Lasers unter Zugabe von Harz im Schichtaufbau gefertigt werden konnten. Diese Prototypenteile dienten oft als Modelle für Gussteile sowie als Musterstücke. »RP«-Teile finden sich mitunter auch heute noch an Präsentationsfahrzeugen renommierter Hersteller auf großen Messen. Einfach deshalb, weil die endgültigen Herstellungswerkzeuge für die Serienteile zum Zeitpunkt der Fahrzeugvorstellung manchmal noch nicht verfügbar sind oder die Serienfertigung noch nicht angelaufen ist.

Mittlerweile sind zahlreiche mittelständische Unternehmen entstanden, die sich nicht nur des 3D-Drucks in Kunststoff, sondern auch in Metall annehmen. Dies jedoch nicht nur mit Blick auf Prototypenbauteile, sondern auch für die Kleinstserienfertigung und Anfertigungen für Privatkunden. Genau hier wird diese sogenannte Additive Fertigung für den Oldtimer-Enthusiasten interessant. Etwa dann, wenn ein höchst seltenes Ersatzteil benötigt wird oder gar eines, welches es gar nicht mehr gibt. Dann lohnt der Gang zum 3D-Druck-Experten.

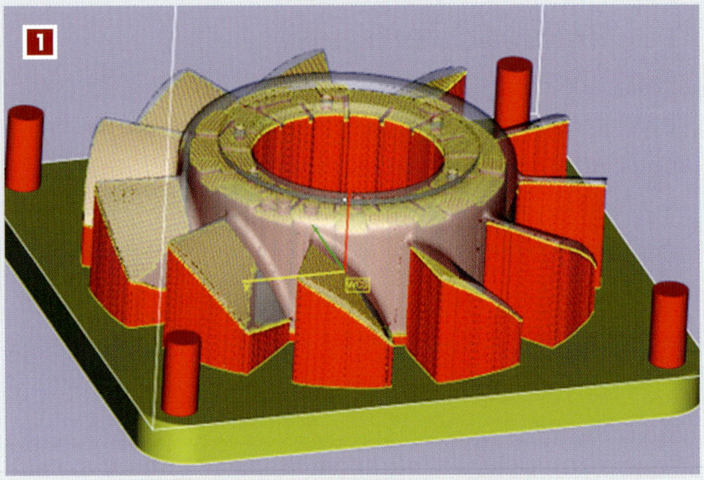

1 Anhand eines 3D-Scans und einer Flächenrückführung generierte CAD-Daten. **2** Das fertige Laufrad auf der Grundplatte. **3** Original aus Elektron (li.) und Nachfertigung aus Aluminium (re.). **4** Stützstruktur. **5** Absägen von der Grundplatte. **6** Manuelles Entfernen der Stützstruktur.

Als beispielhafte Musteraufgabe für den 3D-Druck in Metall wählte ich die Nachfertigung eines Lüfterrades für den Porsche 911 aus. Ein Bauteil, das aus der Magnesium-Legierung Elektron gefertigt ist. Das Laufradgehäuse wurde beim 901 sowie teilweise auch noch bei den frühen 911 des Modelljahres 1965 noch aus Aluminium gefertigt und auf der Lufteinlaufseite poliert. Von da an wurde dieses Bauteil aus Gewichtsgründen aus Magesium gefertigt. Das in der Serienfertigung aus Elektron gegossene Lüfterrad stellt mit seiner dünnwandigen Struktur sowie den geschwungen profilierten Lüfterradflügeln eine anspruchsvolle Aufgabe im Hinblick auf die Digitalisierung, Datenerstellung sowie schließlich die Fertigung im 3D-Druck-Verfahren dar.

Auf offene Ohren stieß ich mit meinem Anliegen bei der Firma 3D Laserdruck in Reutlingen, allerdings mit einer Einschränkung. So war es bis zur Drucklegung dieses Buches – außer in Versuchen – noch nicht möglich, Magnesium mit dieser Verfahrenstechnik zu verarbeiten. Derzeit einwandfrei darstellbar sind jedoch Aluminium- und Edelstahllegierungen, Werkzeugstahl, verschiedene Nickel-Chrom-Legierungen (Inconel) für Hochtemperaturanwendungen sowie Titan für Leichtbauteile.

Da mir vor allem an der Verfahrenstechnik selbst lag, entschied ich, das Porsche-Lüfterrad für diese Geschichte exemplarisch aus Aluminium zu fertigen. Dazu wurde es zunächst mittels eines 3D-Scanners digitalisiert. Aus den dabei gewonnenen Daten wurden mit Hilfe einer sogenannten Flächenrückführung schließlich CAD-Daten zur Steuerung des 3D-Druckvorganges generiert. Dieser »Druckvorgang« nennt sich im Fachjargon »Selektives Laserschmelzen«. Hierbei wird der zu verarbeitende Werkstoff – in unserem Fall Aluminium – in Pulverform als dünne Schicht auf eine Grundplatte aufgebracht. Dieses Pulver wird mittels Laserstrahl geschmolzen und bildet nach Erkaltung eine feste Schicht. Anschließend wird die Grundplatte um den Betrag einer Pulver-Schichtdicke abgesenkt, erneut Pulver aufgetragen und geschmolzen. Dieser Vorgang wird je nach Höhe des zu fertigenden Werkstücks beliebig oft wiederholt. Durch die Steuerung des Lasers mittels einer Software anhand der Daten entsteht so Schicht um Schicht das zuvor digitalisierte Werkstück.

Ein sehr aufwendiger Vorgang, der im Falle unseres Lüfterrades bei einer Schichtdicke von 50 Mikrometer rund 18 Stunden dauerte. Möglich sind auch 100 Mikrometer, was die Maschinenlaufzeit fast halbiert, jedoch zu einer etwas gröberen Oberflächenstruktur führt. Am Ende stand ein faszinierendes Ergebnis, denn bis auf die zur Herstellung notwendigen und am Ende manuell zu entfernenden Stützstrukturen glich unser Lüfterrad – abgesehen vom Werkstoff – haargenau dem Originalteil. Da der schichtweise Aufbau von unten nach oben erfolgt und die Lüfterradflügel gewissermaßen »in der Luft« hängen, benötigen sie die erwähnte Stützstruktur als Unterbau. Sie besteht aus einem feingliedrigen Gitter.

In seiner Gesamtheit bietet der 3D-Druck eine begeisternde Technik, die den Schraubern unter den Oldtimerfans zukünftig noch viel Freude bereiten wird. Ein weiterer Vorteil dieser Technik ist die problemlose Darstellung von im Bauteil integrierten Hohlräumen. Etwa im Falle von Kühlkanälen eines Verdichterrades für einen Turbolader. Den enormen Temperaturen trägt hier oftmals der spezielle Werkstoff Inconel Rechnung, eine Nickel-Chrom-Legierung.

Die Innenseite des mittels 3D-Druck nachgefertigten Laufrads.

Der 3D-Druck ermöglicht neue Freiheitsgrade bei der Konstruktion, etwa in Form der innenliegenden Kühlkanäle bei diesem Verdichterrad aus Inconel.

Porsche Classic bietet beispielsweise schon die ersten in dieser Technik gefertigten Ersatzteile, wenngleich kein solches Lüfterrad an. So zum Beispiel den aus Stahl gefertigten Kupplungsausrückhebel für den Porsche 959. Mit dem für den 3D-Druck verwendeten Werkzeugstahl der Spezifikation 1.2709 wird hierbei ein noch hochwertigerer Werkstoff mit höheren Festigkeitswerten als der einst in der Serie eingesetzte Kugelgraphitguss verwendet. In der Nachbehandlung wird dieses Bauteil einem sogenannten Spannungsarmglühen unterzogen, um Eigenspannungen zu reduzieren. Zusätzliche Materialvorteile zeigen sich in einer erhöhten Materialhärte sowie in einer Minimierung von Gefügefehlern aufgrund der verfahrensbedingt höheren Werkstoffdichte. Weitere Beispiele von mit diesem Verfahren nachgefertigten Bauteilen von Porsche Classic sind beispielsweise der Kühlwasserstutzen des Porsche 924 oder die Getriebekonsole des Porsche 968. Beide Teile werden mittels 3D-Druck in einer noch hochwertigeren Aluminium-Legierung als beim damaligen Serienstand hergestellt.

Das selektive Laserschmelzen wird in den kommenden Jahren vermutlich zu revolutionären Veränderungen führen. Sowohl in der Konstruktion, als auch bei der Lagerhaltung und der Bereitstellung von Oldtimer-Ersatzteilen.

7 Restaurierung des Interieurs

Das Cockpit des Porsche 550 Spyder „Carrera Panamericana 1954“ des Porsche Museums.

7.1. Beispiele

Die Restaurierung des Interieurs bedeutet oftmals hundertprozentige Handarbeit, da es benötigte Komponenten wie Dachhimmel, Armaturenbretter, Türverkleidungen oder Sitzbezüge mitunter nicht mehr als konfektionierte Originalersatzteile gibt. Glücklicherweise werden mehr und mehr dieser dringend benötigten Materialien jedoch mittlerweile nachgefertigt. So bedarf es meist nur eines kompetenten Sattlers, um beispielsweise die Sitzanlage wieder in einen formidablen Zustand zu versetzen – denn die farblich passenden Lederhäute sind im Regelfall in guter Qualität verfügbar. Selbst das Armaturenbrett für die F-Modelle des 911 ist seit einigen Jahren wieder als Originalteil bei Porsche Classic erhältlich. Besondere Freude dürften die Fans der Transaxle-Gemeinde bei diesem Thema verspüren, denn auch die unsäglich oft gerissenen Armaturenbretter der ersten Generation des 924 und 944 können mittlerweile neu geschäumt, passend bezogen oder auch mit Smartrepair-Lösungen zumindest wieder brauchbar instandgesetzt werden. Und selbst für Sondereditionen wie etwa »Martini« hält die Szene engagierter Kleinbetriebe komplette Interieurmaterialien bereit.

So sind es also vor allem gutes Handwerk und die sprichwörtliche Liebe zum Detail, die eine gute Innenausstattung gedeihen lassen. Natürlich sind Armaturenbrett, Instrumente, Sitz- und Teppichbodenanlage dabei die Visitenkarte, die das restaurierte Fahrzeug bei erster Betrachtung abgibt. Beim zweiten Hinsehen spielen aber die vielen kleinen Details eine wichtige Rolle – zumindest dann, wenn man von Originalität spricht. Etwa das Radio. Ist es noch jenes, welches Porsche seinerzeit für diesen Wagen angeboten hat? Entsprechen alle

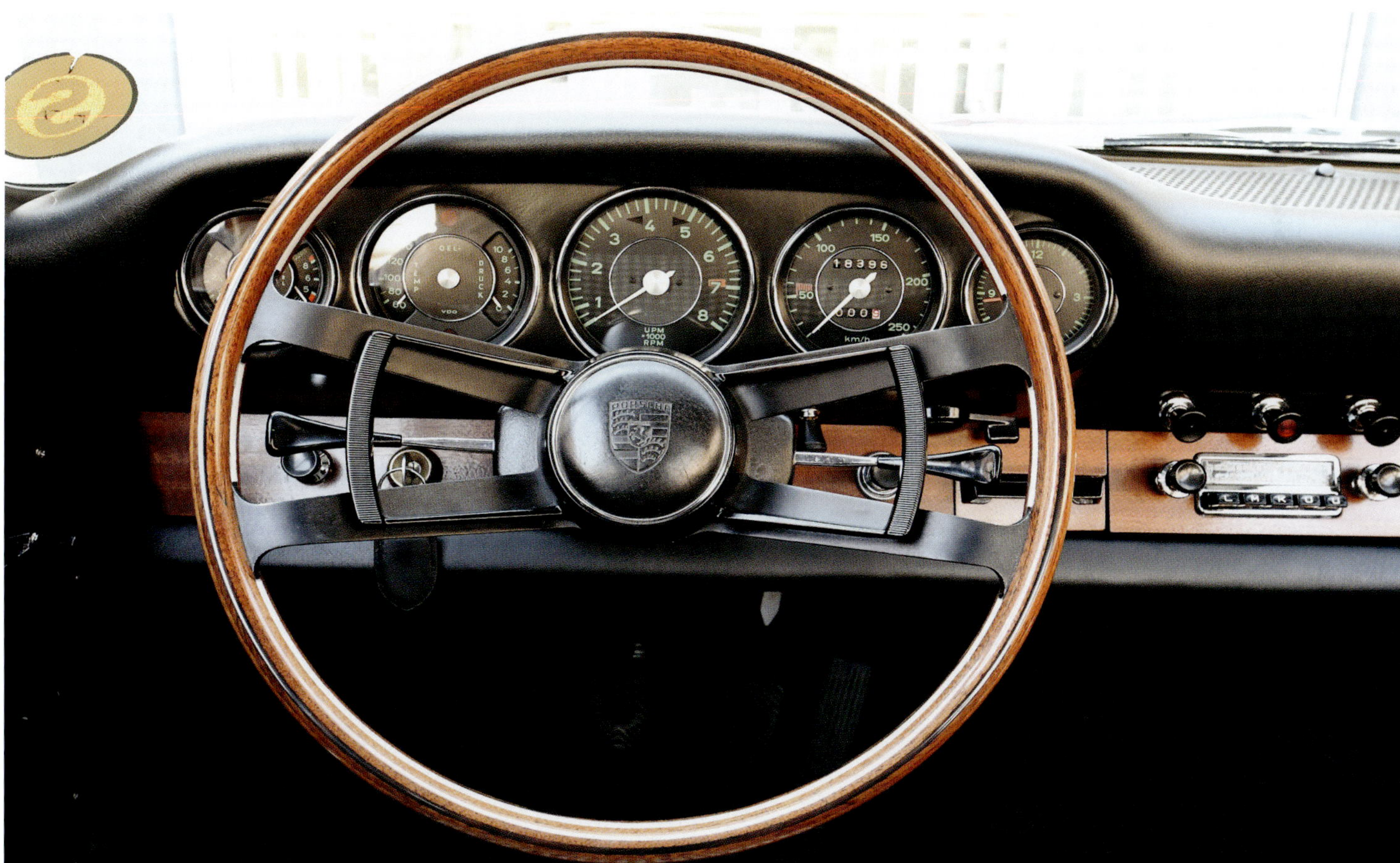

Lenkrad und Instrumententräger des liebevoll restaurierten 901 Nr. 57.

Die Anfertigung einer Innenausstattung – hier in Leder – ist reine Handarbeit und setzt freilich die passenden Bezugsmaterialien voraus.

Bedienknöpfe, Instrumente und Schaltereinheiten dem Original? Ohne Zweifel erfordert die Instandsetzung der Innenausstattung eine präzise Kenntnis dessen, was den damaligen Auslieferungszustand des Fahrzeugs sowie das damalige Angebot an Sonderausstattungen anbelangt.

Oftmals können fehlende Teile gebraucht beschafft und aufgearbeitet werden. Doch nicht in jedem Fall, wie die Restaurierung des 901 Nr. 57 des Porsche Museums zeigt. Traditionell zählt auch die Porsche Lehrwerkstatt bei hauseigenen Restaurierungen zu den Zulieferern. Dabei sind detaillierte Blecharbeiten und Lackierungen die häufigsten Positionen auf der Wunschliste der Porsche-Museumswerkstatt an den Porsche-Nachwuchs. So orderte das Museum für die »Nr. 57« beispielsweise einen Halter für die Abgasanlage und ein Bremsankerblech. Die kniffligste Aufgabe für den Porsche-Nachwuchs bestand jedoch ausgerechnet in der Wiederherstellung des originalen Aschenbechers. Dessen hinteres Drittel des Einschubs war schlicht und einfach

Die in Teilen bewahrte Rücksitzanlage des 901 Nr. 57 (li.) und die Holzform für den nachgefertigten Aschenbecher.

Interieur des bei Porsche Classic restaurierten 911 Carrera RS 2.7.

weggerostet und die verchromte Auflage mit einem rechteckigen Loch für die Zigarre fehlte gänzlich. Dabei handelt es sich um ein typisches Erkennungsmerkmal eines 911/901 von 1964, denn bereits im Jahr darauf entfiel dieses rechteckige Loch und damit der Zigarrenhalter. Beides galt es also zu ersetzen und so lieferte der Modellbau in Weissach ein Holzmodell, über welches die Auszubildenden dann das Metall des zukünftigen Aschenbechers trieben.

Vor diesem Aufwand in Detail muten die gängigen Restaurierungen, wie sie beispielsweise von Porsche Classic am 911 Carrera 2.7 RS sowie am 911 S 2.0 Targa von Tetsu Ikuzawa durchgeführt wurden, fast schon einfach an. So wurden die Sitze inklusive des Sitzgestells komplett revidiert und neben neuen Bezügen für das Gestühl kamen selbstredend auch beim Boden neue Teppiche zum Einsatz. Dämmmaterialien, Armaturenbrett und Türverkleidungen wurden ebenfalls aufgefrischt. Den besonderen Anforderungen an Sporteinsätze trägt hingegen der 911 Monte Carlo Rechnung. So darf sich der Fahrer über einen Sportsitz freuen, in der Mitte des Armaturenbretts thront ein Tripmaster und auf der Beifahrerseite sind ganz rechts zwei wohl patinierte Heuer-Uhren angeschlagen.

Der wunderschöne 911 Monte Carlo von Rolf Richter im Hafen von Monaco.

Dass sich das Thema »Restaurierung der Innenausstattung« auch über Nacht in Wohlgefallen auflösen kann, erlebte ich bei meinem privaten 944 II. Ich hatte das Fahrzeug mit Rissen im Armaturenbrett gekauft und noch auf der Überführungsfahrt überlegte ich, wie ich dieses Problem wohl lösen könnte. Zuhause angekommen, begab ich mich sofort ins Internet und siehe da: In Belgien bot ein freundlicher Herr ein neuwertiges Armaturenbrett im passenden Rot für den vergleichsweise geringen Betrag von 300 Euro an. Ich überlegte nicht lange, drei Tage später war das Armaturenbrett da und innerhalb von gut vier Stunden war es zusammen mit zwei Freunden dann auch gegen das Altteil getauscht. Die Suche im Internet kann sich also durchaus lohnen.

Die reine Aufarbeitung des vorhandenen Interieurs ist bei intaktem Ausgangszustand freilich der optimale Weg, um die historische Substanz zu erhalten. So im Falle des 928 von Thomas Müller, der die Leder- beziehungsweise Kunstlederpartien von einem Fachbetrieb nicht nur optisch wieder

instandsetzen ließ, sondern unter Verwendung der Originalbezüge auch gleich für frisch aufgepolsterte Sitze sorgte.

Wie weit die Spanne an Darstellungsmöglichkeiten beim Interieur aktuell reicht, stellte Porsche im Juni 2019 vor. Dabei handelte es sich um ein von der Porsche Exclusive Manufaktur zusammen mit der Designabteilung Style Porsche erarbeitetes Konzept. Im Rahmen der damals neuen Porsche-Heritage-Design-Strategie interpretierten die Partner aktuelle exklusive 911-Modelle mit ikonografischen Elementen von Porsche-Fahrzeugen der 1950er- bis 1980er-Jahre neu. Diese Sondermodelle sollten die Dimension »Lifestyle« neu einführen, die für besonders emotionale Konzepte mit Bezug zur Historie steht. Ausgewählte Elemente aus den jeweiligen Dekaden wurden darüber hinaus als »Heritage Design Pakete« für die 911-Modelle verfügbar gemacht.

Das gerissene Armaturenbrett des 944 II konnte für kleines Geld gegen ein nahezu neuwertiges Teil ersetzt werden.

Blick in den 911 2.0 S Targa des ehemaligen Porsche-Werksfahrers Tetsu Ikuzawa.

911S

Bei den Heritage-Design-Modellen stehen spezielle Farben und Materialien im Mittelpunkt. Sie prägen neben besonderen Lackierungen und Foliengrafiken das Erscheinungsbild der Sondermodelle. Alte Farb- und Ausstattungskarten, Museumsfahrzeuge und Designelemente aus der jeweiligen Epoche spielen eine tragende Rolle. Dabei geht es vor allem um die Textilien im Interieur. Stilprägende Elemente wie Cordsamt, das Pepita-Muster, die Pascha-Bezüge oder Tartan, das Schottenkaro, wurden von dort an für die Sondermodelle mit modernster Materialität neu gestaltet, aufwändig getestet und produziert. Diese, zugegebenermaßen auf Neufahrzeuge angewandte Produktstrategie zeigt aber einmal mehr, dass sich die Freunde klassischer Porsche in der Zukunft eher weniger als mehr Sorgen um den Erhalt und die gekonnte Restaurierung des Interieurs ihrer Fahrzeuge machen müssen.

Die Bestimmung der korrekten Bezugsstoffe erfolgt idealer Weise über Werksunterlagen.

Beim 928 von Thomas Müller konnte nahezu alles erhalten und aufgearbeitet werden. Wichtig sind bei Interieurarbeiten die originalen Polster- und Bezugsmaterialien.

Auch Teppichböden oder hochflorige Fußmatten lassen sich heute perfekt reparieren.

7.2. Reparatur von Teppichböden

Beschädigungen im Teppichboden sind keine Seltenheit und höchst ärgerlich, kostet der Ersatz doch meist eine schöne Stange Geld und Beschaffungszeit. Erst recht ärgerlich ist es, wenn die seinerzeit in der Serie verbaute Teppichbodenanlage nicht mehr lieferbar ist. Glücklicherweise gibt es aber Reparaturverfahren und Firmen, die sich auf die Reparatur und entsprechende Instandsetzungssysteme spezialisiert haben. Mit einer durch ein kleines Brandloch einer herabfallenden Zigarettenglut beschädigten Fußmatte machte ich die Probe aufs Exempel.

Brandlöcher sind neben Farbflecken oder eingetretenen Kaugummis der worst case für jeden Teppichboden. Bei Cartec im schwäbischen Plüderhausen ließ ich mich davon überzeugen, dass man sich den Gang zum Ersatzteilregal auch getrost sparen kann. Für gerade mal 35 Euro wurde die Fußmatte dort einwandfrei repariert.

Der Reparaturvorgang selbst gestaltete sich relativ einfach. So wurde zum Ausfüllen des Brandlochs zunächst ein Stück Schaumstoff zurechtgeschnitten und mit Spezialklebstoff eingesetzt. Anschließend erfolgte die optische Aufbereitung mittels eines Gemischs aus Spezialkleber und farblich abgestimmten Teppichfasern, das als fixierende Deckschicht aufgebracht wurde. Temperaturzugabe mittels Bügeleisen und zwischengelegtem Trennpapier verfestigte diese Deckschicht. Für ein rasches Aushärten sorgte im Anschluss daran ein die Hitze absorbierender Eisenblock. Schließlich fehlte zum perfekten Ergebnis nur noch die abschließende Faseroberfläche. Dazu wurde im letzten Klebevorgang durch eine Maske Sprühkleber auf die Reparaturstelle aufgebracht. Anschließend folgte mit einem Faserzerstäuber – einem kleinen Blasebalg – das Aufblasen der feinen Teppichfasern. Anschließendes gefühlvolles Eindrücken mit dem Pinsel stellte schließlich einen haltbaren Verbund her. Das Finish erreichte der Reparaturprofi schließlich mit einem nochmaligen Aufblasen von Teppichfasern.

1 Ein Brandloch in der Fußmatte eines 911. 2 Zuschneiden eines Stückchens Schaumstoff zum Auffüllen des Lochs. 3 Einsetzen des Schaumstoffstücks mit Spezialkleber. 4 Passgenau angedrückt für eine ebene Fläche. 5 Farblich passende Teppichfasern werden mit Spezialkleber kombiniert. 6 Der Klebstoff-Faserbrei wird aufgebracht. 7 Verfestigen des Faserbreis mit Bügeleisen und zwischengelegtem Trennpapier.

8 Ein die Hitze absorbierender Eisenblock sorgt für rasches Aushärten. **9** Zum perfekten Endergebnis fehlt nur noch die abschließende Faseroberfläche. **10** Durch eine Papiermaske wird dazu Sprühkleber aufgebracht. **11** Mittels eines Zerstäubers werden die Teppichfasern aufgeblasen. **12** Gefühlvolles Eindrücken mit dem Pinsel stellt den haltbaren Verbund und die Struktur her. **13** Vom Brandloch ist nichts mehr zu sehen.

7.3. Lederreparatur

Die Lederinnenausstattungen oder auch Ausstattungen in Kunstleder und Vinyl unterliegen wie das ganze Fahrzeug einem gewissen Verschleiß, sodass über die Jahrzehnte hinweg starke Abnutzungen, Kratzer, Risse und bisweilen auch Löcher nicht ausbleiben. Mittlerweile haben sich zahlreiche Firmen darauf spezialisiert, derartige Beschädigungen zu reparieren und dem engagierten Privatier durchaus gute Smart-repair-Lösungen anzubieten.

So sind kleinere Beschädigungen wie Kratzer, Brüche oder tiefere Risse beispielsweise mit Flüssigleder gut zu reparieren, das derartige Schadstellen klebt und gleichzeitig auffüllt. Dazu wird die reparaturbedürftige Stelle zunächst mit einem Reinigungsbenzin gesäubert. Anschließend kann der Auftrag des Flüssigleders und das Glätten mittels eines kleinen Spachtels erfolgen. Nach dem Trocknen kann die Reparaturstelle an ihrer obersten Schicht, sofern nötig, mit einem Lösungsmittel angelöst und mit einem Schleifpad weiter glättend nachbearbeitet werden. Dieser Vorgang wird solange wiederholt, bis das Ergebnis zufriedenstellend ist. Abschließend erfolgt der Auftrag der im Farbton passenden Lederfarbe zum Ausgleich von Farb- und Glanzunterschieden.

Bei der Reparatur eines Lochs wird ein Stück Stoff mit Lederkleber eingeführt und an der Rückseite mit viel Fingerspitzengefühl und Lederklebstoff verklebt. Anschließend kann die Tiefstelle des Lochs mit einem zurechtgeschnittenen Stück Leder verklebt und an den Rändern wie eingangs beschrieben mit Flüssigleder aufgefüllt werden. Die Nachbearbeitungsschritte sind – je nach Bedarf – wieder das glättende Bearbeiten und Nachfärben.

Bei großen Rissen empfiehlt sich ebenfalls das Hinterlegen und Verkleben mit Stoff. Je nachdem, wie viel Spannung auf dem Lederbezug an dieser Stelle herrscht, ist es mitunter auch unvermeidlich, in einigen Zentimetern Abständen eine Vernähung vorzunehmen (mit dem Knoten zur Innenseite). Nach dem Trocknen des Klebstoffs wird die so reparierte Stelle dann wie zuvor geschildert wieder mit

Dank spezieller Klebe- und Werkstoffe gestaltet sich die Reparatur von Beschädigungen heute auch bei Leder relativ einfach.

Flüssigleder gefüllt, geglättet und nachgefärbt. Möglich ist es auch, über eine Texturmatte die Oberfläche der Reparaturstelle bestmöglich an die Originalstruktur anzugleichen.

Besitzt die Innenausstattung keine drastischen Beschädigungen, sondern ist vielleicht nur verblichen und an den Sitzflanken farblich stark abgenutzt, lassen sich mit dem Auftrag passender Lederfarbe (entweder mit einem Schwämmchen oder mit der Spritzpistole in ausgebautem Zustand) erstaunlich gute Ergebnisse erzielen. So oder so ist die moderne Art der Lederreparatur in jedem Fall ein gutes Hilfsmittel, um der Originalinnenausstattung des Wagens wieder zu einem präsentablen Erscheinungsbild zu verhelfen.

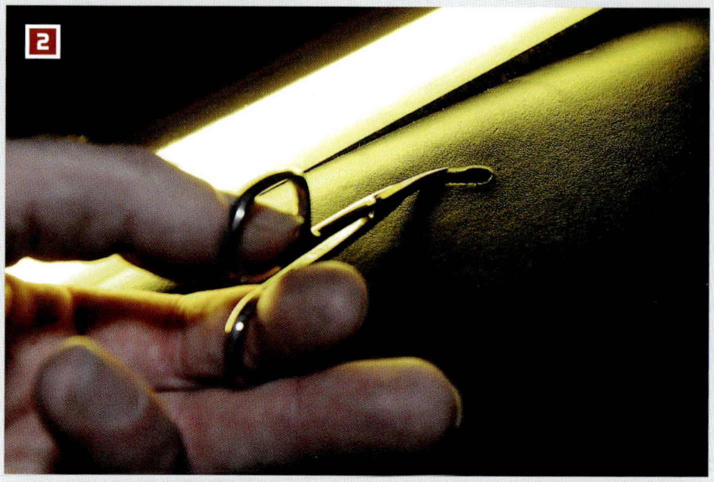

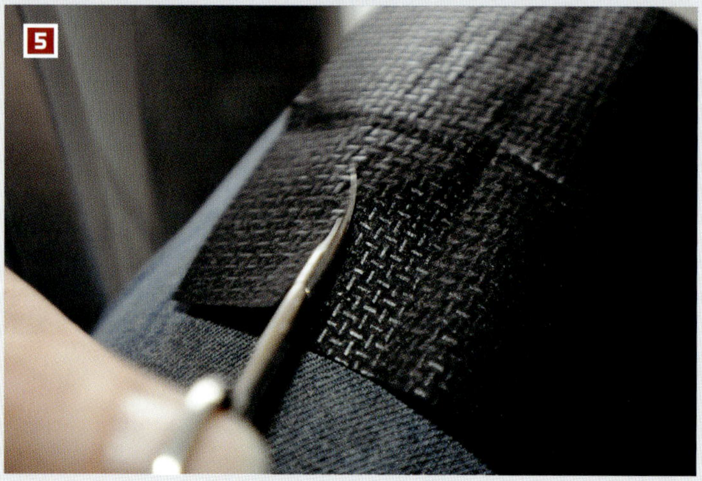

1 Ein Brandloch in der Rücksitzanlage eines 911. **2** Ausschneiden des Rands. **3** Reinigen und Aufrauen des Randbereichs. **4** Nochmalige Reinigung. **5** Zurechtschneiden von Verstärkungsmaterial.

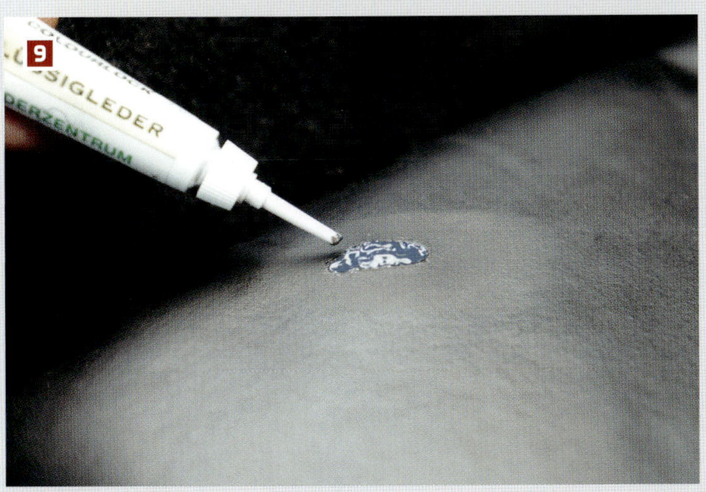

6 Einlegen des Verstärkungsmaterials. **7** Auf eine saubere Lages des Materialstücks achten. **8** Verkleben der Stelle. **9** Auffüllen mit Flüssigleder. **10** Glatt streichen, anschließend verschleifen und nachfärben.

8 Endabnahme

Der 911 Carrera RS 2.7 bei den letzten Foto- und Erprobungsfahrten nahe Kirchheim/Teck.

Der 911 Carrera RS 2.7 auf dem Rollenprüfstand von Bruce Henni in Wernau. 213 PS attestierte die Messung – 3 PS mehr, als vom Werk angegeben.

8.1. Prüfstandslauf und Probefahrt

Den Abschluss einer Restaurierung bilden immer die Funktionsprüfung im Stand (elektrische Anlage, Tür- und Haubenverriegelungen, Schiebedach etc.), die ausgiebige Probefahrt sowie das Einfahren des Motors. Auffälligkeiten und später noch durchzuführende Nacharbeiten werden auch hierbei in einem Protokoll festgehalten. Als ideal hat sich – in Analogie zum Betrieb eines Flugzeugs – das Abarbeiten einer Checkliste erwiesen. Mit Notizen über sämtliche Funktionen, das Fahrverhalten im Hinblick auf Fahrstabilität, Handling, Lenkung sowie das Ansprechen von Federung und Dämpfung. Im Bereich von Karosserie, Scheiben und Innenausstattung ist dabei auf Geräusche zu achten. Obligatorisch ist die Funktionsprüfung von Heizung beziehungsweise Klimaanlage. Beim Motor sind insbesondere der Öldruck und die mechanische Geräuschkulisse vom ersten Startvorgang an genau zu beobachten. Außerdem das Temperaturverhalten (Öl- und ggf. Wassertemperatur) sowie das Ansprechverhalten und die Leistungs- und Drehmomentdarstellung. Hier bietet die Probefahrt zudem die Möglichkeit, gegebenfalls notwendige Einstellarbeiten vorzunehmen und im Fahrbetrieb zu überprüfen. Aus Sicherheitsgründen empfiehlt es sich, nach wenigen hundert Kilometern das Öl auf Rückstände und Abrieb zu kontrollieren. Nach einer gewissen Einfahrzeit kann der Motor auf dem Rollenprüfstand einer Leistungsmessung unterzogen werden. Im Falle des 911 Carrera RS 2.7 erreichte der Motor auf dem Prüfstand von Bruce Henni (Henni GmbH Wernau) 213 PS und damit sogar 3 PS mehr als die angegebene Nennleistung von 210 PS.

Wie wichtig eine ausgiebige Probefahrt – am besten unter forciertem Einsatz – ist, zeigte sich im Sommer 2018, kurz nach Herbert Linges 90. Geburtstag. Noch einmal befuhr er mit seinem damaligen Einsatzfahrzeug, dem 911 Monte Carlo aus dem Jahr 1965, verschiedene Etappen der Monte und es war mir vergönnt, an seiner Seite Platz nehmen zu dürfen. Obgleich Herbert Linge am 11. Juni 2018 seinen 90. Geburtstag feiern durfte, ließ er den Elfer springen, als wäre er gerade 36 und die Monte 1965 läge nur Tage und eben nicht mehr als fünf Jahrzehnte zurück. Damals sollte der neue Elfer lediglich unversehrt in Monte Carlo ankommen, um dort pressewirksam mit dem Fürsten Rainier fotografiert zu werden. Linge und Copilot Peter Falk fuhren auf »schnelles Ankommen« und feierten eben jenen grandiosen fünften Platz. Welch ein Erfolg für den jungen 911.

Der Autor und Herbert Linge kurz nach dessen 90. Geburtstag am Col de Turini.

Herbert Linge bewegte den 911 Monte Carlo auf den damaligen Streckenabschnitten der Monte äußerst zügig und artgerecht. Es hat großen Spaß gemacht.

»In scharf gefahrenen Kehren laufen die Vergaser über, dann bleibt der Motor kurz weg. Ich muss rund fahren. Aber ich bin ja noch jung und lernfähig«, erklärte mir im Rahmen dieses fahrdynamischen Ausflugs in die Porsche-Geschichte jener Mann, der im April 1943 als einer der ersten Auszubildenden zu Porsche kam und eine beispiellose Karriere als Mechaniker, Rennfahrer und Betriebsleiter des Entwicklungszentrums Weissach hingelegt hatte.

Als wir schließlich wenige Kilometer vor Monaco mit hustendem Motor ausrollten, schien unsere gemeinsame Zeitreise aber schlagartig vorbei. Das Rallye-Elferle machte keinen Mucks mehr. Verzweifelte Startversuche, schwäbische Flüche – und erst mit dem heranbrausenden Werkstattwagen und den Mechanikern des Porsche Museums nahte Rettung. Simple fünf Liter Super halfen uns kurzerhand auf die Sprünge und fortan hüteten wir die offenbar zu optimistisch informierende Tankuhr wie unseren Augapfel. Wie damals vor mehr als fünf Jahrzehnten fuhren wir jetzt auf Ankommen. Und wurden nochmals Fünfte.

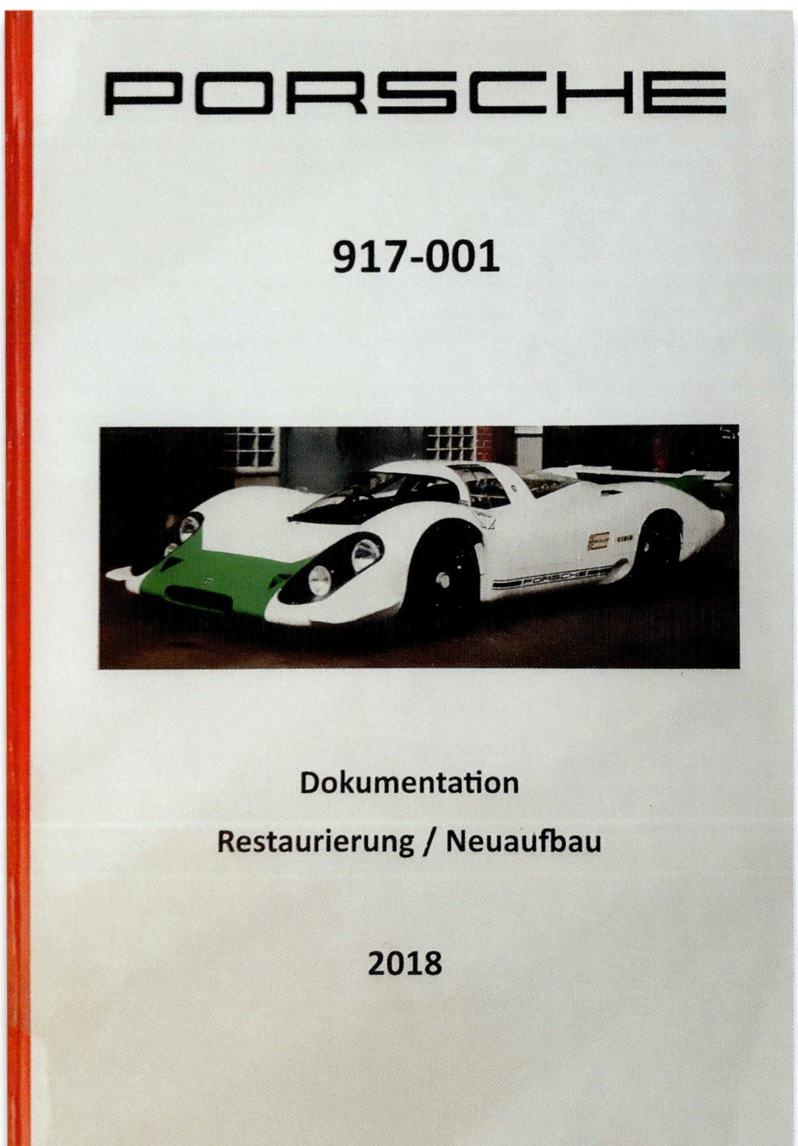

8.2. Dokumentation

Die Vollständigkeit der Fahrzeugunterlagen und ein plausibel geführtes Wartungsheft sind von jeher wichtige Bestandteile eines jeden Porsche-Klassikers. Nicht weniger Wert sollte der Besitzer jedoch auf eine vollständige und gut nachvollziehbare Dokumentation von Restaurierungsarbeiten legen. Dafür gibt es gleich eine ganze Reihe guter Gründe. Wird das Fahrzeug beispielsweise später verkauft, können dem Käufer sämtliche Arbeiten anhand von Fotos sowie beim Motor zusätzlich anhand von Messprotokollen und beim Fahrwerk anhand eines Einstellprotokolls belegt werden. Sowohl für den auftraggebenden Fahrzeugbesitzer als auch für den Restaurator stellt eine solche Dokumentation zudem eine gewisse Sicherheit dar, falls es später zu Unstimmigkeiten kommen sollte. Als schönes Nachschlagewerk und zusätzliches Fahrzeugdokument lässt sich aus dem Dokumentationsmaterial auch ein schmuckes Buch erstellen – so wie im Falle der von Porsche Classic durchgeführten Werksrestaurierungen.

Sämtliche Arbeitsabschnitte der Restaurierung von 917-001 wurden in einer internen Dokumentation in Wort und Bild aufgezeichnet.

Abgerundet wird eine Werksrestaurierung von Porsche Classic durch eine ausführliche Dokumentation der Arbeiten am Fahrzeug für den Kunden.

9 Restaurierung von Rennfahrzeugen
am Beispiel 917-001 und 956-005

956-005 einsatzbereit nach abgeschlossener Restaurierung bei Porsche Motorsport in Flacht.

9.1. Restaurierung Porsche 956-005

9.1.1. Hans-Joachim Stuck, Zweifacher Le Mans-Sieger auf Porsche 962

Wie eine Lebensversicherung

An meine Zeit mit dem Porsche 956 und 962 erinnere ich mich bestens. Walter Brun gab mir bereits 1983 die Gelegenheit, zusammen mit ihm und Harald Grohs im 956 in der Langstrecken-Weltmeisterschaft zu starten. Gleich bei unserem ersten Einsatz gelang uns ein vierter Platz beim 1.000-Kilometer-Rennen in Spa. Als ich den 956 kurz zuvor das allererste Mal testen durfte, wusste ich schon nach einer halben Stunde: Der Wagen ist unschlagbar! Ich war geradezu schockiert von der Fahrdynamik – im positiven Sinne natürlich. Der Motor ging perfekt, das Getriebe ebenso, das Fahrverhalten war extrem Vertrauen einflößend. Als Fahrer konnte man sich voll und ganz auf das Fahren an sich konzentrieren.

In dieser Anfangszeit mit dem 956 stand mir Stefan Bellof ungemein zur Seite. Im Grunde hat er mir das Fahren mit diesem Auto erst beigebracht, denn die auf starken Abtrieb ausgelegte Gestaltung des Fahrzeugunterbodens erforderte eine gänzlich andere Fahrweise als mit allen anderen Autos, die ich vorher gefahren hatte. Die Formel-1-Fahrzeuge eingeschlossen. Darüber hinaus galt es mit dem 956 tief bis zum Scheitelpunkt hinein zu bremsen und gleichzeitig – für optimalen Ladedruck-Aufbau – bereits wieder das Gas angelegt zu haben.

Die für mich schönste Zeit meiner gesamten Rennkarriere begann schließlich 1985, als ich zu Porsche ins Werksteam stoßen und den mit dem 956 nahezu identischen 962 bewegen durfte. Nach einem dritten Platz in Le Mans zusammen mit Derek Bell und dem Gewinn der Langstrecken-Weltmeisterschaft stellten sich in den beiden darauffolgenden Jahren die größten sportlichen Highlights meiner Rennfahrerzeit ein: 1986 und 1987 gewann ich zusammen mit Derek Bell und Al Holbert in Le Mans und 1986

Zweimal gewann Hans-Joachim Stuck die 24 Stunden von Le Mans auf Porsche 962: Im Jahr 1986 und 1987, jeweils zusammen mit Derek Bell und Al Holbert.

reichte es für Derek Bell und mich auch zum Gewinn der Sportprototypen-Weltmeisterschaft. In beiden Jahren konnte ich mit dem 962 zudem den Supercup gewinnen.

Hans-Joachim „Strietzel“ Stuck mit 956-005 im Mai 2018 auf dem Nürburgring.

Einer meiner großen Vorteile war, dass ich zu dieser Zeit in Garmisch lebte und im Gegensatz zu allen anderen Fahrern in zwei Stunden in Weissach sein konnte. Entsprechend war ich als Testfahrer gut beschäftigt und mitunter drei, vier Tage die Woche dort tätig. Von allen Fahrern sammelte ich mit Sicherheit die meisten 962-Kilometer, was mir nicht nur sehr viel wertvolle Erfahrung einbrachte, sondern auch die Beschäftigung mit neuer Technik. So zum Beispiel mit dem Porsche-Doppelkupplungs-Getriebe PDK, das wir zunächst im 962 erprobten und 1987 dann auch bei den Rennen zum Supercup einsetzten.

Doch nicht nur der sportliche Erfolg macht diese Zeit für mich einzigartig. Vielmehr war es auch das gesamte Umfeld im Porsche-Werksteam, das diese Ära besonders machte. Angefangen von den Porsche-Renningenieuren Norbert Singer, Peter Falk und Walter Näher, die sich geradezu väterlich um mich gekümmert haben. Walter Näher war entscheidend für meinen ersten WM-Titel verantwortlich und es herrschte eine familiäre, freundschaftliche Atmosphäre. Wir hatten großen Spaß zusammen, wussten aber dennoch genau, wann es galt. Da herrschte großes Vertrauen innerhalb der Mannschaft und bisweilen ging es beim Testen in Weissach sogar soweit, dass die Mechaniker um 16 Uhr Feierabend machten und ich mein Testprogramm alleine mit einem Streckenposten abspulte. Dann hieß es: »Hier hast' den Schlüssel für die Werkstatt. Stell's Auto einfach rein und schließ' ab.« Heute völlig undenkbar, aber damals war das bei uns völlig normal.

Als Fahrer wusste ich, dass ich mich blind auf die Arbeit der gesamten Mannschaft und damit auf das Rennfahrzeug verlassen konnte. Bei Porsche verspürte ich einfach immer dieses unbedingte Vertrauen in die Technik und in die Arbeit der Ingenieure und Mechaniker.

Mit federführend bei der Restaurierung des 956-005 war mein ehemaliger Mechaniker während der 962-Zeit, Walter Marelja. Den Wiederaufbau eines solchen Fahrzeugs in so kompetenten Händen zu wissen, hält dieses Vertrauen aufrecht. Einen solchen Gruppe-C-Renner von der Porsche-Werksmannschaft betreut zu wissen – das war für mich damals wie eine Lebensversicherung und ist es noch heute. Etwa dann, wenn ich einen dieser Werksrennwagen bei historischen Motorsport-Veranstaltungen bewegen darf und ich weiß, dass die Fahrzeuge vom Porsche Museum perfekt vorbereitet wurden. Bei diesen Events nehmen 956/962 für mich immer eine absolute Sonderstellung ein und ich bin begeistert, dass Porsche diese Rennfahrzeuge mit hohem Aufwand betriebsbereit macht und einsatzbereit hält. Ein besonderes Vergnügen bereitete mir 956-005 im Mai 2018, als ich ihn im Rahmen der »919 Hybrid Tribute Tour« auf der Nordschleife des Nürburgrings bewegen durfte. Jedes Mal, wenn ich in den Streckenabschnitt »Pflanzgarten« einfuhr, musste ich dabei an Stefan Bellof denken, der beim 1.000-Kilometer-Rennen 1983 an dieser Stelle abhob, sich in der Luft drehte, dem 956 anschließend aber unversehrt entstieg.

Hans-Joachim Stuck 1987 in Le Mans bei einem Boxenstopp. „Meine schönste Zeit", sagt er über seine Jahre als Porsche-Werksfahrer.

„Stucki“ mit 956-005 bei absolutem Kaiserwetter auf der Nordschleife. „Im Pflanzgarten musste ich jedes Mal an Stefan Bellof denken“, kommentiert er diese besondere Fahrt.

Shell
CING
DUNLOP

Der Porsche 956 im Jahr 1982 in Weissach. Links Norbert Singer, im Fahrzeug sitzt Jacky Ickx.

9.1.2. Historie und Ausgangszustand

Der Porsche 956-005 aus dem Jahre 1983 tauchte im vorab veröffentlichten Programm der Sound Nacht 2016 wohlweislich gar nicht auf und wurde den Fans aus triftigem Grunde als Überraschungsstar präsentiert. Denn erst 24 Stunden zuvor wurde der Langstreckenrenner nach 18-monatiger Komplettrestaurierung von der Porsche Rennabteilung in Flacht mit dem Siegel »Ready to Race« freigegeben und per LKW ins Porsche Museum überführt, wo er das Feld der Sound-Nacht-Preziosen just-in-time vervollkommnete.

Bis zu seinem Eintreffen im Porsche Museum war es für 956-005 indes ein langer, beschwerlicher Weg. Doch alles schön der Reihe nach, Rückblende ins Jahr 1982. Am 10. August jenes Jahres, so weist es die Aktennotiz aus, gab Norbert Singer unter der Auftragsnummer 911/18-502 den Bau von 956-005 mit dem Vermerk »Leichtbau!« bis Oktober 1982 in Auftrag. Schließlich zog sich die Fertigstellung aber bis ins darauffolgende Jahr hin und am 21. Januar 1983 notierte Norbert Singer in einem weiteren Aktenvermerk schließlich »Fertigstellung des Fahrzeugs 956-005 bis Mitte Februar (P. Ricard)«. Es musste nun also flott gehen, denn schließlich stand der Saisonstart zur Sportwagenweltmeisterschaft vor der Tür.

Jacky Ickx und Jochen Mass mit 956-005 am 10. April 1983 beim 1.000 km-Rennen in Monza.

956-005 am 29. Mai 1983 beim 1.000 km-Rennen auf dem Nürburgring mit der Startnummer 1. Jochen Mass und Jacky Ickx gewannen, Stefan Bellof und Derek Bell landeten mit der Startnummer zwei dahinter.

Genau am 11. Februar 1983 wurde 956-005 schließlich fertiggestellt und erblickte in der Porsche Rennabteilung in Flacht offiziell das Licht der Rennsportwelt. Allerdings noch ganz in unschuldigem Porsche Grand Prix Weiß lackiert und bereit für das erste Roll-out auf dem hauseigenen Prüfgelände in Weissach sowie das anschließende Aufbringen des finalen Werbeornats in den Farben des Hauptsponsors, der Tabakmarke Rothmans.

Den Auftakt zur Sportwagen-Weltmeisterschaft 1983 bildete am 10. April 1983 das 1.000-km-Rennen von Monza, das für die beiden 956-005-Piloten Jacky Ickx und Jochen Mass mit einem zweiten Platz hinter Bob Wollek und Thierry Boutsen (auf dem 956 von Joest Racing) endete. Beim darauffolgenden Rennen, den 1.000 km im britischen Silverstone Anfang Mai 1983, lief es aufgrund eines Unfalls weniger gut für den rund 620 PS starken Gruppe-C-Prototypen, doch bereits beim nächsten Lauf zur Sportwagen-WM auf dem Nürburgring am 29. Mai zeigte 956-005 mit Ickx und Mass seine ganze Schlagkraft und gewann. Dieses Mal jedoch nicht mit den plakativen »Rothmans«-Werbeschriftzügen auf den Karosserieflanken, sondern mit der Aufschrift »Racing« aufgrund des in Deutschland bereits in Kraft getretenen Tabak-Werbeverbots.

Einen weiteren Sieg holte sich 956-005 im Laufe dieser Saison auch noch beim 1.000-Kilometer-Rennen in Spa-Francorchamps, während man sich zuvor bei den 24 Stunden von Le Mans – wo Ickx mit Derek Bell fuhr – sowie bei der Norisring-Trophäe jeweils mit Rang zwei zufriedengeben musste. Nochmals zweite Ränge gab es auch bei den darauffolgenden 1.000-km-Rennen in Brands Hatch (einem Lauf zur Sportwagen-Europameisterschaft) sowie im japanischen Fuji, und mit einem dritten Platz im südafrikanischen Kyalami am 12. Dezember 1983 schloss 956-005 die Sportwagen-Weltmeisterschaft des Jahres 1983 schließlich ab. Lohn der 956-Erfolge in diesem Jahr war der erneute Gewinn der Markenweltmeisterschaft für Porsche und 956-005-Pilot Jacky Ickx sicherte sich wie bereits im Jahr zuvor mit 97 Zählern – und damit zwei Zählern mehr als 1982 – auch die Fahrer-Weltmeisterschaft.

Johannes Wüst (li.) und Walter Marelja übernehmen den havarierten Porsche 956-005. Mit dem Kran wird der Wagen zunächst auf Holzböcke gestellt.

Für das Jahr 1984 war 956-005 als Versuchs- und Ersatzfahrzeug eingeplant und wurde zuletzt für den 15. Juli 1984 im Rahmen des 1.000-km-Rennens auf dem Nürburgring in den Starterlisten notiert. Doch zu diesem Einsatz sollte es nicht mehr kommen, denn am 28. Juni 1984 zerschellte der Langstreckenbolide bei Testfahrten auf dem Prüfgelände in Weissach. In der Zeit danach wurde der Wagen lediglich äußerlich wieder instandgesetzt und diente fortan als nicht fahrbereites Ausstellungsfahrzeug ohne Motor und Getriebe für static displays. Ein mehr als unrühmliches Schicksal für so einen erfolgreichen Langstreckenrenner.

So befand man Ende des Jahres 2014 schließlich auch bei der Porsche AG und beschloss, dem Rennboliden gut drei Jahrzehnte nach seiner Havarie wieder neues Leben einzuhauchen. Schließlich steigert das Porsche Museum die Zahl seiner Fahrzeugeinsätze als »rollendes Museum« von Jahr zu Jahr und weiß um die Faszination gerade der Fahrzeuge vom Schlage eines 956 für die rennsportinfizierten Fans. Kurzum: 956-005 musste von Grund auf restauriert und in den rennfertigen Zustand von damals zurückgeführt werden.

Am 10. März 2015 (zufällig mein Geburtstag) gab Johannes Wüst, damals Leiter Historischer Motorsport der Porsche AG, schließlich den offiziellen Startschuss zu einem wahren Mammut-Projekt in puncto Fahrzeugrestaurierung und bereits wenige Tage später erfolgte die Erstbegutachtung des Werksrenners. Ich erinnere mich noch sehr gut an meine eigenen Worte beim ersten Anblick von 956-005: »Das sieht ja nach einer recht beherrschbaren, leichten Übung aus!«. Doch weit gefehlt. Selten sollte ich mich so geirrt haben wie in diesem Fall.

Durch einen Unfall wurde das Monocoque im Bereich des Fahrersitzes stark beschädigt.

Das „UFO“: Sind Vorder- und Hinterwagen entfernt, dann zeigt sich das Monocoque des 956 auf eine ganz besondere Weise.

9.1.3. Monocoque

Tatsächlich täuschte der für static-display-Zwecke zurechtgemachte 956-005 mit seinem durchaus noch recht ansehnlichen Kunststoffkleid gekonnt darüber hinweg, welche heftigen Beschädigungen sich in Wahrheit unter der Glasfaserkarosserie verbargen. So wurde die vordere linke Radaufhängung beim Unfall teilweise samt Halterung aus dem genieteten Aluminium-Monocoque herausgerissen und im Unterboden klaffte unweit des Fahrersitzes ein mächtiges Loch. Spätestens jetzt war klar: Dies würde keineswegs eine einfache Übung werden, mussten doch etliche Teile des Monocoques neu angefertigt und am Ende wieder passgenau vernietet werden. Hier waren nun zweifellos Handarbeit, Handwerkskunst und angestammtes Detailwissen aus jener Zeit gefordert, in der 956-005 einst entstand. Mit einem schnöden Griff ins Ersatzteilregal und den heutzutage im Serienautomobilbau gängigen Reparaturverfahren war es fürwahr nicht getan.

Wohl wissend um die besonderen Anforderungen von 956-005 formierte Johannes Wüst deshalb ein nicht minder besonderes Restaurierungsteam für dieses Projekt. Allen voran Walter Marelja, seit mehr als drei Jahrzehnten Mechaniker in der Porsche Rennabteilung und ein Urgestein, wenn es um die besonderen Belange eines 956 geht. Schließlich wirkte er seinerzeit selbst beim Aufbau des direkten Nachfolgers 962 mit und betreute diese Fahrzeuge zudem auch bei den Rennen. Doch damit allein wären die Qualitäten eines Walter Marelja mehr als unzureichend beschrieben. Geradezu phänomenal ist sein handwerkliches Spektrum, das vom virtuosen Ziehen kunstvoller Nähte mit dem WIG-Schweißgerät über den souveränen Umgang mit Dreh- und Fräs-

Norbert Singer (m.) stand bei der Restaurierung von 956-005 mit Rat und Tat zur Seite. Hier im Gespräch mit Steffen Münsterer (re.) und Walter Marelja, der Klebstoff aus der Kartusche aufbringt.

Steffen Münsterer, ein Auszubildender und Walter Marelja beim Entfernen der beschädigten Bodenplatte. Die Nachfertigung der Blechteile bedeutete vollständige Handarbeit.

Steffen Münsterer (li.) betätigt den Niethammer, während Walter Marelja mit einem schweren Massenstück dagegenhält.

maschine bis hin zur Expertise in Sachen Blechverarbeitung sowie Niet- und Klebetechnik am 956-Monocoque reicht.

Auch die Freizeit des gebürtigen Kroaten ist seit Jahrzehnten geprägt von der Technik und dem damit verknüpften handwerklichen Schaffen. So schuf er im Laufe der Zeit in Eigenregie nicht nur das eine oder andere schnelle Rennmotorrad, sondern baute sich schließlich auch noch sein eigenes Sportflugzeug. Inklusive Tragflächen mit einer Kohlefaserbelegung und dank der Legitimation als Luftfahrtprüfer auch professionell erprobt, versteht sich.

Absolut ideale Voraussetzungen also für die Restaurierungsarbeiten am Porsche 956-005, dessen Monocoque-Bauweise eine höchst nahe Verwandtschaft zum Flugzeugbau pflegt, wie Norbert Singer bei einem unterstützenden Besuch in der Rennabteilung in Flacht erklärte: »Wir verfügten damals über keinerlei Erfahrung und wandten uns deshalb an die Firma Dornier in Friedrichshafen. Dort hat man zunächst zwar etwas geschmunzelt, uns aber dann sehr schön erklärt, welche Nieten, welche Nietabstände, welchen Klebstoff und welches Werkzeug wir zur Herstellung eines Monocoques benötigen. Dann fuhren wir wieder zurück und machten uns daran, erste Probekörper nach diesem Verfahren zu erstellen. Anschließend unterzogen wir die gefertigten Aluminiumkörper Torsionen, um zu sehen was geschieht.« So wurde mit Hochdruck das Know-how für die Monocoque-Fertigung aufgebaut.

Genau jenes Know-how kam schließlich bei der Restaurierung von 956-005 wieder zum Tragen. Eine enorm zeitaufwändige handwerkliche Herausforderung stellte dabei der Ersatz der zerstörten Cockpit-Rückwand dar. Sozusagen eingeschlossen von den äußeren Blechkomponenten des Monocoques gestaltete sich hier alleine das Herausbohren der unzähligen Rundkopfnieten als sehr zeitaufwendig. Hinzu kam, dass die Nietbereiche seinerzeit mit einem kunstharzbasierten Klebeband belegt wurden, dessen Überreste mühevoll quadratzentimeterweise mittels Heißluft

Zur passgenauen Nachfertigung der Bodenplatte diente das noch vorhandene Holzmodell.

und Schaber entfernt werden mussten. Auch am gesamten Unterboden sowie im Bereich der vorderen Radaufhängungen wurden sämtliche Nieten ausgebohrt und anschließend die Reste des damals verwendeten Verbindungsklebstoffes entfernt. »Seinerzeit verwendeten wir für die Verbindung zweier vernieteter Bleche ein mit Epoxydharz vorgetränktes Band. Auch heute, bei der Instandsetzung, kam wieder ein Epoxydharz zum Einsatz, allerdings entstammt es der Serienfertigung und ist bequem aus der Kartusche aufzuspritzen«, erklärt Walter Marelja. Das unmittelbar nach dem Aufbringen des Klebstoffes zu erfolgende Vernieten der neuen, komplett von Hand gefertigten Aluminium-Bauteile erforderte wie viele andere Arbeiten auch einen zweiten Mann, der in diesem Falle das schwere, stählerne Gegenstück für den druckluftunterstützten und furchterregend lauten Niethammer positionierte und festhielt: Steffen Münsterer, von Anfang bis Ende sozusagen Walters rechte Hand bei diesem Projekt.

Auch er war seit den 1990er-Jahren als Mechaniker in der Porsche Rennabteilung in Flacht tätig, war unter anderem im Porsche Carrera Cup und im Super Cup sowie bei der Entwicklung des Carrera GT dabei. Um einige Jahre jünger als sein Kollege Walter, hat er die 956- und 962-Ära jedoch noch nicht aktiv mitbegleitet und so waren insbesondere die Arbeiten am Monocoque des Werksrenners für ihn zum Teil doch Neuland. »Gerade beim 956 profitierte ich natürlich schon sehr von Walters Erfahrungsschatz und versuche maximal viel Wissen um diese älteren Techniken anzusammeln, damit dies nicht verloren geht«, erklärt er.

Bevor es freilich ans Verkleben und Vernieten ging, waren zuerst die benötigten Ersatzteile aus 1,0 Millimeter starkem Aluminiumblech nach den originalen Zeichnungen von Hand nachzufertigen. Etwa beim Neubau der Unterbodenplatte. Diese verfügte im vorderen Bereich über die nach Norbert Singer benannte »Singer-Delle«, die aufgrund des mit zunehmender Geschwindigkeit immer stärkeren Unterdrucks für stetig zunehmenden Abtrieb (down-force) sorgte. Der für möglichst hohe Kurvengeschwindigkeiten erzeugte Anpressdruck war schließlich so stark, dass der 956

Die fertige Unterbodenplatte mit der legendären „Singer-Delle“ wird angepasst. Norbert Singer (m.) steht wieder beratend zur Seite.

in der Langheckversion oberhalb von 321,4 km/h und in der Kurzheckversion ab etwa 200 km/h theoretisch an einer Tunneldecke hätte entlang fahren können. Bei der Instandsetzung des Unterbodens musste auch diese »Singer-Delle« wieder originalgetreu hergestellt werden. Neben den Originalzeichnungen leistete die noch vorhandene, aus Holz gefertigte Vorrichtung mit exakten Maßangaben hierbei wertvolle Dienste.

Auch beim neu anzufertigenden Stehblech für den Bugausleger leistete Originales aus der Bau- und Einsatz-Ära des 956 wertvolle Dienste. So erfolgte das Einpressen der kreisrunden Öffnungen in den Stehblechen mittels einer hydraulischen Presse unter Verwendung der originalen Presswerkzeuge. Die mit einem üppig bemessenen Radius versehene Öffnung verlieh dem Bauteil aber nicht nur eine schöne optische Anmutung, sondern sorgte durch diese Art der Formgestaltung auch für eine erhöhte Steifigkeit des Bauteils bei deutlich verringertem Gewicht. Auch dieses Konstruktionsprinzip findet sich noch heute im Flugzeugbau an vielen Stellen – etwa bei Rumpfspanten oder Flügelrippen – wieder.

Eine handwerkliche Herausforderung stellte auch der Ersatz des Längsträgerblechs im vorderen linken Achsbereichs dar. Hätte man die gesamte Seitenwand ersetzen wollen, wäre dies nahezu einem kompletten Neubau des Monocoques gleichgekommen. Nach langen Beratungen und zahlreichen Überlegungen entschied man sich schließlich für das Abtrennen des beschädigten Wandbereiches und das Einsetzen eines Reparaturbleches mittels eines an der Trennstelle innen aufgedoppelten und anschließend vernieteten Zusatzbleches.

Schließlich erfolgte die provisorische Fixierung der neu gefertigten Bauteile mittels passgenauer Steckstifte, sogenannter Schraubhefter oder auch »Kleckos« genannt, bevor das finale Bohrmuster übertragen und am Ende die Verklebung und Vernietung vorgenommen werden konnte.

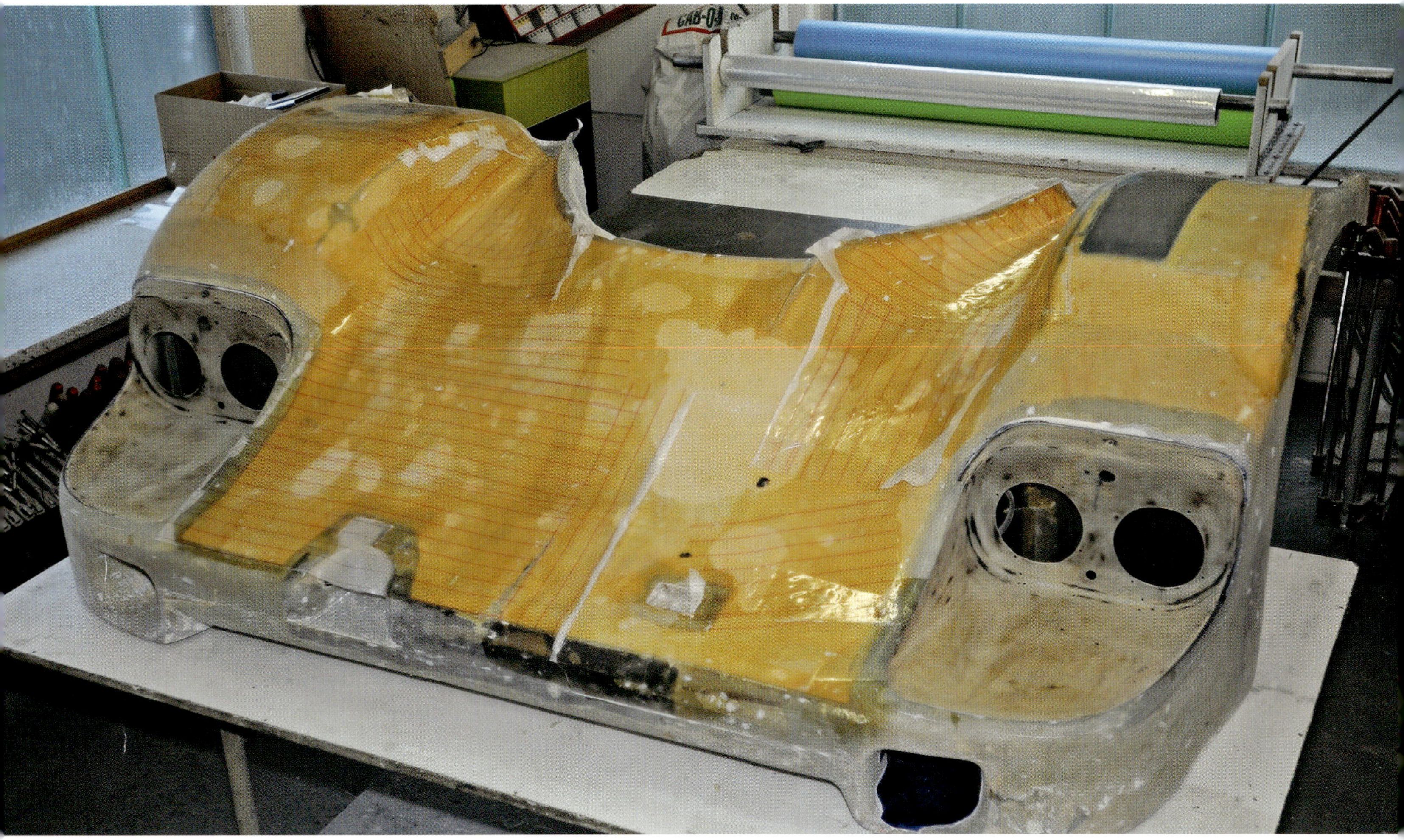

Das an vielen Stellen delaminierte Bugteil wurde nahezu komplett mit Glasfaserlaminat überzogen und konnte so erhalten werden.

9.1.4. GFK- und Lackierarbeiten

Parallel dazu machten sich die Glasfaser-Spezialisten um Marcus Bühler an die Wiederherstellung der Glasfaser-Karosserie. Nach dem Unfall im Jahre 1984 wurde sie praktisch nur für Show-Zwecke optisch instandgesetzt und war in dieser Form für zukünftige Fahrten bei historischen Sportveranstaltungen nicht mehr zu gebrauchen. Insbesondere das Bugteil, bei dem zu Versteifungszwecken auch Honeycomb-Waben aus Nomex eingearbeitet sind, wies in vielen Bereichen sogenannte Delaminierungen auf, also Stellen, an denen sich die Glasfaserbelegung und die Waben voneinander gelöst hatten. Eine ganze Reihe tiefer Risse komplettierte den Umfang an Beschädigungen.

Die Lufteinlässe zur Bremsenkühlung mussten aus Glasfaserlaminat neu angefertigt werden.

Für eine bestmögliche Reparatur wurde die Karosserie deshalb vollständig von der Lackschicht befreit. Um den genauen Lackaufbau zu dokumentieren, wurde dabei zunächst ein Schrägschliff vorgenommen, der sämtliche verwendeten Grundierungs- und Lackschichten aufzeigte.

Wie sich erst nach dem vollständigen Entlacken zeigte, wies 956-005 noch zahlreiche weitere Beschädigungen in der Glasfaserstruktur auf, die schließlich beim kompletten Bugteil nahezu eine vollständige Belegung mit einer neuen Schicht Glasfaserlaminat erforderten. Eine immense Arbeit, die im Sinne eines perfekten Ergebnisses jedoch unumgänglich war.

Die Herstellung sauberer Übergänge der einzelnen Karosseriebauteile zueinander bedeutete enorm zeitaufwendiges Spachteln und Schleifen.

Walter Marelja (m.) im Gespräch mit Theo Beutinger (li.) und seinen Lackierern.

PORSCHE MUSEUM

Das Monocoque von 956-005 ist fertig lackiert und die Abklebungen werden entfernt. Auf der Hebebühne ein 959 des Porsche Museums, dessen Schwellerverkleidung repariert werden muss.

Nicht minder aufwändig gestalteten sich die anschließenden Lackierarbeiten für die sich 956-005 in montiertem Zustand – also inklusive Motor, Getriebe und hinterer Radaufhängung – zu einem weiteren Spezialbetrieb zu Theo Beutinger nach Saulgau begeben musste. Die besondere Herausforderung bestand dabei weniger in der Herstellung der ehemaligen Lackierung in Rothmans-Farben, sondern in der Vorarbeit. Aufgrund der Glasfaser-Reparaturen glich die Karosserieoberfläche über weite Strecken einem Wellental, das in mehreren hundert Stunden wieder in Form gebracht werden musste. Spachteln, schleifen, erneut spachteln und wieder schleifen. Erst als sich sämtliche Flächen, Radien und Kanten des Boliden in perfekter Form präsentierten, konnte schließlich gefüllert, grundiert und lackiert werden.

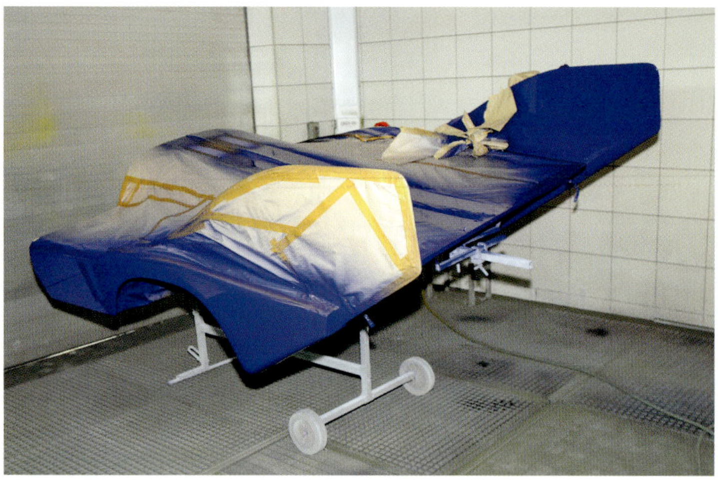

Auch die übrigen Lackteile sind nun fertig. Theo Beutinger und sein Team haben hervorragende Arbeit geleistet.

Der Motortyp 935/76 von 956-005 im Anlieferungszustand vor der Revision.

9.1.5. Motor und Getriebe

Auch wenn der Porsche 956 den Rennwagenbau in der Gruppe C gerade in aerodynamischer Hinsicht durch den Ground-Effekt maßgeblich beeinflusste und auf der Strecke die Konkurrenz fast nach Belieben dominierte, so wäre die beispiellose Erfolgsbilanz der Porsche 956 ohne ein adäquates Renntriebwerk doch niemals möglich gewesen. Einem optimal funktionierenden Gesamtsystem war deshalb der bärenstarke wie zuverlässige Sechszylinder-Biturbo-Boxermotor vom Typ 935/76 geschuldet. 92,3 Millimeter Bohrung und 66 Millimeter Hub resultierten hier in 2.649 Kubikzentimetern Hubraum sowie in einer Leistung von 620 PS bei 8200/min und einem maximalen Drehmoment von 618 Nm bei 5400 Touren bei einer einsatzabhängigen Verdichtung von 8,5 bis 9,0 bei den mit Motronic ausgestatteten Motoren.

Für die Restaurierung von 956-005 wurde ein eingelagerter, in früheren Jahren zu Versuchszwecken herangezogener Motor aus der Generation von 1983 und aus dem mit diesem Einsatzjahr korrespondierenden Nummernkreis 956-101 bis 956-122 ausgewählt, zunächst vollständig zer-

956 **MOTOR**

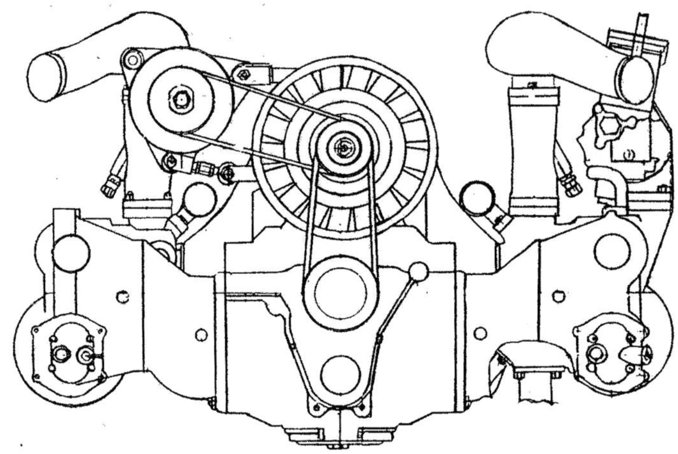

MOTOR TYP 935/76 RENNMOTOR MIT BOSCH-EINSPRITZPUMPE
UND ZWEI ABGASTURBOLADER

TECHNISCHE DATEN MOTOR

KOLBEN	Leichtmetall, geschmiedet
KOLBENBOLZEN	schwimmend gelagert, mit Sprengring gesichert. Bolzenauge 22 Ø mm
KOLBENRINGE	2 Verdichtungsringe, 1 Gleichfasenring
ZYLINDER	Leichtmetall-verrippt
ZYLINDERKOPF	Leichtmetall mit Zylinder verschweisst
VENTILSITZRINGE (EINGESCHRUMPFT)	Einlass: Stahlguss Auslass: Stahlguss
ANORDNUNG DER VENTILE	2 Einlass, 2 Auslass, hängend
VENTILFEDERN	1 Doppelfeder je Ventil
VENTILSTEUERUNG	durch obenliegende Nockenwelle und Tassenstössel
NOCKENWELLENLAGERUNG	mit Lagerschalen im Nockenwellengehäuse

19

Auszug aus dem Werkstattleitfaden zu Porsche 956 und 962.

Die Sackzylinder und Kolben des 935/76 nach der Demontage.

legt sowie anschließend sichtgeprüft und vermessen. Bereits bei erster Inaugenscheinnahme fiel der Kolben von Zylinder 4 auf, dessen Feuersteg auf der Auslassseite deutliche Klopfspuren aufwies. Ein Schaden, den Johannes Wüst wie folgt erklärte: »Obgleich in 956-005 im Jahre 1983 bereits eine Bosch Motronic mit zwei vom Fahrer schaltbaren Kennfeldern zum Einsatz kam, verfügte diese Generation der Motorsteuerung noch über keine Klopfregelung, die einen solchen Überhitzungsschaden hätte verhindern können.« Entsprechend erhielt der Motor neue Kolben, deren Kolbenbodengestaltung im Hinblick auf die gewünschte Verdichtung von 9,0 zuvor von Johannes Wüst berechnet und in eine entsprechende Fertigungszeichnung umgesetzt wurde. Bemerkenswert ist, dass die Kolben zur besseren Kühlung bereits zur damaligen Zeit über umlaufende Kühlkanäle im Bereich der Ringnuten verfügten. Ein technisches Detail, wie es seit einigen Jahren auch bei einigen Serienmotoren zum Einsatz kommt.

Auf Zylinder 4 weist der Kolben am Feuersteg einen deutlichen Überhitzungsschaden auf.

Das Einschleifen der Ventile erfolgte manuell und gefühlvoll.

Wüst ist Motorenexperte, studierte Maschinenbau und erstellte 1993 bereits seine Diplomarbeit im Motorenbereich der Porsche AG, in die er unmittelbar im Anschluss eintrat. Seitdem blieb der Heilbronner der Motorentechnik treu und arbeitete bei Porsche in der Motorentwicklung in Eigen- als auch Kundenprojekten, wie zum Beispiel dem V-Rod-Motor für Harley-Davidson.

Im Jahr 1999 wechselte Wüst zu BMW in die Formel 1. Dort war er verantwortlich für alle Themen unter dem Oberbegriff »Driveability«, also von der Motorabstimmung über Funktionsentwicklung bis hin zur Traktionsregelung und den technisch extrem anspruchsvollen Rennstarts. In

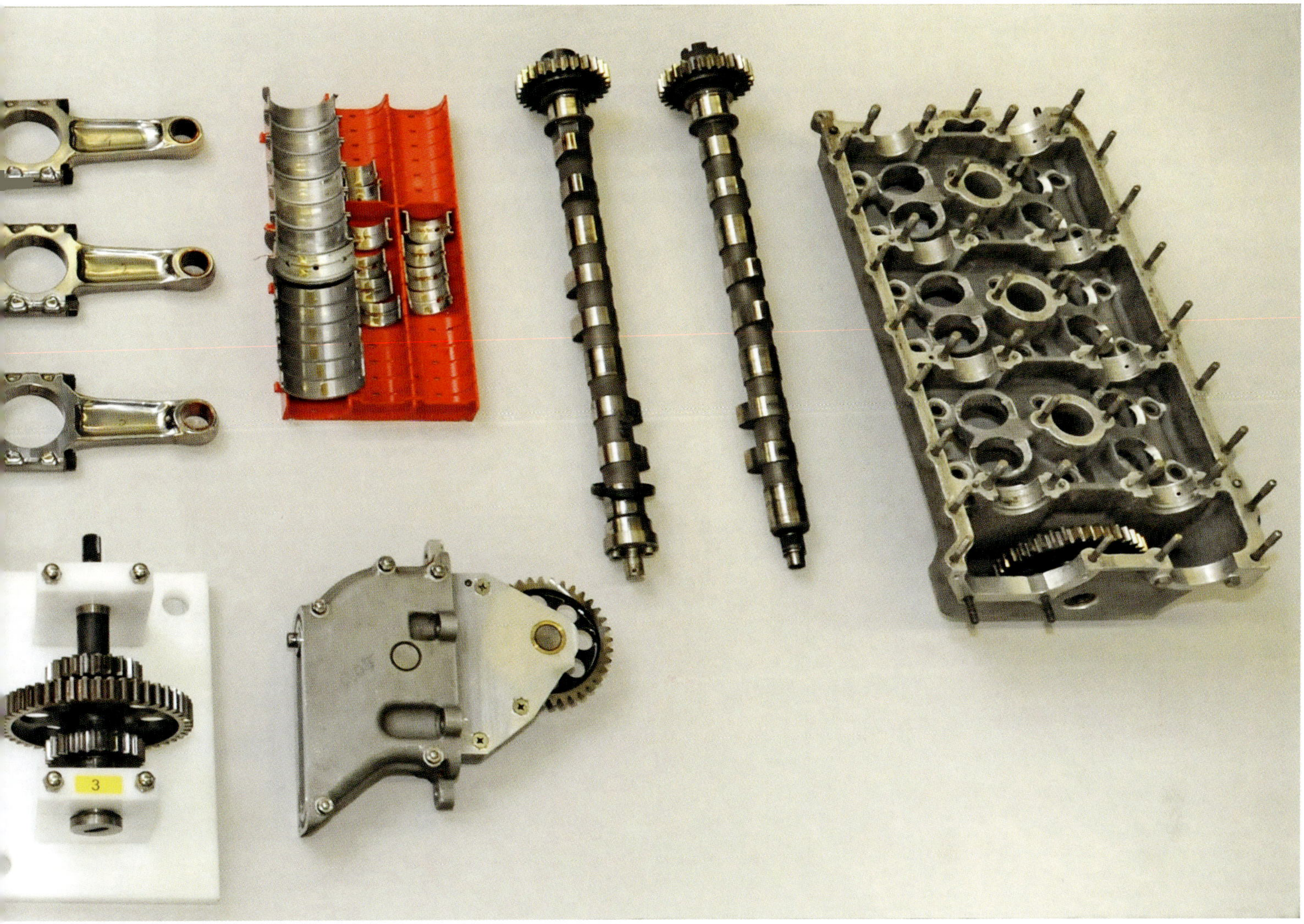

Kurbeltrieb, Nockenwellen und Nockenwellengehäuse sowie der Stirnradantrieb für die Nockenwellen.

der Saison 2006 betreute er die BMW Sauber F1 Werksfahrer Robert Kubica und Sebastian Vettel außerdem als »Renningenieur Motor« an den Rennwochenenden.

Ende 2008 kehrte der Vollblutingenieur schließlich wieder zu Porsche zurück. Die Aufgabenstellung diesmal: Leitung und Neuausrichtung des Motorversuchs und der Motorberechnung der Porsche Engineering Services GmbH, der heutigen Kundenentwicklung von Porsche. Eine Vielzahl an Patenten hat er in der Zwischenzeit erarbeitet. Im Januar 2015 wurde Johannes Wüst zum Leiter Historischer Motorsport der Porsche AG berufen. »Gerade für mich als Rennsport- und Motoren-Mann ein echter Traumjob«, wie er selbst sagte. Kein Wunder, denn tatsächlich leben die alten Rennfahrzeuge insbesondere auch von ihren aufwändigen und faszinierenden Motorenkonstruktionen. Heute ist Johannes Wüst in neuer Funktion bei Porsche Engineering tätig.

Gerade auch vor diesem besonderen personellen Hintergrund und der Rennsport-Expertise wurde auf den Antrieb von 956-005 freilich besonderes Augenmerk gelegt. Aus der Sicht des Motorentechnikers begeisternd sind am eingesetzten Motortyp 935/76 freilich die sogenannten Sackzylinder, die sich im vorliegenden Fall makellos und damit wieder verwendbar präsentierten. »Kamen die Fahrzeuge anfangs zu Boxenstopps herein, kam es mehrmals vor, dass beim anschließenden Hinausfahren auf die Strecke die Zylinderkopfdichtungen durchbrannten. Der Grund dafür lag darin, dass sich die Zylinderkopfverschraubungen aus Dilavar – einem hochlegierten Stahl – langsamer abkühlten als die aus Aluminium gefertigten Zylinder und Zylinderköpfe, was zu einer geringeren Vorspannung auf der Zylinderkopfdichtung führte. Fuhr man anschließend aus der Box, führte das unter Volllast mitunter zu diesen Problemen. Dem begegnete man schließlich dadurch, dass man den wassergekühlten Zylinderkopf und den luftgekühlten Zylinder im Elektronenstrahlverfahren miteinander verschweißte«, erklärte Johannes Wüst.

Eine Konstruktion, die wiederum gesteigerte Anforderungen beim Honen der Nikasil-beschichteten Zylinder stellte, da das Honwerkzeug zum Brennraum hin ohne Auslauf auskommen musste. »Eine Verfahrenstechnik, die aber schon damals problemlos beherrscht wurde«, wie der damalige Motorsport- und Motorenchef Hans Mezger – in jener Zeit vor allem mit dem TAG-Turbo-Formel-1-Projekt beschäftigt – erklärte.

Hans Mezger darf freilich nicht nur als Vater des ersten 911-Motors aus dem Jahre 1963 gelten. Mit dem 911-Triebwerk legte er gleichzeitig auch den Grundstein für den Motorentyp 935/76, wie er in 956-005 nun wieder zum Einsatz kam. So entstammt das vertikal zweigeteilte Motor-

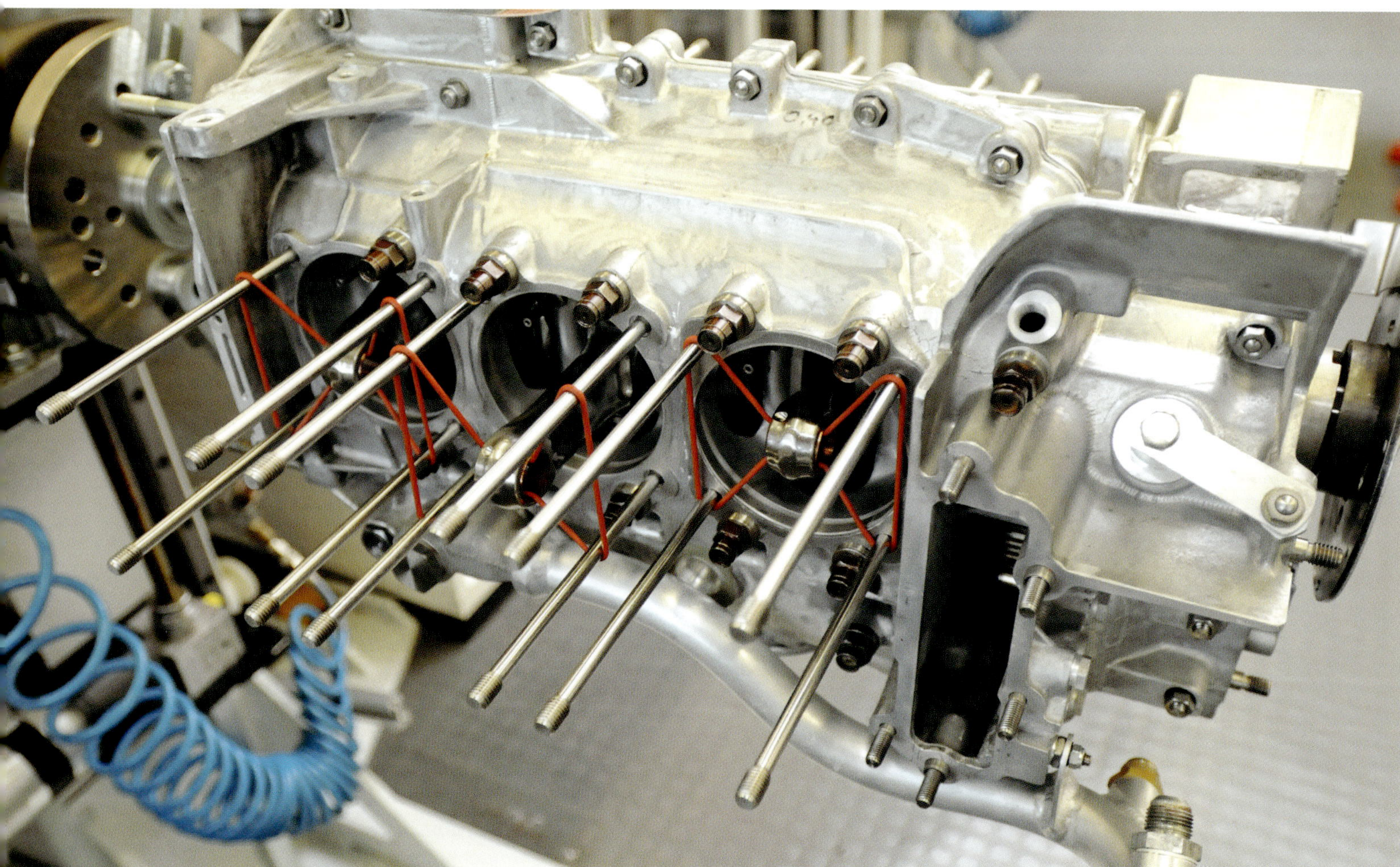

Kurbelwelle und Pleuel sind schon wieder an ihrem Platz. Gummibänder verhindern, dass die kerbempfindlichen Titan-Pleuel beim Drehen des Motors am Gehäuse anschlagen.

Mit einer Messuhr wird der Ventilhub bei der Einstellung der Steuerzeiten ermittelt.

Zum Einstellen der Steuerzeiten ist eine Gradscheibe auf dem Kurbelwellenstumpf montiert.

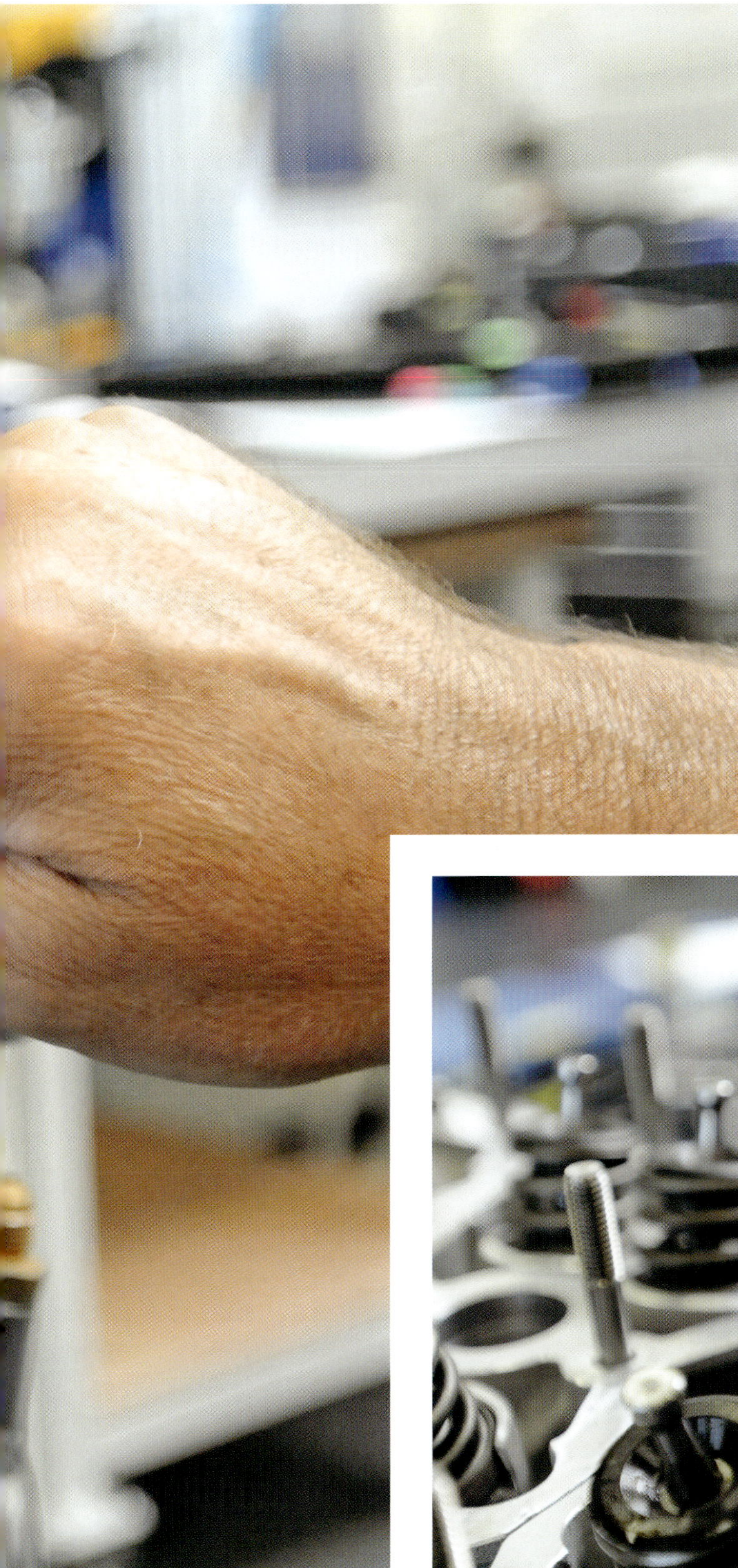

gehäuse in seinen Grundfesten dem 911 (930) Turbo, wurde jedoch für den Renneinsatz modifiziert. So ist das Kurbelgehäuse zu den Zylinderseiten hin strömungsgünstig optimiert sowie mit vergrößerten Fenstern zwischen den einzelnen Zylindereinheiten versehen, um für günstigere Druckverhältnisse zu sorgen und unerwünschte Pumpverluste zu minimieren. Wie in der Serie sind die Zylinderstehbolzen beziehungsweise Stiftschrauben aus dem Werkstoff Dilavar gefertigt und in langjähriger Porsche-Rennmotoren-Tradition poliert.

Wie nahezu sämtliche Innereien des Motors, so präsentierten sich auch die Kurbelwelle sowie die sechs aus Titan gefertigten Pleuel noch in hervorragendem Zustand. Ebenso die Zwischenwelle für den Nockenwellenantrieb mit den beiden vorne und hinten platzierten Zahnrädern, um den konstruktiv bedingten Zylinderversatz des Boxermotors zu berücksichtigen. Als übergreifendes Bauteil der Zylinderköpfe dient beim Motortyp 935/76 – und auch das ist eine

Das Auslitern der Brennräume erfolgt mit einer Bürette.

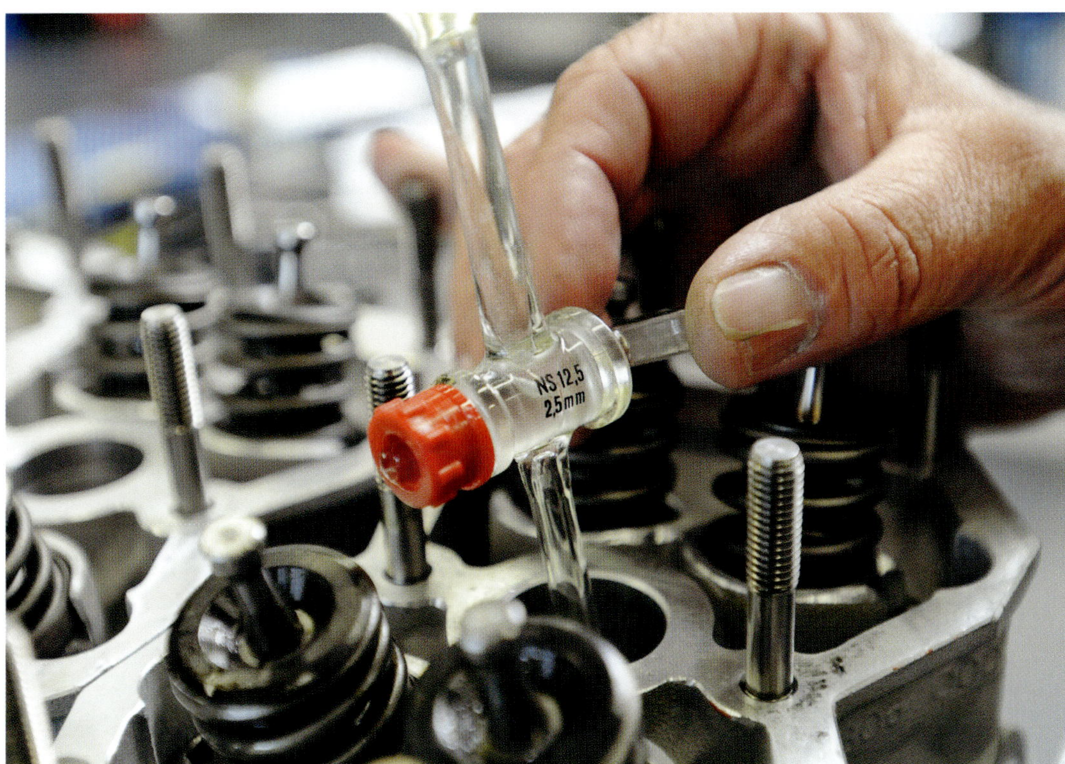

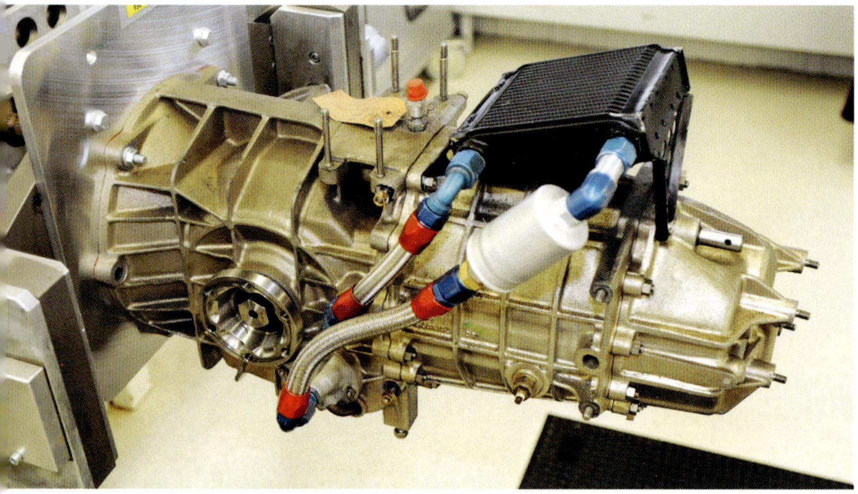

Analogie zum allerersten »Mezger-Motor« des 911 – das Nockenwellengehäuse. Allerdings besitzt das 956-Triebwerk je zwei obenliegende Nockenwellen, die zudem über einen sehr präzise arbeitenden Stirnradantrieb von der Kurbelwelle angetrieben werden. Auf der Auslassseite der Zylinderköpfe fallen die großen Wasserrohrführungen zu den Zylinderköpfen unmittelbar an den thermisch extrem hoch belasteten Auslasskanälen auf. Bemerkenswert sind die jeweils für die linke und rechte Motorseite getrennten und damit völlig autarken Kühlkreisläufe mit jeweils einer eigenen Kühlwasserpumpe.

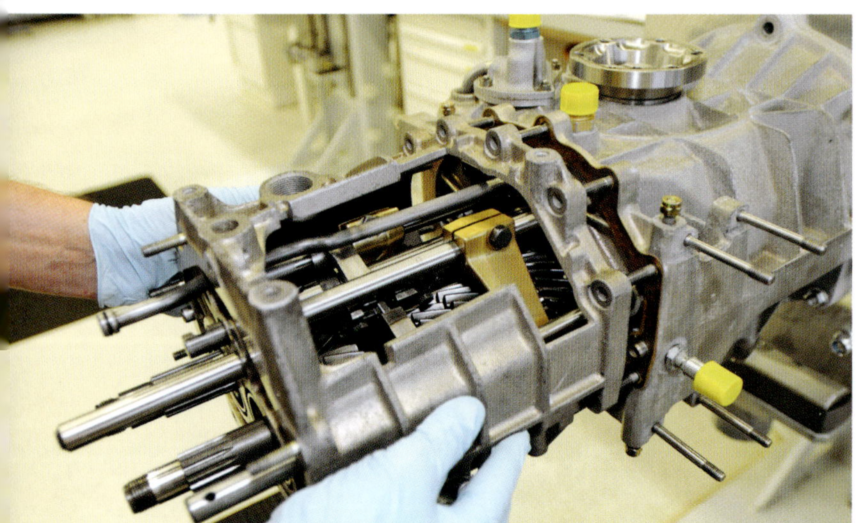

Das zerlegte und wieder zusammengebaute Getriebe (re. bzw. o.). Dazwischen liegt exakte Montage- Einstellarbeit, insbesondere bei den Schaltgabeln mithilfe des Einstellgehäuses (li. u.).

Zahlreiche Bauteile, wie etwa die Rädergehäuse des Nockenwellenantriebs, die beiden jeweils von den Auslassnockenwellen angetriebenen, aus Magnesium gefertigten Ölabsaugpumpen für die beiden Turbolader und die Zylinderkopfabsaugung oder auch das aus Kohlefaserlaminat gefertigte, 9-flügelige Lüfterrad zeugen von konsequentem Leichtbau. Gerade jedoch Magnesium erweist sich aufgrund seiner Korrosionsanfälligkeit oft als Achillesferse bei Restaurierungen. Äußerlich mitunter noch gut erhalten, kann es sich dennoch als brüchig oder von Korrosion geschädigt und damit irreparabel erweisen. Im Falle dieses Motors erwiesen sich derartige Befürchtungen jedoch als unbegründet, wie entsprechende Prüfungen belegten.

Während sämtliche luftgekühlten Serienmotoren des 911 über eine Ventilbetätigung via Kipphebel verfügen, besitzt der Motortyp 935/76 eine direkte Betätigung der Ventile über Tassenstößel. Die Einstellung des Ventilspiels selbst geschieht über obenliegende Shims in den Tassenstößeln und die Kontrolle des Ventilspiels geschieht ganz traditionell über Fühlerlehren. Diese Art der Ventilbetätigung kam im Bereich der Porsche-Serienfahrzeuge mit Boxermotor erstmals beim Supersportwagen 959 zum Einsatz. Auch die

Motoren der 911-Baureihen 996, 997, 991 und 992 setzen auf diese drehzahlfeste Lösung, hier jedoch in Verbindung mit einem hydraulischen Ventilspielausgleich.

Die korrekte Einstellung der Ventilsteuerzeiten bezogen auf 1,0 Millimeter Ventilhub entscheidet nicht nur über die Leistungsdarstellung, sondern nicht zuletzt auch über die Haltbarkeit des Motors. Sie erfolgte beim Motortyp 935/76 nach alter Schule mittels einer auf dem Kurbelwellenstumpf montierten Gradscheibe in Kombination mit einer Messuhr zur Kontrolle des Ventilhubs. Von großer Bedeutung ist bei diesem Motortyp das Zahnflankenspiel innerhalb der Stirnradkaskade für den Nockenwellenantrieb. Zu geringes Spiel führt hier zu Lager- und Zahnflankenschäden, zu große Werte resultieren hingegen in unpräzisen Steuerzeiten und damit in negativen Einflüssen auf Leistungsdarstellung und Haltbarkeit.

Auch das Einschleifen der Ventile geschieht selbst bei reinrassigen Rennmotoren wie dem des 956-005 in bester Tradition von Hand mittels eines hölzernen Einschleifstabes mit Gummisaugnapf. Verglichen mit Serientriebwerken fallen die Ventilsitzbreiten mit 0,8 Millimeter sehr zierlich aus. Das Auslitern der Brennräume nahm Achim Schmied – erfahrener Motorenmechaniker in der Rennabteilung und sowohl mit den historischen als auch den aktuellen Rennmotoren beschäftigt – mit einer Bürette (Genauigkeit von 1/10-Kubikzentimeter) vor. Als Flüssigkeit wurde dabei ein Gemisch von Reinigungsbenzin und Öl im Verhältnis 95:5 verwendet.

Das Auslitern dient der Kontrolle der Brennraumvolumina und damit der Verdichtungsverhältnisse. Für die optimale Leistungsdarstellung und bestmögliches Laufverhalten müssen die Werte jeweils auf allen Zylindern identisch sein. Weiterhin werden anhand dieser Messung möglicherweise zu hohe und sich für ein Turbo-Triebwerk wie dieses fatal auswirkende Verdichtungsverhältnisse ausgeschlossen. Eine korrigierende Angleichung der Verdichtung erfolgt gegebenenfalls über Bearbeitungsmaßnahmen am Kolbenboden. Im Falle des 935/76 für 956-005 waren jedoch keinerlei Nacharbeiten erforderlich und die zuvor für die neuen Kolben angestellten Berechnungen erwiesen sich als korrekt.

Das Getriebe des Porsche 956 mit fünf Vorwärtsgängen und einem Rückwärtsgang basiert in Teilen auf dem Getriebe des 911 (930) Turbo und ist konstruktiv auf ein maximales Drehmoment von mehr als 800 Nm ausgelegt. Wie das Seriengetriebe verfügt es über eine Synchronschaltung sowie schrägverzahnte Gangradpaare. Bemerkenswerten Leichtbau betrieb Porsche dabei in Form eines Magnesiumgehäuses, dessen chromatierte Oberfläche die vergangenen Jahrzehnte in exzellentem Zustand überdauerte. Der Aufwand, den Porsche dabei selbst im Detail trieb, zeigt sich dem Technik-Verliebten dabei auch in Form der aus dem vollen Titan gearbeiteten Antriebswellenflansche des Hinterachsgetriebes.

Einen spannenden historischen Hinweis lieferte ein am Getriebe montierter Einlagerungszettel mit der Aufschrift »F1 Test«. So handelt es sich mit hoher Wahrscheinlichkeit um ein Getriebe, das 1982 bei der streng geheimen Fahrerprobung des TAG-Turbo-Formel-1-Motors im 956 zum Einsatz kam.

Der Aufbau der mit einer separaten Getriebeölkühlung ausgestatteten Kraftübertragung gliedert sich dabei in drei Gehäuseabschnitte: Das Kupplungsgehäuse befindet sich als großes Magnesiumbauteil am Fahrzeug und dient gleichzeitig als Träger für die Radführungen hinten. Im mittleren Teil befindet sich der Hinterachsantrieb mit Sperrdifferenzial (Sperrwirkung 100 %, da starrer Durchtrieb), im hinteren Teil das Getriebe mit Eingangswelle oben und Ausgangswelle unten.

Nachdem die einstellbaren Schaltgabeln montiert waren, erfolgte die Montage des Einstellgehäuses. Mithilfe dieses Einstellgehäuses können die Schaltgabeln nach dem Anziehen der Ein- und Ausgangswellen-Muttern sehr feinfühlig und exakt justiert werden, um im Fahrbetrieb eine optimale Schaltbarkeit zu gewährleisten. Der frei zugängliche Bereich im Einstellgehäuse ermöglicht diese »Gefühlsarbeit«, die von Getriebespezialist Mario Zander ausnahmsweise ohne Messdaten, sondern nur mit viel Gefühl und insbesondere seiner reichlichen Erfahrung vorgenommen wurde.

Johannes Wüst, Steffen Münsterer, Walter Marelja, Achim Schmied und Mario Zander sind mit ihrer Arbeit sichtlich zufrieden.

9.1.6. Montage und Finish

Wieder zurück in der Rennabteilung in Flacht durfte 956-005 nach der Komplettierung mit Instrumenten, vollständig neu gefertigtem Kabelbaum, Steuergeräten, Wasser- und Ladeluftkühler schließlich seinen ersten Probelauf absolvieren. Kaum zu glauben, aber der Sechszylinder-Boxer startete auf Knopfdruck und lief von der ersten Sekunde an rund. Nicht unbedingt eine Selbstverständlichkeit für ein Rennfahrzeug, das jahrelang stand, dann vollständig zerlegt und schließlich wieder zusammengebaut wurde. In jedem Falle aber ein eindrucksvoller Beweis für die Kompetenz und Schlagkraft der kleinen Porsche-Mannschaft, die dieses Projekt des Porsche Museums betreute.

Damit 956-005 bis ins Detail historisch stimmig wurde, trat ein Satz der ehemaligen Magnesiumräder wie schon zuvor auch einige Fahrwerksbauteile die Reise zu einem spezialisierten Galvanikunternehmen an. Bei Wolfgang Rohde im schwäbischen Großbettlingen erhielten die Magnesiumbauteile jene Chromatierung als korrosionsschützenden Oberflächenbezug, wie sie bereits vor mehr als 30 Jahren zum Einsatz kam.

Steffen Münsterer bei der bodennahen Anpassung der Radabdeckungen.

Und genau einen Tag vor der Porsche Sound Nacht 2016, am 21. Oktober 2016, erhielt 956-005 schließlich sämtliche Sponsorenaufkleber sowie die »Racing«- an Stelle der »Rothmans«-Schriftzüge und damit jenes Erscheinungsbild, in welchem der Gruppe-C-Renner 1983 auf dem Nürburgring von Jacky Ickx und Jochen Mass zum Sieg chauffiert wurde.

»Bis um 16 Uhr muss er fertig sein«, gab Johannes Wüst an diesem Tag als Deadline aus. Und während der extra angereiste Folierungs-Spezialist zusammen mit Walter Marelja Aufkleber und Schriftzüge positionierte, kümmerte sich Steffen Münsterer noch eiligst um die eigens für 956-005 anhand der originalen Konstruktionszeichnungen neu angefertigten Radabdeckungen aus leichtem Kohlefaserlaminat. Mit kleinen Schrauben am Rad befestigt, wollten sie in minutiöser Handarbeit absolut passgenau gebohrt sein.

Hier erfolgen die letzten Handgriffe beim Aufbringen des Porsche-Schriftzuges auf der Frontscheibe. Dann ist 956-005 einsatzbereit.

TOURS

Johannes Wüst, Steffen Münsterer und Walter Marelja manövrieren 956-005 zum ersten „Firing up“ ins Freie.

22. Oktober 2016: Kaum 24 Stunden nach seiner Fertigstellung wird 956-005 auf der Sound Nacht präsentiert.

9.1.7. Präsentation auf der Porsche Sound Nacht

Dann folgte die angestrebte Präsentation von 956-005 auf der Sound Nacht des Porsche Museums. Bis zum Jahr 2018 brüllten bei diesem Veranstaltungsformat einmal im die Rennmotoren und aktive wie auch ehemalige Rennfahrer, Ingenieure des Entwicklungszentrum Weissach (EZW) sowie illustre Zeitzeugen luden zu einer spannenden Reise durch die Rennsportgeschichte des Sportwagenherstellers ein. Ein Event, das viele Fans seither schmerzhaft vermissen.

Moderiert vom damaligen Leiter des Historischen Archivs der Porsche AG, Dieter Landenberger, sowie Walter Zipser, ausgewiesener Motorsport-Experte und Kommentator bei zahlreichen TV-Sendern wie Servus TV, Sky, Sport1 oder ORF, spannte sich der Bogen an Rennfahrzeugen am 22. Oktober 2016 über etliche legendäre Fahrzeuge: von der Rallye-Version des 911 SC über den 718 RS60 Spyder, den Le-Mans-Sieger 936/77 Spyder oder auch den Formel-1-Renner 804, bis zu den Langstrecken-Boliden 919 Hybrid und eben dem 956 mit der Chassis-Nummer 005.

Nach umfangreichen Restaurierungsarbeiten lief der Langstreckenrenner wie völlig selbstverständlich als Star bei der traditionellen Soundnacht 2016 im Porsche Museum ein. Doch was kaum jemand wusste: Zuvor waren 18 arbeitsreiche Monate vergangen, um 956-005 wieder in Form zu bringen und seine Fertigstellung erfolgte praktisch in letzter Minute.

Exakt um 15.58 Uhr öffnete sich am Vortag das Tor der Rennabteilung und 956-005 wurde in den Transporter mit Kurs Richtung Porsche Museum verladen. Kaum eine Stunde später traf er dort auf seinen prominenten Enkel, den 919 Hybrid, der es den siegreichen 956 in den Jahren 2015 und 2016 (und im Jahr darauf ebenfalls) gleichgetan hatte: Er siegte in Le Mans und bescherte dem Porsche Team die Marken- und auch die Fahrerweltmeisterschaft in der FIA WEC (World Endurance Championship).

Kaum 24 Stunden später bildeten der 919 Hybrid und 956-005 schließlich die Top-Acts bei der Sound Nacht im Porsche Museum. Wie selbstverständlich rollte die Chassisnummer 005 auf die Bühne, auf Knopfdruck brüllte der Biturbo-Boxer sein Lied von Leistung und Drehmoment und keiner der rund 1.000 Besucher war auch nur ansatzweise auf den Gedanken gekommen, dass es sich dabei um eine Punktlandung in letzter Minute handelte.

9.1.8. Roll-out mit Datenaufzeichnung in Weissach

Der erfolgreichen Premiere im Rahmen der Porsche Sound Nacht 2016 folgte wenig später, genau am 12. November 2016, das erste Roll-out des Langstrecken-Boliden. Es war ein erbärmlich kalter Samstagmorgen und das Außenthermometer wies gerade mal + 2,6 Grad Celsius aus. Ganz ähnliche Bedingungen also wie am 11. Februar 1983, als 956-005 fertiggestellt wurde und die Werte des Thermometers ebenfalls knapp um den Gefrierpunkt pendelten. Alles andere als perfekte Bedingungen, um 956-005 auf der hauseigenen Weissacher Test- und Prüfstrecke erstmals nach mehr als 33 Jahren wieder verdienten Auslauf zu gewähren. Doch ein 956 wäre niemals zum dominanten Rennwagen seiner Ära geworden, könnte er nicht auch mit derart unwirtlichen Bedingungen hantieren. Ein Langstreckenrenner ist wie ein Porsche-Rennmechaniker. Immer dienstbereit – ganz gleich was irgendein Thermometer erzählt.

Bei unwirtlichen Temperaturen nehmen Lars Kern (li.) und Walter Marelja das Roll-out auf der Strecke in Weissach in Angriff.

Als Dankeschön für sein letztes Projekt vor dem Ruhestand verdiente sich Walter Marelja die erste Fahrt.

»Walter darf ihn als Erster fahren«, sagte Johannes Wüst und deutete ins Cockpit, wo Steffen Münsterer noch die letzten Verkabelungen für die Datenaufzeichnung vornahm. »Etwas, das wir in dieser Form noch nie bei einem historischen Rennwagen gemacht haben«, wie Johannes Wüst erklärte. Und während die letzten Kabel ihren Weg fanden, machte sich Walter Marelja an die Kontrolle des Anstellwinkels des mächtigen Heckflügels, aufmerksam beobachtet von Norbert Singer, der es sich nicht nehmen ließ, 956-005 erstmals wieder in Aktion zu erleben und fragte: »Was fahrt ihr pitch?«. »6 Grad!«. »6 Grad? Das ist gut, das funktioniert!«.

Wenig später, der Biturbo-Boxer war bereits gut vorgewärmt, schließlich der große Moment. Mit den Einstellungen des siegreichen Nürburgring-Setups von 1983 fuhr Walter Marelja aus der Boxengasse hinaus auf den

Lars Kern, Norbert Singer, Steffen Münsterer, Johannes Wüst und Walter Marelja nach dem erfolgreichen Roll-out.

956-005 mit abgenommenem Bug- und Heckteil in der Rennabteilung.

Weissacher Kurs. Auf den ersten Metern noch verhalten, umsichtig und zahm, um wenig später unter Volllast die kleine Mannschaft bei Start-und-Ziel zu passieren und ein Füllhorn an Phon und Dezibel über ihr auszuschütten. »Hört sich gut an. Sehr gut sogar!«, war der einhellige Tenor und einige Runden später donnerte ein sichtlich überglücklicher Walter Marelja in die Boxengasse.

Einen 956 hatte der Rennmechaniker noch nie fahren dürfen. Nur 18 Monate an ihm schrauben. »Und wir haben auch einstellungsseitig alles prima hinbekommen. Der Motor baut schön Ladedruck auf, er fährt sauber, lediglich das nagelneue Lenkgetriebe hat vielleicht noch etwas zu viel Spiel«, resümierte das Mechaniker-Urgestein strahlend, während Steffen Münsterer die Slicks angesichts der fast frostigen Temperaturen doch lieber gegen weiche Regenreifen tauschte und mit Lars Kern ein aktueller Renn- und Entwicklungsfahrer ins Cockpit kletterte.

Unter ihm durfte 956-005 etwas mehr davon zeigen, was ihn 1983 zur dominierenden Kraft in der Sportwagenweltmeisterschaft machte. Gekonnt rutschend an der Haftgrenze der Reifen bewegt und die volle Power von 620 PS mobilisierend, vermittelte Kern einen Eindruck dessen, wie furchtbar schnell ein 956 selbst heute noch ist. Zusammen mit dem 962 ging er als erfolgreichster Rennwagen aller Zeiten in die Geschichte ein. Vielmehr muss man dazu im Grunde nicht sagen.

Für Walter Marelja war die Restaurierung von 956-005 das letzte große Projekt seiner beruflichen Laufbahn bei Porsche.

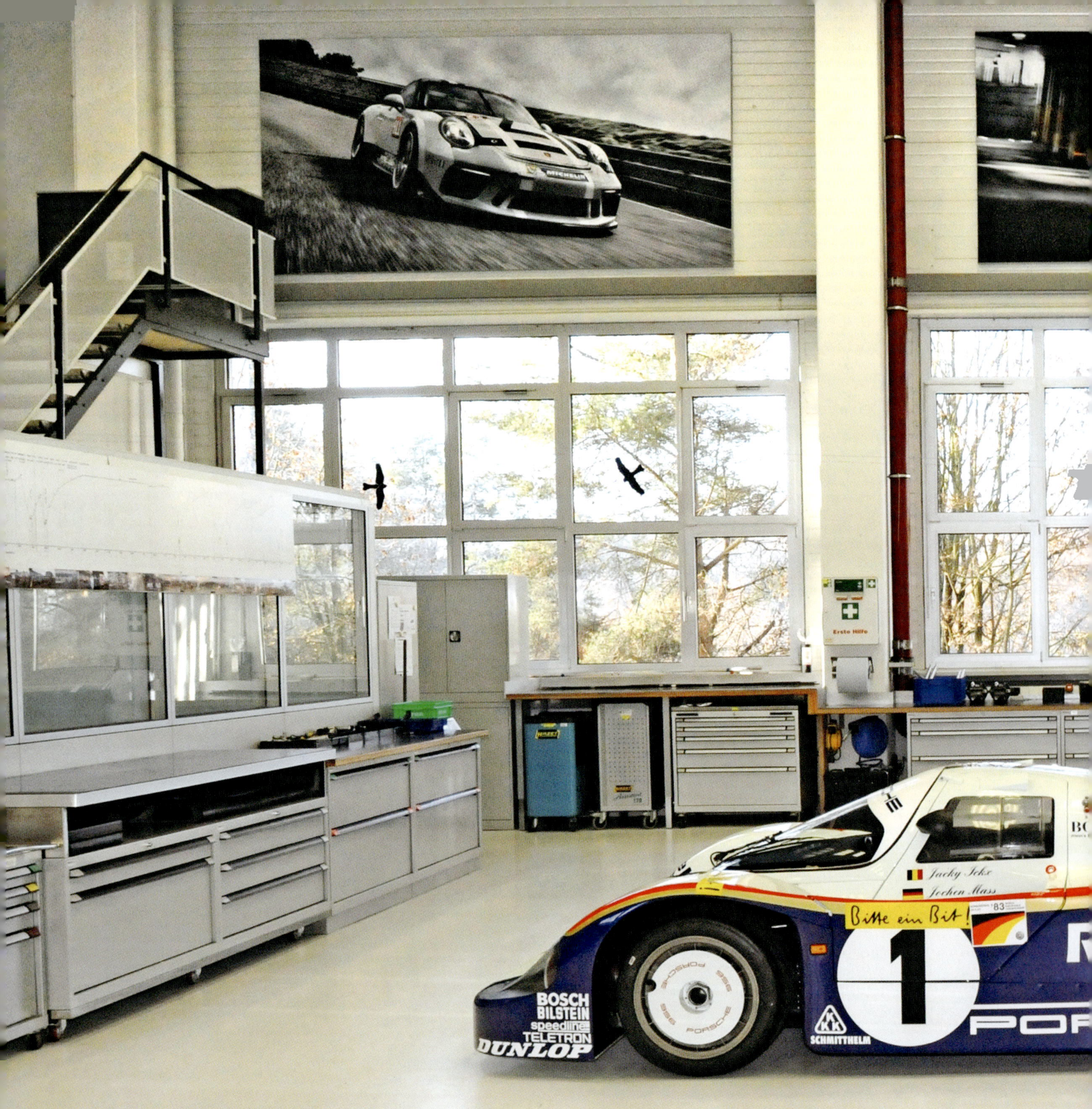

Die Beklebung von 956-005 spiegelt exakt den Stand vom 1.000 km-Rennen 1983 auf dem Nürburgring wider.

Racing
Shell

Hans Mezger und Alfred Kist bei einem Besprechungstermin während der Restaurierung von 917-001.

9.2. Restaurierung Porsche 917-001

9.2.1. Alfred Kist, Geschäftsführer ORCA Restoration GmbH

Enthusiasmus und Herzblut

Meine Kinder- und Jugendzeit verbrachte ich in Stuttgart. Wir wohnten in unmittelbarer Nähe der Einfahrbahn von Mercedes-Benz. Dort sah ich täglich die Versuchsfahrzeuge fahren und wusste: »Das will ich auch mal machen!«. Tatsächlich studierte ich später Luft- und Raumfahrttechnik an der TU Stuttgart und arbeitete dann bis zu meiner Pensionierung als Ingenieur beim Stuttgarter Automobilhersteller, zuletzt als Baureihenchef. Allerdings galt meine persönliche Leidenschaft immer den Rennfahrzeugen – mit denen ich in meiner beruflichen Laufbahn direkt nie etwas zu tun gehabt hatte. Entsprechend machte ich den Rennsport zu meinem Hobby, konstruierte und baute immer aufwendigere Modelle berühmter Rennsportwagen.

Nach meiner Pensionierung erfüllte ich mir schließlich meinen langegehegten Traum, wandte mich von den Modellen hin zu »richtigen« Rennfahrzeugen und gründete 2017 die ORCA (Oldtimer Race Car Atelier) Restoration GmbH in Eberdingen-Nußdorf. Dort kümmern wir uns um die Komplettrestaurierung historischer Fahrzeuge und vor allem um Rennwagen. Dabei umfassen unsere Leistungen das gesamte Spektrum – auch was anspruchsvolle Nachfertigungen in den Bereichen Motor, Getriebe, Karosserie und Fahrwerk angeht.

Was die ORCA besonders macht, ist die Kombination von modernster High-Tech-Anwendung, meiner jahrzehntelangen Erfahrung in der Fahrzeugentwicklung und alter traditioneller Handwerkskunst. Unser Kunde bekommt alles aus einer Hand, von der Historien-Recherche / Expertise, CAD-Datenerfassung mit modernster Laser-Scanning-Technologie, CAD-Konstruktion der Bauteile bis hin zu ganzen Fahrzeugen und der Anfertigung mit Rapid-Prototyping-Technologien und CNC-gesteuerten Werkzeugmaschinen. Ohne die Kombination dieser Methoden wäre das Projekt »Rückbau des ersten Porsche 917« nicht in dieser Perfektion möglich gewesen.

Ohne Zweifel stellt der Rückbau von Rahmen und Karosserie des ersten Porsche 917-001 im Auftrag des Porsche Museums das bisherige Highlight unserer Unternehmensgeschichte dar. Dies hat auch sehr persönliche Gründe, denn der 917 begleitete mich als Rennsport-Enthusiasten seit seinem Erscheinen im Jahr 1969. Wie wohl kein anderer Wagen schrieb der 917 Rennsportgeschichte und wurde schließlich zur herausragenden Ikone in der Porsche-Welt.

Entsprechend widmeten wir uns beim Rückbau von 917-001 nicht nur mit gewohnter Akribie unserer Arbeit, sondern auch mit einer gehörigen Portion Herzblut. Ganz zweifelsohne stellten die Arbeiten nicht nur in technischer Hinsicht etwas Besonderes dar. Vielmehr waren wir uns bei jedem noch so kleinen Handgriff dessen bewusst, woran wir in diesem Moment Hand anlegten: an den allerersten Porsche 917.

Mehr geht für einen Rennsport- und 917-Enthusiasten kaum und doch sollte dieses technisch-emotionale Restaurierungsprojekt noch eine Steigerung erfahren. Sie bestand in der Zusammenarbeit mit zahlreichen Zeitzeugen aus der Entwicklungs- und Einsatzzeit des 917 – allen voran der Chefkonstrukteur des 917, Hans Mezger. Die vielen Gespräche und Informationen schlossen beispielsweise so manche Lücke, die sich aufgrund fehlender Dokumente aufgetan hatte. Vor allem diente der Austausch mit jenen großartigen Ingenieuren, Technikern und Mechanikern aus dieser Zeit aber auch dazu, eine Vorstellung davon zu bekommen, wie in jener Zeit gearbeitet wurde. Sie alle trugen ganz wesentlich zum Gelingen dieses einmaligen Restaurierungsprojektes bei.

9.2.2. Historie und Ausgangszustand

Für das Motorsportjahr 1968 sahen die neuen Vorschriften der C.S.I. (Commission Sportive Internationale) bei den

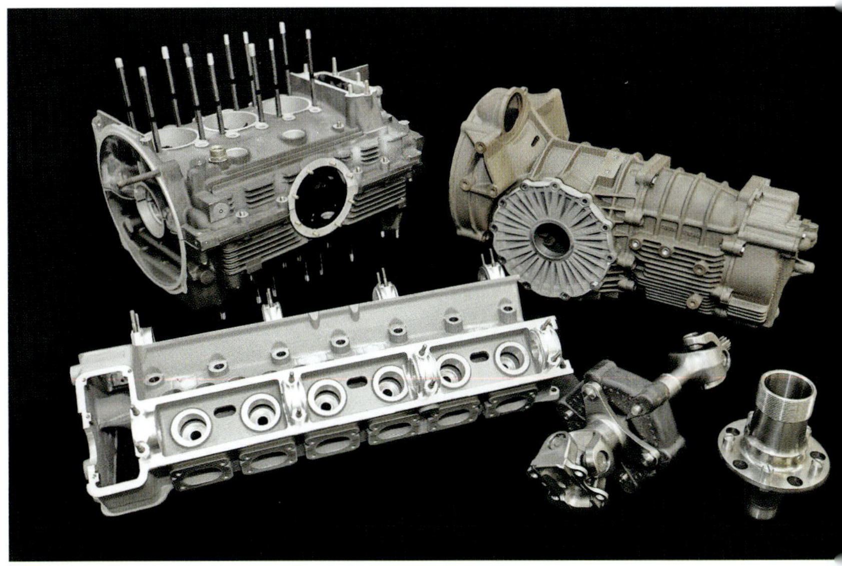

Die präzise und originalgetreue Nachfertigung von Antriebsbauteilen gehört ebenfalls zum Repertoire der ORCA Restoration GmbH. Hier ein 906 Carrera 6-Gehäuse (o.l.), ein 908-Getriebe (Typ 916, o.r.), Antriebswelle und Nabe eines 908 (u.r.) sowie ein Maserati-3500 GT-Zylinderkopf.

Sportprototypen wie dem neu konstruierten Porsche 908 eine Hubraumobergrenze von 3 Liter vor. Gleichzeitig wurde für die Sportwagenkategorie der Gruppe 4 ein Maximalhubraum von 5 Liter festgeschrieben. Zunächst ging die neue 5-Liter-Grenze mit einer Mindestfertigungszahl von 50 Fahrzeugen einher, wurde für die Sasison 1969 aufgrund der sehr spärlichen Beteiligung der Hersteller jedoch auf nur noch 25 Einheiten reduziert. 25 Einheiten erschien als eine beherrschbare Größenordnung.

Bis zu dieser Herabsetzung der Mindeststückzahl war die Porsche-Rennentwicklung unter der Leitung von Ferdinand Piëch noch fest davon überzeugt, mit dem neuen 908 über das richtige Rennfahrzeug für die Markenweltmeisterschaft und den angestrebten Gesamtsieg bei den 24 Stunden von Le Mans zu verfügen. Aufgrund des neuen Reglements war jedoch damit zu rechnen, dass in naher Zukunft vermehrt Gruppe-4-Sportwagen in den Starterfeldern auftauchen und die von Porsche bis dahin favorisierte Strategie in Frage stellen würden. Porsche musste also reagieren.

Gerhard Mitter (l.) und Ferdinand Piëch (r.) bei der offiziellen Vorstellung von 917-001 am 12. März 1969 in Genf. Ein bedeutender Tag für die Firma Porsche.

Valentin Schäffer und Gerhard Küchle beim Einlegen der Kurbelwelle am Typ 912. Bemerkenswert sind die Haltungen der Hände. Jeweils die linke Hand hält die Kurbelwelle an einem Pleuel, während die Finger der rechten Hände die jeweils zwei für diese Zylinderseite noch notwendigen Pleuel sichern.

Unter der Maßgabe »Zwölfzylindermotor« betraute Ferdinand Piëch daher Chefkonstrukteur Hans Mezger mit der Projektarbeit zu einem neuen 5-Liter-Sportwagen und bereits im Frühjahr 1968 begann dieser Wagen Gestalt anzunehmen. Der neue Zwölfzylindermotor brach erstmals mit der Tradition des Boxermotors im Hause Porsche, denn es handelte sich dabei um einen V-Motor mit einem Bankwinkel von 180 Grad. Für die Auslegung als V12 sprachen die gegenüber einem vergleichbaren Boxer geringere Baulänge und die verringerte Reibleistung aufgrund der geringeren Anzahl an Kurbelwellenhauptlagern. Unter Verwendung der Leistungsteile aus dem 3-Liter-Motor des 908 – Kolben, Zylinder, Ventile – entwickelte Hans Mezger schließlich den Zwölfzylindermotor mit 4.494 Kubikzentimetern Hubraum.

Besondere konstruktive Merkmale des neuen, mit Trockensumpfschmierung ausgestatteten Rennmotors waren das Leichtbaugehäuse aus Magnesium und der Mittelabtrieb. Wie alle bisherigen Porsche-Motoren war er luftgekühlt und besaß zudem ein liegendes Gebläse. Die Gemischaufbereitung erfolgte über eine mechanische Saugrohreinspritzung mit einer 12-Stempel-Doppelreihen-Einspritzpumpe von Bosch. Die Motorbezeichnung Typ 912 ergab sich aus der jüngeren Nomenklatur verschiedener Porsche-Rennfahrzeuge, bei denen die Fahrzeugbezeichnung auch die jeweilige Zylinderzahl des Motors beinhaltete – 904, 906 und 908. Das Gesamtfahrzeug und auch das Fünfganggetriebe erhielten hingegen die Typenbezeichnung 917. Mit der Bezeichnung 912 sicherte Porsche auch eine gewisse Geheimhaltung des neuen Motors ab, da der Typ 912 ja bereits als Automobil existierte und die »912« somit eine Art Ablenkungsmanöver darstellte.

Für den Gesamtentwurf des neuen Porsche 917 stand der Sportprototyp 908 und mit ihm ein schlagkräftiges Leichtbaukonzept zum Erreichen des vom Reglement vorgegebenen Mindestgewichts von 800 Kilogramm Pate. Entsprechend verfügte auch der 917 über einen leichten Gitterrohrrahmen aus Aluminium, der nur rund 45 Kilogramm auf die Waage brachte. Trotz des deutlich länger bauenden Zwölfzylinders gelang es, den Radstand des 908 von 2.300 Millimetern beizubehalten, indem das Cockpit samt Fahrersitz entsprechend weiter nach vorne rückte. Wie beim 908 sollte auch die Außenhaut des 917 aus Glasfaserlaminat gefertigt und im Bereich des Bugteils, Dachs sowie der Tür- und Fensterrahmen fest mit dem Aluminium-Rohrrahmen verklebt werden.

Von Beginn an sah Hans Mezgers Layout für den 917 eine Basisversion mit einem zusätzlich zu montierenden Langheckteil vor. Die zum Homologationsumfang zählende Heckverlängerung – das Langheck oder auch Rucksack – für die Hochgeschwindigkeitsstrecke in Le Mans konnte für den Einsatz auf anderen Kursen einfach mittels Lösen einer Vierfachverschraubung demontiert und der 917 damit in eine Kurzheck-Version verwandelt werden.

Gemäß der technischen Vorgaben erfolgte die Formgebung der Karosserie in der Porsche Designabteilung. Zunächst entstand ein Plastilin-Fahrzeug im Maßstab 1:5 und kurze Zeit später auch ein 1:1-Modell, mit denen in den Windkanälen des Forschungsinstitutes für Kraftfahrwesen und Fahrzeugmotoren an der Universität Stuttgart (FKFS) Versuche angestellt wurden. Ergänzend dazu unterstützten Charles Deutsch und sein in Paris ansässiges Institut SERA (Société d' études et de réalisations automobiles) die aerodynamische Entwicklung des 917.

Daraus hervor ging schließlich ein Karosserieentwurf, der sowohl bei der Kurzeck- als auch bei der Langheck-Variante je zwei am Heck sowie vorne seitlich montierte verstellbare Luftklappen vorsah. Deren Anlenkung erfolgte links wie rechts mittels einer Kinematik von der jeweiligen Radaufhängung aus. Federte das Fahrzeug ein, stellten sich die Klappen flach. Federte es aus und würde möglicherweise sogar zum Abheben neigen, stellten sich die Klappen hingegen schräg nach oben und erzeugten Abtriebskräfte.

Das Fahrwerk des 917 verfügte über Doppel-Querlenker-Achsen mit den Vorteilen geringen Gewichts und einem breiten Spielraum hinsichtlich der Auslegung der Radkinematik. Für vielfältige Einstellmöglichkeiten sorgten hier spielfreie Uniball-Gelenke. Um die Seitenneigung gering und die Relativstellung der Räder zur Fahrbahn im

Die Porsche-Werkstatt in Teloché 1970. Im Hintergrund der 917 mit der Nr. 23, mit dem Hans Herrmann und Richard Attwood kurze Zeit später den ersten Gesamtsieg für Porsche in Le Mans holen. Am Fahrzeug steht Renningenieur Peter Falk (mit Brille), der sich unterhält.

optimalen Bereich zu halten, waren an der Vorder- und Hinterachse Torsionsquerstabilisatoren eingebaut. Sie waren über Gelenkstangen mit den Radträgern verbunden und ermöglichten durch Veränderung der Hebelarmlängen eine weitere Abstimmung des Fahrwerks. Wie die Radträger waren auch die 15-Zoll-Räder aus einer leichten Magnesiumgusslegierung gefertigt. Dem konsequenten Streben nach Leichtbau und nach geringen ungefederten Massen waren auch die Radnaben aus Titan geschuldet, welche die Räder jeweils über einen Zentralverschluss mit großer Leichtmetallmutter aufnahmen. Ebenfalls aus Titan gefertigt waren die konisch geschliffenen Schraubenfedern für die vier Gasdruckstoßdämpfer.

Eine komplette Neuentwicklung stellte auch die Bremsanlage des als Rechtslenker konzipierten 917 dar. Herzstück war ein neuer, aus drei Teilen bestehender Vierkolben-Bremssattel. Das Mittelteil, welches die Bremsscheibe umgriff und mit dem Radträger verschraubt wurde, war wieder aus Titan gefertigt. Die beiden Zylinderbrücken auf den Außenseiten beherbergten je zwei Bremskolben und bestanden aus einer Aluminiumgusslegierung. Der 917 verfügte über zwei getrennte Bremskreise mit je einem Hauptbremszylinder und einer dazwischen liegenden Wippe, die eine Feinjustierung der Bremskraftverteilung zwischen Vorder- und Hinterachse ermöglichte. Auf höchste Bremsleistung und Standfestigkeit waren die innenbelüfteten

Grauguss-Bremsscheiben ausgelegt. Dem Leichtbau und geringstmöglichen rotatorischen Massen trug der aus Aluminium gefertigte Bremsscheibentopf Rechnung. Er nahm die Bremsscheibe über eingefräste Nuten, einen Befestigungsring und zwölf Schrauben auf. Gegenüber einteiligen Gussbremsscheiben bot diese Konstruktion auch den Vorteil einer deutlich verringerten Gefahr von Rissbildungen.

Als im Dezember 1968 mit dem Bau der für die Homologation notwendigen 25 Exemplare begonnen wird, blieb nicht viel Zeit, denn von Beginn an verfolgte Ferdinand Piëch das Ziel, den Porsche 917 auf dem Genfer Automobilsalon im März 1969 zu präsentieren. Für die Fahrzeugmontage in der Versuchs- und Rennabteilung im Werk 1 in Stuttgart-Zuffenhausen wurden daher 13 Arbeitsgruppen mit insgesamt 45

Die 25 vom Reglement als Mindeststückzahl geforderten Porsche 917 im Hof von Werk 1. Ferdinand Piëch (l.) ist selbstverständlich anwesend.

Für die Internationale Automobil Ausstellung (IAA) 1969 in Frankfurt erhielt 917-001 eine komplett neue Lackierung.

Rennmechanikern gebildet. Weitere zehn Mechaniker kümmerten sich um die Vormontage von Komponenten. Während Motor, Getriebe und Fahrwerk in Stuttgart-Zuffenhausen gebaut wurden, erfolgte die Fertigung der Aluminium-Rohrrahmen im Karosseriewerk Baur in Stuttgart und der Bau der Kunststoffkarosserie in der Waggonfabrik Rastatt.

Zu diesem Zeitpunkt brachte das erste, noch aus Prototypenteilen gefertigte Exemplar von Hans Mezgers Zwölfzylindermotor bereits Prüfstandsläufe hinter sich und erreichte auf Anhieb eine Leistung von 542 PS. Eine exzellente Ausgangsbasis für den 4,5-Liter-Motor, der es wenige Monate später im April 1969 auf rund 580 PS bringen sollte.

Wenig mehr als zwei Monate blieben bis zum Präsentationstermin in Genf und so wurde in allen Gewerken – nur kurz vom Weihnachtsfest unterbrochen – nahezu rund um die Uhr fieberhaft gearbeitet. Ende Januar 1969 lieferte Baur den ersten Aluminium-Rohrrahmen an die Waggonfabrik Rastatt und am 1. März traf schließlich die Rahmen-Karosserieeinheit für den ersten Porsche 917 mit der Chassis-Nummer 917-001 zur Endmontage in Stuttgart-Zuffenhausen ein. Am Abend des 10. März 1969 (...und wieder mein Geburtstag) – unmittelbar vor dem Transport nach Genf – war 917-001 schließlich fertiggestellt.

Am 12. März 1969 um 15 Uhr war die Weltpresse versammelt, nachdem der Sportwagenhersteller zuvor am 3. März mit folgender Verlautbarung für Spannung gesorgt hatte: »In den Zuffenhausener Werken des Hauses Porsche ist zurzeit ein neuer Sportwagen mit der Bezeichnung 917 in Produktion. Dieses in seiner Charakteristik aufsehenerregende Modell wird bei der Genfer Automobilausstellung der Öffentlichkeit vorgestellt. Der Genfer Salon de l'Auto findet zwischen dem 13. und 23. März statt. Die Präsentation des Porsche 917 erfolgt während des offiziellen Pressetages am 12. März.« Damit erzielte Porsche ein weltweites Echo und weckte sowohl in der Fachwelt als auch bei den Motorsport-Fans hohe Erwartungen.

Die Eckdaten des neuen Gruppe-4-Sportwagens lasen sich beeindruckend: 520 PS bei 8.000/min, ein maximales Drehmoment von 46 mkp (451 Nm), dazu der ausgewiesene

HERRMANN / ATTWOOD
PORSCHE
DMG MORI
CHOPARD
Sabelt
Sabelt

Alexander Wiggenhauser, ein weiterer Kollege, Traugott „Berti“ Brecht und Armin Burger bereiten 917-001 zur Demontage vor.

Titelblatt des Werksprospektes, wie er 1969 für den 917 ausgegeben wurde.

Kaufpreis von DM 140.000.- ab Werk. Die Leistungsangabe spiegelte zu diesem Zeitpunkt aber nicht den tatsächlichen Stand des 4,5-Liter-Motors wider. Vielmehr handelte es sich dabei um eine rein rechnerische Angabe auf der Basis des Sechszylinder-Versuchsmotors vom Typ 916, der es bei 2,25 Litern Hubraum auf 260 PS gebracht hatte.

Im Anschluss an die erfolgreiche Vorstellung des neuen Porsche 917 wurde in Stuttgart-Zuffenhausen mit unvermindertem Einsatz an den weiteren 24 für die Homologation notwendigen Fahrzeugen gearbeitet. Am 20. März 1969 erfolgte die technische Abnahme des 917 und am 21. April 1969 war es schließlich soweit: Der englische F.I.A.-Delegierte Dean Delamont und der deutsche O.N.S.-Vertreter Herbert Schmitz begutachteten im Hof von Werk 1 in Stuttgart-Zuffenhausen die vom Reglement geforderten 25 fahrbereiten Exemplare des »Weißen Riesen«, wie der 917 mittlerweile intern genannt wurde. Tags darauf meldete die Porsche Presseabteilung in ihrer Mitteilung: »Damit ist der Porsche 917 ab 1. Mai 1969 als Sportwagen homologiert und wird voraussichtlich am 11. Mai bereits sein Debut beim 1.000-Kilometer-Rennen von Spa geben.«

Obgleich am 29. und 30. März die Vortests für die 24 Stunden von Le Mans gefahren und dabei einige Kinderkrankheiten ausgemerzt werden konnten, musste Gerhard Mitter die Rennpremiere in Spa bereits nach der ersten Rennrunde wegen einer gebrochenen Ventilfeder beenden. Als letzte Generalprobe für Le Mans verblieb schließlich das 1.000-Kilometer-Rennen am 1. Juni auf dem Nürburgring. Dort brachten David Piper und Frank Gardner den 917 erstmals ins Ziel. Mit einem achten Platz komplettierten sie den großartigen Triumph der Porsche 908 und das famose Ergebnis von insgesamt acht Porsche-Rennfahrzeugen unter den ersten Zehn.

Neben verschiedenen Detailoptimierungen im Bereich der Fahrwerksabstimmung trat Porsche am 14. und 15. Juni in Le Mans zwar nach wie vor mit den gesteuerten Luftklappen am Heck, jedoch mit starr montierten Spoilerklappen am Bug an. Insgesamt vier 917 hatte Porsche an die Sarthe gebracht. Zwei Langheck-Versionen als Werkswagen, ein weiteres Langheck-Fahrzeug zu Trainingszwecken sowie einen weiteren 917 Langheck als Kundenfahrzeug des Teams Woolfe.

Als am Samstagnachmittag um 14 Uhr der Start erfolgte, standen vier Porsche-Werkswagen ganz vorn. An der Spitze der 917 mit Rolf Stommelen und Kurt Ahrens, gleich dahinter der zweite 917 mit Vic Elford und Richard Attwood, gefolgt vom 908 Langheck-Spyder mit Joseph Siffert und Brian Redmann sowie dem 908 Langheck-Coupé, gefahren von Rudi Lins und Willi Kauhsen. Der dritte Porsche 917 mit John Woolfe und Herbert Linge nahm das Rennen vom neunten Startplatz auf.

Bereits in der ersten Rennrunde verunglückte John Woolfe tödlich. Nach 14 Stunden schied der 917 mit Stommelen und Ahrens wegen schleifender Kupplung aus. Hoffnungsvoll war jedoch der dritte 917 mit Elford und Attwood unterwegs. Nach 21 Stunden lag er mit sechs Runden Vorsprung in Führung. »Der Motor lief bis dahin wie ein Uhrwerk. Völlig problemlos!«, erinnert sich Hans Mezger, der just zu diesem Zeitpunkt kurz zum Mittagessen ging. »Als ich wieder zur Box zurücklief, hörte ich bereits, dass etwas nicht stimmte«, gibt er den Moment wider, als auch der auf Siegkurs fahrende 917 mit gerissenem Getriebegehäuse ausfiel. Kaum als Trost konnte die Porsche-Rennmannschaft den zweiten Platz im Gesamtklassement durch Hans Herrmann und Gérard Larrousse im 908 Langheck-Coupé verbuchen. Nach 372 Rennrunden fehlten den Porsche-Werksfahrern gerade mal etwa 100 Meter zum ersehnten Sieg.

Doch Le Mans hatte schonungslos aufgezeigt, wo es den 917 noch zu verbessern galt und so fanden vor dem letzten Rennen in diesem Jahr, dem »Großen Preis von Österreich« am 10. August in Zeltweg in der Steiermark, noch ausgiebige Tests und Versuchsfahrten statt. Unter anderem auf der Südschleife des Nürburgrings als Auftakt eines von Renningenieur Peter Falk initiierten Programms zur Verbesserung der Fahrstabilität. Es folgten weitere Tests auf dem Skidpad in Weissach sowie in Hockenheim. Änderungen am Aluminium-Rohrrahmen und Modifikationen an der Karosserie sollten die Fahreigenschaften des 917 weiter verbessern.

Auf der völlig neuerbauten Strecke in Zeltweg schickte Porsche neben zwei 908 Langheck-Spyder sowie einem 908 Kurzheck-Spyder in Kundenhand auch zwei 917 Kurzheck mit den Fahrerpaarungen Joseph Siffert und Kurt Ahrens sowie Brian Redman und Richard Attwood ins Rennen. Die offizielle Eröffnung des Österreichrings wurde schließlich zum großen Tag für Porsche und die unermüdlich arbeitende 917-Mannschaft. Nach 170 Rennrunden gelang dem Duo Siffert und Ahrens der ersehnte erste Sieg und mit Redman und Attwood landete auch der zweite 917 auf dem Podest. Der erste Sieg für den 917 beim letzten Rennen des Jahres markierte den Abschluss einer von extremer Test- und Entwicklungsarbeit geprägten Saison. Gleichzeitig war Zeltweg der Auftakt zu weiterer intensiver Entwicklungsarbeit und einer beispiellosen Erfolgsserie, deren Höhepunkt zweifellos der erste Gesamtsieg von Porsche bei den 24 Stunden von Le Mans im Jahr 1970 darstellte.

Doch der allererste 917 – 917-001 – blieb zeitlebens ein reines Versuchs- und Ausstellungsfahrzeug. Ein Rennen wurde mit ihm nie bestritten, sondern er diente immer als

Test- und Präsentationsfahrzeug. So absolvierte er am 14. Mai 1969 mit Rolf Stommelen am Steuer Versuchsfahrten auf der Südschleife des Nürburgrings und wenig später einen Dauerlauf auf dem Skid Pad in Weissach zur Erprobung der Radlagerung. Im September 1969 stellte Porsche den 917-001 auf der Internationalen Automobil Ausstellung (IAA) in Frankfurt aus. Eigens dafür erhielt der Wagen eine neue Lackierung in Weiß-Orange an Stelle der bisherigen Farbgebung in Weiß mit grün lackiertem Bugteil. Kurz darauf verkündete Porsche in einer Pressekonferenz am 30. September 1969 auf der London Motor Show den Verzicht auf ein eigenes Werksteam und die Übertragung der Renneinsätze an das Team J.W. Automotive Engineering des zweifachen Le-Mans-Siegers John Wyer.

Auch bei diesem Anlass diente 917-001 als Präsentationsfahrzeug und war eigens dafür in den Markenfarben Hellblau und Orange des US-amerikanischen Mineralölkonzerns und Sponsors Gulf lackiert worden. In dieser Farbgebung diente 917-001 fortan als Repräsentationsfahrzeug auf diversen Auto-Shows. Seinen vorläufig letzten offiziellen Auftritt erlebte der Wagen im Juni 1970 – immer noch als Langheck von 1969 und in Gulf-Farben – bei einer Parade ehemaliger Porsche-Rennfahrzeuge in einem Schlosshof nahe Le Mans.

Im Nachgang des lang ersehnten ersten Gesamtsiegs bei den 24 Stunden von Le Mans erfolgte im September 1970 der Umbau von 917-001 in die siegreiche 1970er-Kurzheck-Version von Hans Herrmann und Richard Attwood. Dafür erhielt 917-001 unter anderem einen abgeänderten Heckrahmen, eine neue Bug- und Heckkarosserie sowie eine modifizierte Auspuffanlage, bei der die Abgasrohre der vorderen sechs Zylinder des V12-Motors nicht mehr zur Seite hin, sondern nach hinten geführt waren. In den Farben des Le-Mans-Siegerwagens von Porsche Salzburg und mit der Startnummer 23 versehen, wurde 917-001 am 6. Oktober an die Porsche Presseabteilung übergeben und noch im selben Monat auf dem Pariser Autosalon präsentiert. Später wurde der Wagen in dieser Form zum festen Bestandteil der Porsche-Museumssammlung.

917-001 in der Gulf-Lackierung. In dieser Form wurde der Wagen am 30. September 1969 auf der London Motor Show gezeigt.

Alexander Wiggenhauser (l.) und Traugott „Berti" Brecht beim Ausbau des Zwölfzylinders.

9.2.3. Rückführung in den Originalzustand von Genf 1969

Anlässlich des für das Jahr 2019 anstehenden Jubiläums »50 Jahre 917« entschloss sich das Porsche Museum 2017 dazu, 917-001 wieder in jenen ursprünglichen Zustand zu überführen, der seinerzeit bei der ersten Vorstellung in Genf 1969 herrschte.

Eine erste technische Bestandsaufnahme erfolgte im Januar 2018. Der Rückbau von 917-001 erforderte hohen Aufwand, doch die Basis erschien erfreulich gut. So verfügte der Wagen noch über den originalen Aluminium-Rohrrahmen, der im Heckbereich für den Kurzheck-Umbau jedoch gekürzt worden war. Entsprechend waren der Bau eines Rahmenhecks und die Anfertigung einer Karosserie mit abnehmbarem Langheckteil aus Polyester-Glasfaser-Laminat notwendig. Ebenso anzufertigen war die Hebelkinematik von der Hinterachse zu den beiden Luftklappen am Heck, wie sie 1969 zum Einsatz gekommen sind. Die Dachpartie

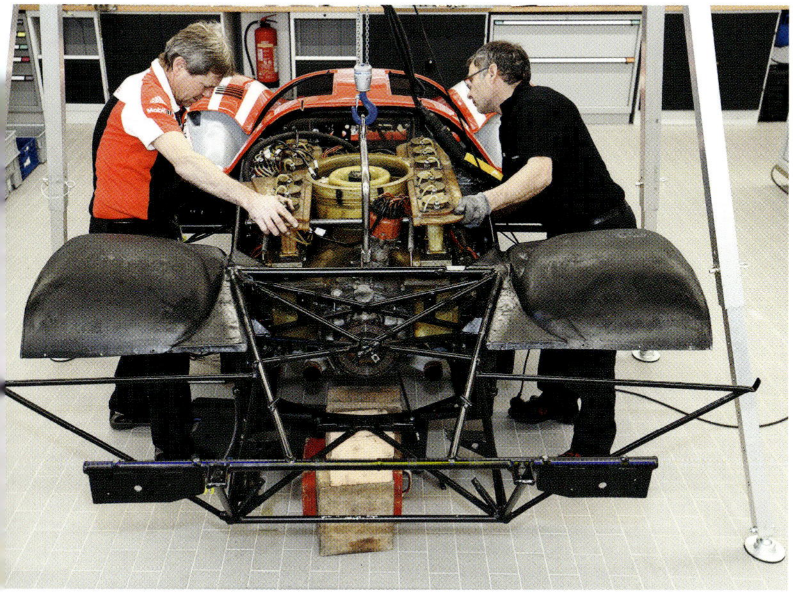

917-001 in zerlegtem Zustand und von den beiden Rennmechanikern akribisch fürs Foto arrangiert.

mit Frontscheibe und Scheibenrahmen, Türen und Türrahmen entsprachen noch dem technischen Stand von 1969 und konnten damit erhalten bleiben.

Auch die beiden Kraftstofftanks konnten weiterverwendet werden. Sie verfügten jeweils über die für die Auspuffführung notwendige Ausbuchtung und entsprachen bis auf die abgeänderten Tankeinfüllstutzen ebenso dem Stand von 1969 wie die an den Vorderseiten der Türeinstiege erkennbaren Ausformungen für die Einfüllrohre. Ein weiteres Merkmal, welches den 917-001 als Originalfahrzeug von 1969 identifizierte, war eine fehlende Diagonalstrebe in der Frontpartie des Rahmens vor der Pedalerie.

Im Februar 2018 wurde 917-001 von den Spezialisten des Porsche Museums in der Rennabteilung in Weissach vollständig zerlegt. Am 13. Februar 2018 erfolgte der Ausbau der Fahrwerksaufhängungen vorne und hinten sowie der Ausbau von Motor und Getriebe. Elektrische Leitungen sowie sämtliche Verschlauchungen für Wasser- und Ölkreislauf wurden bereits vorher entfernt. Während sich das Getriebe problemlos von zwei Mechanikern händisch nach hinten aus dem Rahmen ausfahren ließ, wurde zum Ausbau des Motors ein Hebezeug benötigt. Dazu wurde am Zwölfzylinder ein Tragebügel montiert. Er war am vorderen und rückwärtigen Ende des Kurbelgehäuses verschraubt worden und ermöglichte somit die schwerpunktnahe Aufnahme eines Hakens beziehungsweise Schäkels.

Wie eng und kompakt die Rahmenrohre den Zwölfzylinder umschließen, wurde beim Ausbau deutlich. Der Motor musste dazu um circa 30 Grad um seine Querachse nach vorne gekippt werden. Ein senkrechtes Ausfahren war – wegen des quer verlaufenden Rahmenrohres unterhalb der Heckscheibe sowie der Pumpengehäuse an den Zylinderköpfen hinten – nicht möglich. Unter Einhaltung des Neigungswinkels gestaltete sich das Ausfahren hingegen problemlos, wenngleich die Abstände zu den Rahmenrohren vielerorts nur wenige Millimeter betrugen. Behutsame Maßarbeit war von den beiden Porsche-Mechanikern Traugott »Berti« Brecht und Alexander Wiggenhauser also gefordert.

Eindeutig handelte es sich bei den beiden Kraftstofftanks links und rechts um nachträglich modifizierte, originale Exemplare von 1969. Sehr schön zu erkennen waren die nachträglich zugeschweißten Öffnungen im vorderen Tankbereich für den Krafstoffeinfüllstutzen sowie den Überlauf und die Entlüftung hin zum Catch-Tank aus Kunststoff, der sich hinten links im Motor befindet. In ihm sammeln sich die Flüssigkeitsanteile der Entlüftungen von Kraftstoff- und Schmiersystem.

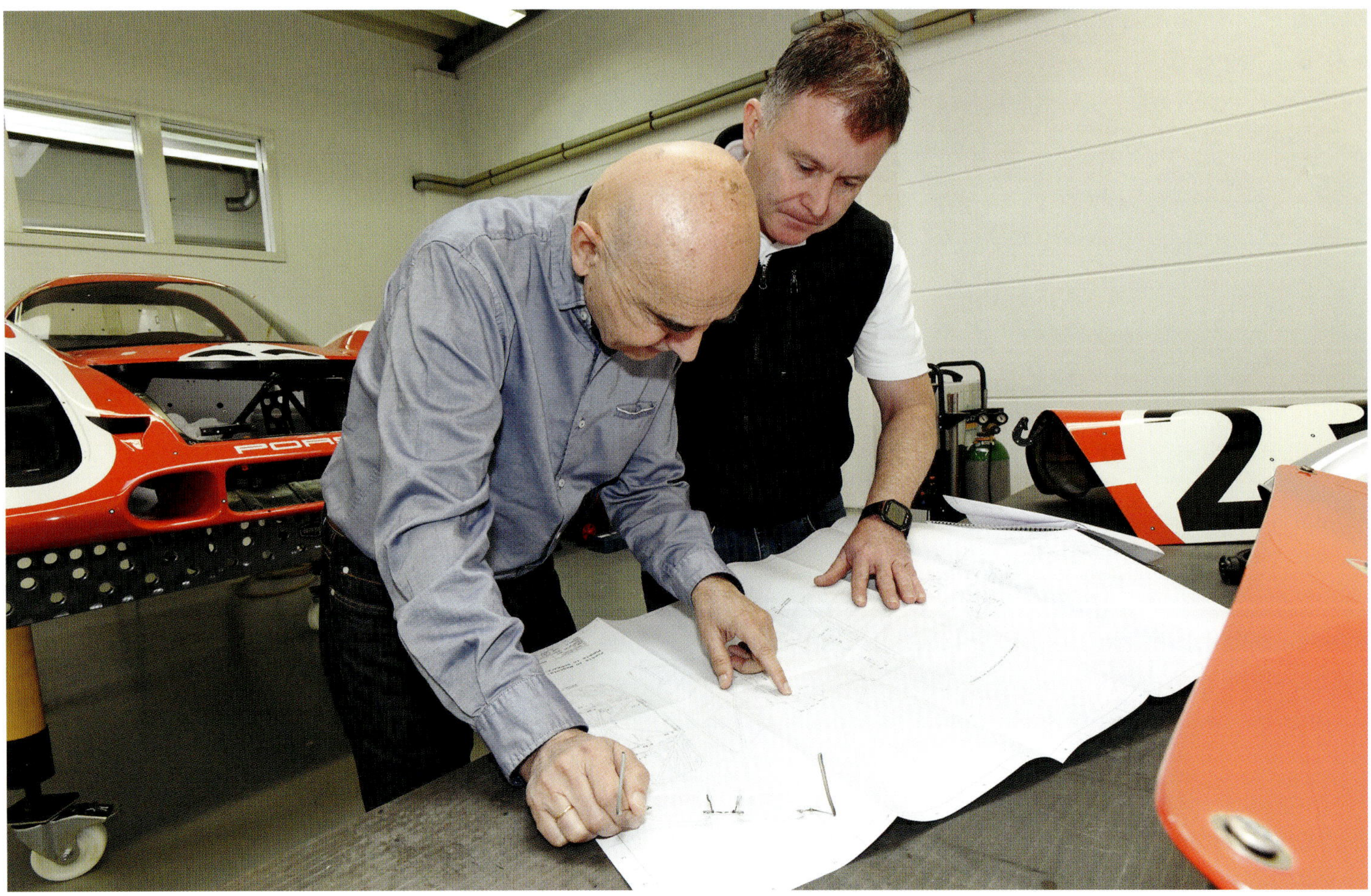

Alfred Kist und der Projektverantwortliche Armin Burger bei der Durchsicht von Konstruktionszeichnungen.

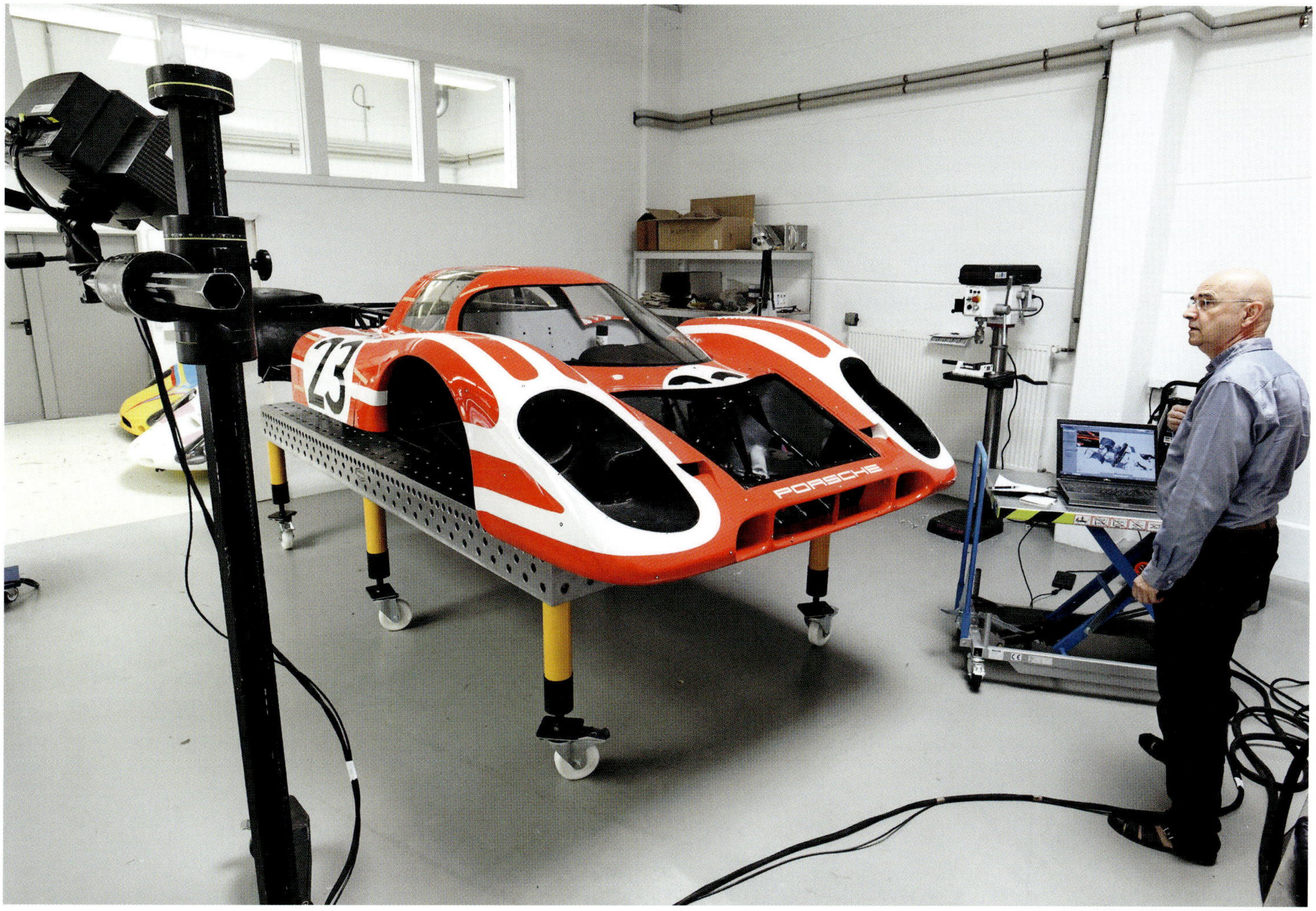

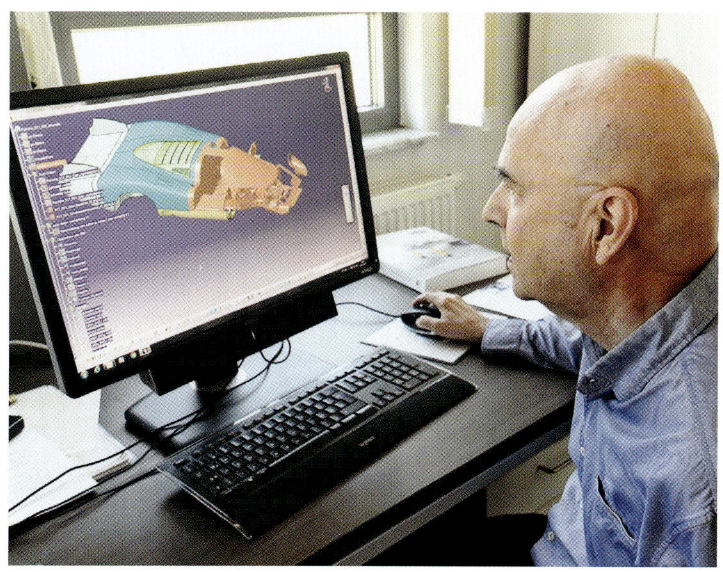

Grundlage für die absolut passgenaue Nachfertigung der Bug- und Heckteile der Karosserie bildete ein aufwendiger 3D-Scan. Über eine Flächenrückführung konnten damit CAD-Daten generiert werden.

917-001 mit entferntem Bug- und Heckteil. Das Rahmenheck wurde beim Umbau in die Kurzeck-Version von 1970 verändert.

917-001 mit dem bereits montierten neuen Bugteil. Alfred Kist (l.) und ein Mitarbeiter passen gerade den Rohrbügel für die Heckhaube an.

Im Zuge der Demontagearbeiten wurde auch noch eine Schleifprobe im Karosseriebereich vor der Frontscheibe durchgeführt. Wie sich herausstellte, befanden sich keine Altlacksubstanzen mehr auf dem Fahrzeug. Offensichtlich wurde das Fahrzeug bei der Konvertierung zum Replikat des Le-Mans-Siegerfahrzeugs seinerzeit vollständig entlackt und es erhielt einen komplett neuen Lackaufbau.

Im weiteren Verlauf der Demontagearbeiten trat ein weiteres Indiz zu Tage, das die hohe originale Substanz von 917-001 belegte. So war am rechten Schweller eindeutig zu erkennen, dass die ursprüngliche Aussparung der Auspuffführung von 1969 nachträglich mit Glasfaser-Laminat für den Einsatz der neuen Auspuffversion verschlossen wurde.

Bei der Rückführung von 917-001 in den Ursprungszustand vom März 1969 sollte so viel Originalsubstanz wie möglich erhalten bleiben. Deshalb wurde der Karosserie-Rahmen-Verbund von 917-001 mittels 3D-Technik gescannt. Aus diesen Daten wurden nach einer sogenannten Flächenrückführung neue CAD-Daten und damit ein Flächenmodell berechnet. Diese mittels der originalen Konstruktionszeichnungen erstellten Daten dienten schließlich zum Fräsen exakter Negativformen zur Herstellung der neuen

Karosserieteile. Da jeweils nur ein einziges Teil der jeweiligen Karosseriekomponenten benötigt wurden, sind die Negativformen direkt aus dem Werkstoff Ureol gefräst worden. Dies führte zu einer wertvollen Zeit- und Kostenersparnis. Die neuen Karosserieteile wurden schließlich aus einem vergleichbaren Polyesterlaminat hergestellt, um größtmögliche Originalität sicherzustellen.

Hans Mezger dazu: »Die etwa 1,2 mm dicke Außenhaut setzt sich aus einem Oberflächenharz, einer 0,225 kg/m² schweren Glasfasermatte und einem 0,165 kg/m² wiegenden Glasfasergewebe zusammen. Das Oberflächenharz und das mit Polyesterharz getränkte Glasfasermaterial werden in entsprechender Reihenfolge in die Negativform eingebracht.« Wie eine spätere Aktennotiz weiter belegte, wurden die 917-Karosserien 1969 noch aus Polyesterlaminat gefertigt und erst von 1970 an kam das modernere und mit wesentlich höherer Klebkraft ausgestattete Epoxydharz zum Einsatz. Damit erklärte sich auch die teilweise Verwendung von Epoxydlaminat beim Umbau von 917-001 in die Kurzheck-Version von 1970. Ein weiterer, sehr wichtiger Beleg im Hinblick auf größtmögliche Originalität beim Rückbau von 917-001 in den Zustand von 1969.

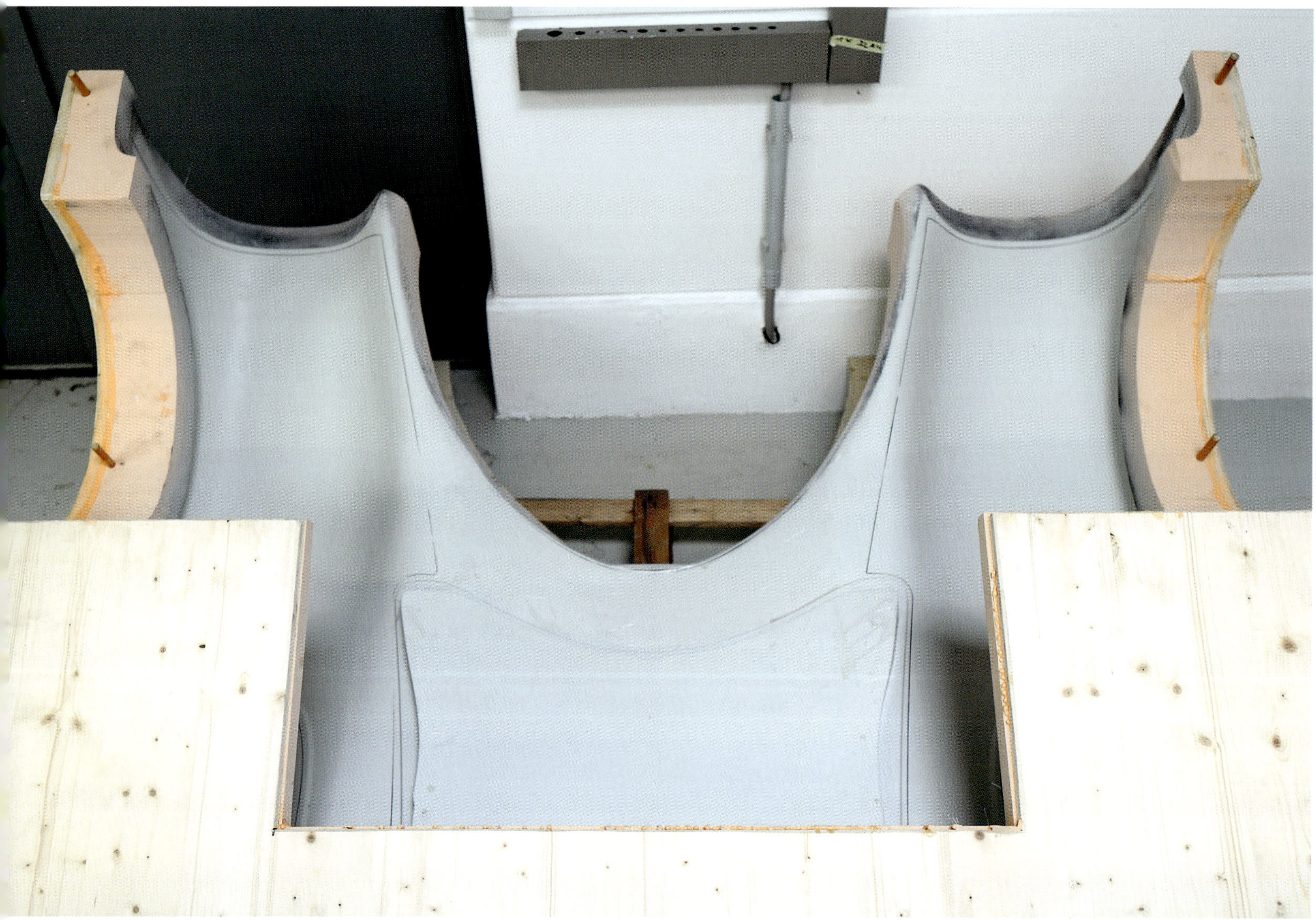

Aus Ureol gefräste Negativform zur Herstellung des Bugteils aus GFK.

1 Johannes Öxler beim Schweißen des Heckrahmens. **2** Der zurückgebaute Heckrahmen von der Seite. **3** Alfred Kist und Hans Mezger erörtern die Vorgehensweise. **4** Alfred Kist mit Norbert Singer, Klaus Ziegler, Roland Bemsel (v.l.) und Eugen Kolb bei einer Besprechung. **5** Nachgefertigte Klappenanlenkung. **6** Der mit vier Schrauben montierte Aufnahmerahmen für den Langheck-„Rucksack“.

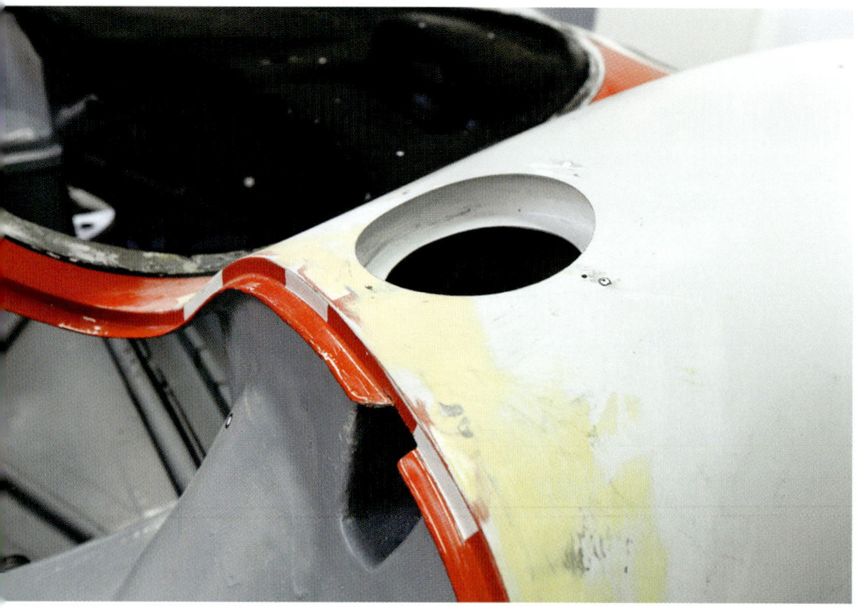

Die Tankeinfüllstutzen liegen nun wieder vor den Türen und die Radhausinnenschalen sind montiert.

Die Karosseriefertigung mittels 3D-Scan, Flächenrückführung und Erstellung von CAD-Daten findet heutzutage auch noch in anderer Form Anwendung. Wie der bekannte amerikanische 356-Restaurator Rod Emory Mitte 2019 bei einem Vortrag beim FLB (Freunde luftgekühlter Boxermotoren e. V.) in Weissach berichtete, wandte er diese Technik auch bei der Restaurierung des 356 SL – dem ersten Porsche-Siegerfahrzeug in Le Mans aus dem Jahr 1951 – an. Mittels mehrerer 3D-Scans des mit abgeschnittenem Dach vorhandenen Fahrzeugs sowie zweier anderer Fahrzeuge gelang es ihm unter Einbeziehung von Fotografien schließlich, ein Flächenmodell für die Karosserie zu berechnen. Dieses Flächenmodell diente wiederum dazu, ein Holzspantenmodell zu fräsen, das zum handwerklich anspruchsvollen Karosseriebau aus Aluminiumblech diente.

Doch zurück zu 917-001. Am 27. September 2019 waren auch die parallel zu den Karosseriearbeiten durchgeführten Schweißarbeiten am Heck des Aluminium-Gitterrohrrahmens fast abgeschlossen. Ein großer Teil des Heckrahmens musste in die ursprüngliche Konstruktion von 1969 zurück überführt werden, was aufwendige Rohrbiegearbeiten des Aluminium-Rundrohrs der Legierung 7020 erforderte. Zunächst war geplant, diese Biegearbeiten extern nach Konstruktionszeichnung durchführen zu lassen, doch keines der fünf dafür angefragten Unternehmen sah sich dazu im Stande.

Daher griffen Alfred Kist und seine Mitarbeiter auf eine traditionelle Methode zurück, indem sie das Alu-Rundrohr zunächst auf 220 Grad erhitzten und dann im Wasserbad abschreckten. Dies diente dazu, das Aluminium weich, somit biegefähig und unempfindlich gegen Risse zu machen. Das Biegen selbst erfolgte händisch unter Einsatz von innen und außen am Rohr angebrachten Biegefedern. Das erzielte Ergebnis war sehr gut. Der Schweißvorgang (WIG) erfolgte mit 1,6 mm-Elektroden in Grün, Schweißzusatzwerkstoff von 2,4 mm Durchmesser und einer Stromstärke von etwa 60 – 70 A. Neu angefertigt werden mussten die beiden Diagonalstreben im Rahmenheck, die für den Aus- und Einbau des Getriebes von Hause aus mit einer Verschraubung ausgelegt sind.

Außerdem wurde zu diesem Zeitpunkt mittels Lehren im Vorderwagen jeweils am linken und rechten Kotflügel die Bohrung für die Welle der Frontklappenanlenkung gesetzt und eine provisorische Halterung montiert. Später erfolgten die Fertigung und der Einbau einer gelagerten Welle, die dem Stand von Genf 1969 entsprechend jedoch starr und nicht drehbar ausgeführt wurde.

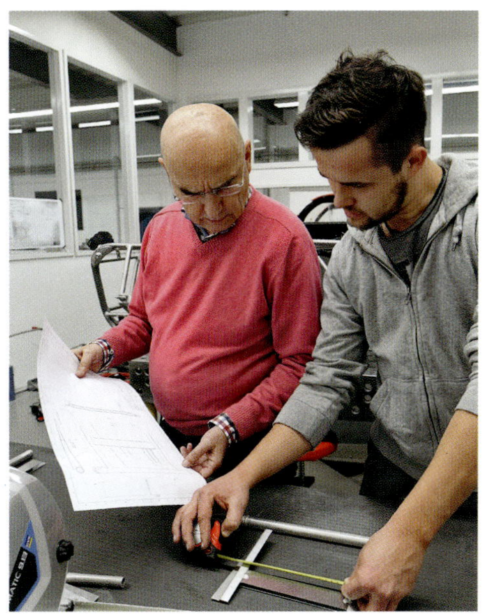

In Form und technischem Aufbau zeigen die Luftklappen Verwandtschaft zum Flugzeugbau.

917-001 hat Gestalt angenommen. Alfred Kist (mi.), Traugott „Berti“ Brecht (am Fzg.) und Armin Burger diskutieren hier zum Thema Auspuffanlage. Die Endschalldämpfer wurden ebenso nachgefertigt wie die Krümmerführungen für die vorderen sechs Zylinder.

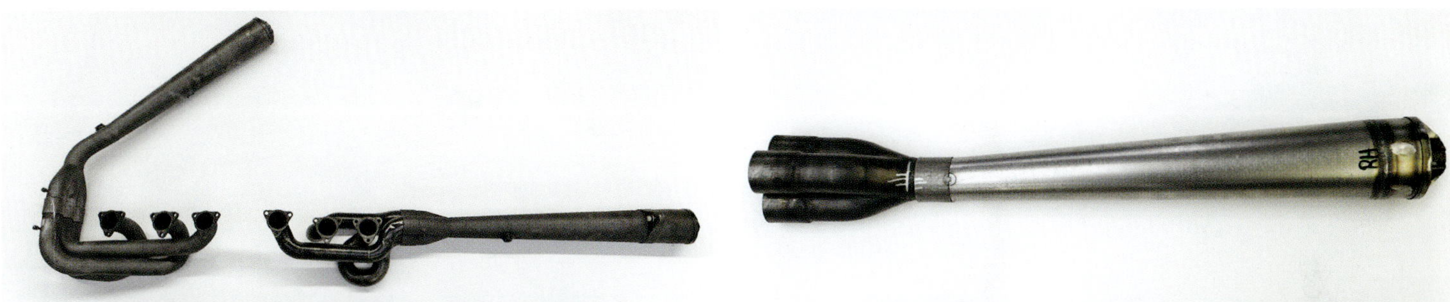
RH

Der nachgefertigte linke vordere Endschalldämpfer in bereits angepasstem Zustand.

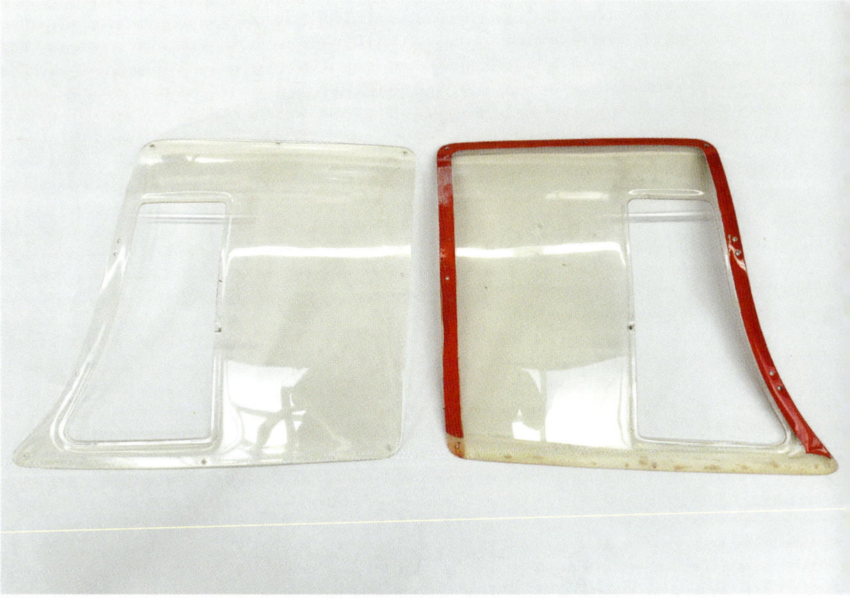

Die originalen Seitenscheiben konnten erhalten bleiben und wurden durch Schleifen und Polieren von jeglichen Kratzern befreit.

Das neu gefertigte Bugteil der Version von 1969 erwies sich schließlich als absolut passgenau und konnte mit dem geänderten Rahmen und dem verbliebenen Karosserie-Mittelstück verbunden werden. Zeitgleich erfolgte die Anpassung des Heckrahmens für den »Rucksack« – das Langheck – und der beiden Kraftstofftanks an die verbaute Technik.

In den Wochen darauf wurden die Heckhaube, das ansetzbare Langheckteil sowie die Luftklappen vorne und hinten angefertigt. Wie für fast alle nachzufertigenden Bauteile konnte auch hier auf die originalen Konstruktionszeichnungen aus dem Archiv des Porsche Museums zurückgegriffen werden. Insbesondere die Luftklappen am Heck stellen eine aufwendige Konstruktion dar, welche die nahe Verwandtschaft zum Flugzeugbau aufzeigt. Es handelt sich um zwei Formteile aus GFK für die Außenhaut der Ober- und Unterseite der Klappe. Im vorderen Bereich dient ein Aluminiumrohr als Welle, an die wiederum – ähnlich wie bei einem Flugzeugflügel – zwei Versteifungsrippen und ein Querblech aus Aluminiumblech angeschweißt sind. Am Heck erhielten diese Klappen eine Kinematik für die Koppelung mit den Radträgern der Hinterachse, vorne blieben sie jedoch starr. Letzteres deshalb, weil 917-001 bei der Präsentation in Genf 1969 genau über diesen technischen Stand verfügt hat. Einmal mehr wurde hierbei auch Hans Mezger, Chefkonstrukteur des 917, zu Rate gezogen. Sein Fazit konnte bereits zu diesem Zeitpunkt positiver nicht ausfallen: »Es freut mich sehr, dass dieses Projekt in so guten Händen ist. Ich bin beeindruckt«, konstatierte er.

Am 26. Januar 2019 wurde 917-001 schließlich in die Lackiererei gebracht. Dazu waren Motor und Getriebe ausgebaut und am Fahrzeug waren Transporträder montiert. Nach dem Schleifen wurden sämtliche Karosserieteile mit Polyesterspritzspachtel gespritzt und anschließend wurde eifrig für den nachfolgenden Füller-Auftrag geschliffen. Zuvor wurden die grob ausgeführten Karosseriearbeiten, etwa bei den Rohrdurchführungen im Bereich des Heckrahmens, mit GFK nachlaminiert, geschliffen und verspachtelt. Im Zuge der Schleifarbeiten an den Scheinwerferschalen kam unter dem Mattschwarz hellblaue Farbe zum Vorschein. Dies konnte zweifelsohne als weiterer Beleg für die Originalität gewertet werden, da die letzte Lackierung von 917-001 vor dem Umbau in »Nr. 23, Le Mans 1970« für die Pressekonferenz des Wyer-Teams im Herbst 1969 in Gulf-Farben erfolgte und die Scheinwerferinnenschalen für diesen Umbau seinerzeit weiterverwendet wurden. In den Tagen darauf erfolgten die Finish-Arbeiten, bevor es ans Füllern und Lackieren gehen konnte.

Oben: Alfred Kist, Kuno Werner, Armin Burger, Alexander Klein, Alexander Wiggenhauser und Traugott „Berti“ Brecht sind mit dem bisherigen Projektverlauf sehr zufrieden. Unten: Motor und Getriebe werden nun wieder ausgebaut, bevor es zum Lackieren geht.

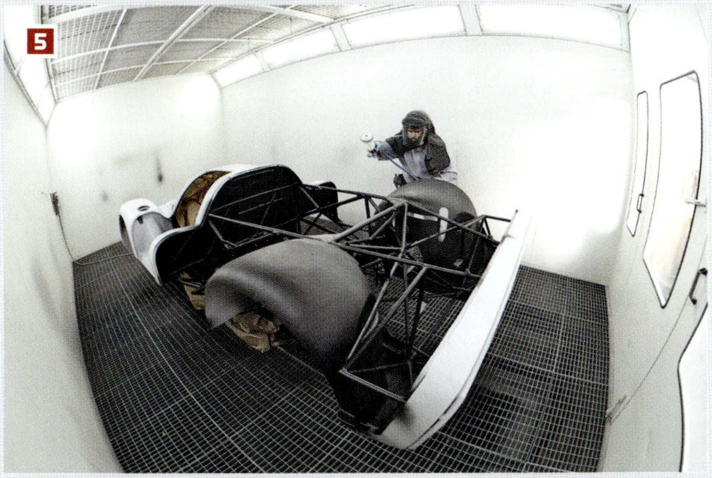

1 917-001 beim Eintreffen in der Lackiererei. **2** Zeitaufwändiges Schleifen. **3** Ali Koch spritzt Füller. **4** Bereit für den Decklack. **5** Zuvor werden die schwarzen Partien lackiert. **6** 917-001 auf dem Weg zurück zur Endmontage.

917-001 bei der fortgeschrittenen Endmontage. Der Motor liegt schon zum Einbau bereit.

Nach dem Füller-Auftrag wurden Rohrrahmen, Radhausschalen und Vorderbereich bei Pedalerie, Hauptbremszylinder und Ölkühlerausschnitt in Schwarz Seidenmatt lackiert. Dies erfolgte deshalb vor dem Lackieren der Fahrzeugaußenhaut, um sich erstens unnötig zeitraubende Abklebearbeiten zu sparen, aber auch deshalb, weil sich bei umgekehrter Vorgehensweise eventuell auf der frisch lackierten Außenhaut befindliche schwarze Sprühnebel nur sehr schlecht oder eventuell gar nicht polieren ließen. Nach der Außenlackierung in Weiß-Seidenglanz erhielt der Fahrzugbug die typische grüne »Genf-Nase«, das mittig über dem Lufteinlass des Ölkühlers platzierte Porsche-Wappen sowie die plakativen, in Schwarz gehaltenen 917-Schriftzüge. Um größtmögliche Orignalität sorgte sich das Porsche Museum bei der gesamten Lackierung. So kamen wie im Jahr 1969 Kunstharzlacke zum Einsatz, die über einen reduzierten Glanzgrad – eben den Seidenglanz – verfügten.

Markus Günther und Alexander Wiggenhauser besprechen die Ölführung im Bereich der Auspuffanlage.

Die Radaufhängungen und das Cockpit sind hier bereits weit fortgeschritten. Die damaligen Originalräder aus Magnesium wurden aus neu gegossenen Rohlingen nachgefertigt.

Im Anschluss daran blieben schließlich kaum vier Wochen, um 917-001 wieder zusammenzubauen und – mit nach Originalvorlagen neu gegossenen Magnesium-Rädern – in den fahrfertigen Zustand zu versetzen. Fast unter demselben Zeitdruck wie vor 50 Jahren arbeiteten die Technikspezialisten daran, den allerersten Porsche 917 termingerecht fertigzustellen.

Am 22. Februar 2019 kehrte 917-001 vom Lackieren zurück und es wurden Fahrwerkskomponenten, Pedalerie und Hauptbremszylinder montiert. Ebenso die Kinematik für die Luftklappen. Eine Detailaufgabe bestand darin, die Rohrführung der Ölleitungen anzupassen. Dies war aufgrund des Rückbaus auf die urspüngliche Auspuffanlage notwendig geworden. Die Anfertigung der Rohrführung erfolgte mittels Kupferrohr und konfektionierter Rohrbögen, die anschließend verlötet wurden.

Am 1. März 2019 waren die Arbeiten weit fortgeschritten. Der nicht revidierte und noch voll einsatzfähige Motor, das Getriebe und auch die originalen Radaufhängungen waren montiert, ebenso die Elektrik und die anhand von

Die Mechaniker des Porsche Museums und die Mitarbeiter der ORCA Restoration GmbH bei den letzten Montagearbeiten.

Johannes Öxler bereitet das Einkleben der nachgefertigten Frontscheibe vor (u.).

Zeichnungen, Fotografien und einem leihweise überlassenen Originalexemplar nachgefertigte Auspuffanlage. Am Abend wurden die Räder montiert. Wie seinerzeit beim Präsentationsfahrzeug waren sie in Schwarz lackiert. Die später für den Fahreinsatz verwendeten Räder wurden jedoch nur schwarz chromatiert. Ein schönes Detail stellten in diesem Zusammenhang die aus dem Vollen gefrästen und gedrehten Aluminiumsitze für die Reifenventile dar. Wie die damaligen Originalteile verfügen sie sogar über eine Kunststoffkappe mit einer Nut für einen O-Ring, um maximale Dichtigkeit zu gewährleisten. Zu diesem Zeitpunkt stand das Fahrzeug noch etwas hoch und wurde daher fahrwerksseitig noch eingestellt. Am Abend wurde schließlich die aus Zweifachverbundglas gefertigte Frontscheibe mit Scheibenkleber eingesetzt. Außerdem wurde der Rohling der Plexiglasabdeckung für das Heckteil angepasst. Im Anschluss erfolgte die Fertigung des zu verwendenden Teils aus dem damals eingesetzten gelb eingefärbten Plexiglas.

Am Faschingsdienstag, den 5. März 2019 war 917-001 schließlich fertig für seinen Messeauftritt bei der Retro Classics in Stuttgart. Alfred Kist hatte zahlreiche Gäste nach Nussdorf eingeladen, um die Fertigstellung des allerersten 917 zu feiern. Neben Hans Mezger und Norbert Singer waren Markus Günther, Armin Burger, Jens Torner, Marco Edlmayer, Alexander Klein, Manfred Wanner, Klaus Ziegler, Alexander Wiggenhauser, Roland Bemsel, Eugen Kolb, Christian Schneider, Emmanuel Öxler, Johannes Öxler sowie der Autor anwesend. Alexander Klein würdigte in seiner Ansprache die Projektarbeit und das Ergebnis, Alfred Kist dankte in seiner Rede für die Zusammenarbeit, das Vertrauen und die Unterstützung durch die zahlreichen Zeitzeugen.

Damit fand das Restaurierungsprojekt 917-001 seinen würdigen Abschluss. Am nächsten Morgen, am Aschermittwoch, den 6. März 2019, war offiziell alles vorbei und um 9.30 Uhr wurde 917-001 zum Messegelände am Stuttgarter Flughafen transportiert. Damit war 917-001 bereit. Aber auch diesmal nicht für einen Renneinsatz, sondern wie vor 50 Jahren für seine Präsentation.

Am 5. März 2019 war 917-001 fertiggestellt und wurde im engsten Kreis der Projektbeteiligten und Zeitzeugen präsentiert. Es wurden angeregte fachliche Unterhaltungen geführt.

SHELL

Macher, Zeitzeugen und Berater rund ums Projekt 917-001: Markus Günther, Armin Burger, Jens Torner, Marco Edlmayer, Alexander Klein, Alfred Kist, Hans Mezger, Manfred Wanner, Klaus Ziegler, Alexander Wiggenhauser, Roland Bemsel, Norbert Singer, Eugen Kolb, Christian Schneider, Emmanuel Öxler, Johannes Öxler (v.l.).

917-001 bei der Präsentation des Porsche Museums auf der Retro Classics, aufgenommen am 10. März 2019.

9.2.4. Präsentation auf der Retro Classics 2019

Vom 7. bis zum 10. März 2019 wurde 917-001 schließlich als Highlight auf dem Stand des Porsche Museums auf der Oldtimer-Messe Retro Classics präsentiert. Einen Höhepunkt stellte dabei der Messesonntag, 10. März 2019 (...und nochmals mein Geburtstag), dar. Exakt 50 Jahre zuvor, am Abend des 10. März 1969, wurde der erste 917 – 917-001 – fertiggestellt. So ließ es sich an diesem besonderen Tag Hans Mezger nicht nehmen, den Messestand am Nachmittag zu besuchen, zahlreiche Autogramme zu schreiben und den Fans für Fotos mit 917-001 zur Verfügung zu stehen. Einen weiteren Höhepunkt stellte in diesem Zusammenhang auch die Autogrammstunde mit Hans Herrmann (Erster Gesamtsieg in Le Mans 1970), Marc Lieb (Gesamtsieg mit 919 Hybrid 2016) und Kurt Ahrens (Erster 917-Sieg in Zeltweg 1969) dar. Marc Lieb war es schließlich auch vergönnt, 917-001 wenige Tage später beim ersten Roll-out in Weissach bewegen zu dürfen.

917-Chefkonstrukteur Hans Mezger ließ sich einen Besuch der Retro Classics nicht nehmen. Den zahlreichen Autogrammwünschen kam er gerne nach.

917
21

Beim Goodwood Members Meeting traf 917-001 erstmals auf einer Rennstrecke auf seine Verwandten: einen 917 Kurzheck sowie zwei 917/30.

9.2.5. Erster offizieller Fahrtermin in Goodwood

Erstmals schickte das Porsche Museum gleich vier Exemplare des 917 am 6. und 7. April 2019 zu einem gemeinsamen Renneinsatz. Beim 77. Members Meeting im britischen Goodwood pilotierte Le-Mans-Sieger Richard Attwood den 917 mit der Chassis-Nummer 001. Der 917/30-001 wurde von Rennfahrer Romain Dumas gelenkt. Der ehemalige Formel 1-Pilot und 919-Hybrid-Langstreckenweltmeister Mark Webber führte den stärksten 917-Typ dem Publikum vor, den 917/30. Neel Jani komplettierte dieses besondere Starterfeld schließlich mit dem 917 Kurzheck.

Kurt Ahrens und Marc Lieb fuhren in Weissach die ersten Kilometer mit 917-001.

Der 917 in seiner Urversion von 1969: Für viele Fans ist er der schönste Rennwagen überhaupt.

Ostersamstag 2019: Astrid Böttinger, Pressesprecherin des Porsche Museums, hatte dieses auf der Welt einmalige Foto-Shooting rund um den 917 im Werk 1 organisiert.

9.2.6. Pressevorstellung in Weissach

Am 29. April 2019 wurde 917-001 schließlich zum Gegenstand des Presseworkshops »50 Jahre 917 – Vom Lastenheft zur Homologation«. Achim Stejskal, Leiter des Porsche Museums, zahlreiche seiner Mitarbeiter, Zeitzeugen und einige ausgewählte Journalisten trafen sich um 10.30 Uhr im alten Windkanal, wo unter anderem Frank Jung und Hermann Burst über die Historie des 917 referierten und Dr. Thomas Wiegand, Tony Hatter und Kai Leibrandt eine bis dahin geheimgehaltene Design-Studie des 917 präsentierten. Nach kurzem Transfer zum Porsche-Motorsport-Zentrum in Flacht folgte dort ein ausführlicher Workshop zur Restaurierungsmethodik, geleitet von Alexander Klein. Den Abschluss bildete schließlich die fahrdynamische Präsentation von 917-001 durch Marc Lieb und Kurt Ahrens auf dem legendären Skid Pad – der Erprobungskreisbahn von Porsche Weissach. Gelegenheiten zu intensiveren Gesprächen ergaben sich am Abend an einem weiteren legendären Ort: dem Hotel Restaurant Ochsen Post in Tiefenbronn, nur wenige Kilometer von Weissach entfernt. Wie Hans Mezger an diesem Abend erzählte, wurde dort einst das bis heute wohl herausragendste Motorsportkapitel und der bis dahin bedeutendste Fremdauftrag in der Porsche-Geschichte eingeläutet. Hans Mezger, Ron Dennis und Mansour Ojjeh trafen sich 1981 in der Ochsen Post in Tiefenbronn und besiegelten eine Zusammenarbeit, die 1984 bis 1986 in der Formel 1 für eine grandiose Erfolgsserie in Form von drei Fahrer- und zwei Konstrukteursweltmeisterschaften sorgen sollte: die Ehe zwischen dem Rennstall und Chassis-Hersteller McLaren, der Firma Porsche als Konstruktions- und Herstellerfirma für den V6-Turbo-Motor mit 1,5 Litern Hubraum sowie dem Financier und Sponsor TAG.

917-001 bei Fotofahrten in Weissach.

10 Porträt Hans Mezger – Chefkonstrukteur des 917

Hans Mezger am Flügel: Die Musik zählt zu den großen Leidenschaften des legendären Konstrukteurs.

Dieses abschließende, direkt auf den 917-001 folgende Kapitel in diesem Buch widme ich Hans Mezger. Ihm verdanke ich außerordentlich viel, denn in einer über die Jahre hinweg stetig gewachsenen, guten Zusammenarbeit trug er ganz maßgeblich dazu bei, meine Kenntnisse über Porsche immer wieder zu vertiefen, zu erweitern und zu verbessern. Dies gilt natürlich insbesondere für den 917, den Hans Mezger seinerzeit als Chefkonstrukteur verantwortet hat. Zahlreiche Telefonate und persönliche Treffen begleiteten die Restaurierungsphase von 917-001 – vornehmlich im Porsche Museum und stets bei einer guten Tasse Kaffee.

Das Stichwort – eine gute Tasse Kaffee. Dafür ist Hans Mezger immer empfänglich. „Wissen Sie, als ich zusammen mit Peter Falk in Le Mans oftmals die Nacht hindurch an der Zeitnahme saß, war ein guter, kraftvoller Kaffee das Allerwichtigste. Erstens, um nicht einzunicken und zweitens, um sich etwas aufzuwärmen, da es mitunter doch recht kühl sein konnte", erzählt der legendäre Porsche-Konstrukteur. Und lachend ergänzt er: „Was mich jedoch immer gestört hat war, dass die Kaffeetasse entweder so heiß war, dass ich sie kaum anfassen konnte oder aber der Kaffee war nurmehr lauwarm. Irgendwann, als ich nachts wieder ein-

Passionierter Kaffeegenießer: Eines Nachts entwarf Hans Mezger sogar eine doppelwandige Kaffeetasse.

Persönliche Erinnerungen: Hans Mezger mit Franz-Josef Strauß, eine Widmung von Niki Lauda und auch eine selbst gemalte winterliche Impression von Ottmarsheim zieren die Wände im Hause Mezger.

mal zuhause am Schreibtisch saß, habe ich dann eine doppelwandige Kaffeetasse mit guter Isolation entworfen. Allerdings blieb es letztlich bei dieser Konstruktionsskizze, denn meine Aufgaben waren wahrlich andere."

Die Episode der doppelwandigen Kaffeetasse ist freilich nur eines von vielen Beispielen, welche die geradezu künstlerische Kreativität des Diplom-Ingenieurs belegen, die in seinem weniger bekannten Privatleben immer starke Ausprägungen fand. So begeistert ihn bis heute die Malerei, vor allem der Impressionismus, und es verwundert nicht, dass in seinem Haus einige solcher Werke die Wände zieren. Darunter auch solche, die er höchstpersönlich an der Staffelei erstellt hat. „Ich habe öfter Bilder mit Ölkreide angefertigt", erklärt Hans Mezger und deutet auf eine winterliche Ansicht von Ottmarsheim, wo er auf die Welt kam.

Doch damit nicht genug, denn auch die Musik spielt für Hans Mezger bis heute eine wichtige Rolle. „Mein Lieblingskomponist ist George Gershwin, den ich für seine Musik und seine Pianokunst gleichermaßen schätze. Klavierunterricht nahm ich bereits in meiner Jugendzeit bei einem Musik-Professor, den die Kriegsereignisse in meine Heimatgemeinde Ottmarsheim verschlagen hatten", erzählt er weiter. „Während meiner Studentenzeit entdeckte ich auch den Jazz für mich. Ich wollte mein Englisch weiter verbessern und hörte deshalb den im Stuttgarter Funkhaus ansässigen amerikanischen Soldatensender AFN. Dabei begeisterte ich mich für die Jazz-Musik und besuchte dann auch die ersten Jazzclubs", fährt er fort. Noch immer steht in seinem Büro ein Harmonium, das er für keine 100 Mark auf einem Flohmarkt erstand: „Man muss die Luft zwar selbst mit den Pedalen erzeugen, doch dafür lässt es sich schneller anschlagen als herkömmliche Modelle. Deshalb ist es selbst für schnelle Jazzstücke bestens geeignet", erklärt der weltberühmte Konstrukteur die Technik, die sich hinter diesem Instrument verbirgt. Hans Mezger und die Technik sind einfach kaum voneinander zu trennen. Nicht bei einem Musikinstrument oder einer Kaffeetasse und erst recht nicht, wenn es um Porsche-Rennwagen und deren Motoren geht.

Der Zwölfzylinder Typ 912 für den 917:
Hans Mezgers überragende Konstruktion verhalf
Porsche zum ersten Gesamtsieg in Le Mans (1970)
und sorgte für eine beeindruckende Erfolgsserie.

Die Me(t)zgerei: Zu seinem 40. Geburtstag am 18. November 1969 erhielt Hans Mezger diese humorvoll gestaltete Karikatur. Ohne Zweifel spiegelt sie den Spaß an der Arbeit und den großen Teamgeist jener Tage wider.

Rufen sich die Motorsport-Fans eine Liste der herausragenden Konstrukteure von Rennfahrzeugen und Rennmotoren ins Gedächtnis, dann ist ein Name immer darunter und für viele Fans und Fachleute steht er sogar an oberster Stelle: Hans Mezger. Konstrukteur des luftgekühlten Sechszylinder-Boxermotors des Porsche 911, Gesamtkonstrukteur des 917 und dessen Zwölfzylinder-V-Triebwerk mit 180 Grad Bankwinkel, außerdem Schöpfer des TAG Turbo Formel-1-Motors. Hans Mezger und sein Schaffensspektrum für die Firma Porsche sind längst Legende.

Geboren wird Hans Mezger am 18. November 1929 in Ottmarsheim, einer kleinen Dorfgemeinde bei Ludwigsburg vor den Toren Stuttgarts. Er ist das jüngste von fünf Kindern, die Eltern betreiben einen Landgasthof. Kunst und Kultur werden im Hause Mezger großgeschrieben. „Fast alle in unserer Familie hatten Talent zum Malen und spielten ein Musikinstrument. Ich fand das Leben auf dem Lande spannend und an Berufswünschen war bei mir alles dabei – vom Musiker bis zum Physiker“, erinnert sich Hans Mezger an seine Kinder- und Jugendzeit. Auch Flugzeuge und das Fliegen

Ferry Porsche (re.): Für Hans Mezger (li., im Hintergrund Peter Falk) wurde er im Laufe der Zeit zu einem Vorbild.

begeistern den jungen Hans von klein auf und so unternimmt er mit einer Segelfliegergruppe aus seiner Nachbarschaft hin und wieder einen Ausflug nach Kirchheim/Teck, wo er fasziniert die Gummiseilstarts des Schulgleiters SG-38 beobachtet. „Ich wollte unbedingt selbst fliegen, war damals aber noch zu jung", erinnert er sich.

Mitten hinein in die unbeschwerte Kinder- und Jugendzeit und den Besuch des Gymnasiums schlagen das Dritte Reich und der Zweite Weltkrieg. Und am 18. April 1945, gerade mal drei Wochen vor Kriegsende, entgeht Hans Mezger im Alter von 15 Jahren nur mit Glück und dem fingierten Attest eines deutschen Kommandanten dem Kriegseinsatz. Hans Mezger besucht das Gymnasium – bis zur 6. Klasse in Besigheim, danach bis zum Abitur in Ludwigsburg.

Da die Konstruktion, der Bau und der Betrieb von Flugzeugen von den Alliierten verboten wird, erst 1951 wieder Segelflug und 1955 schließlich auch Motorflug möglich sind, kommt eine Luftfahrtkarriere nach dem Abitur für Hans Mezger nicht in Frage. „Das hätte eine zu lange Wartezeit bedeutet. Also entschied ich mich für ein Maschinenbaustudium an der Technischen Hochschule, der heutigen Universität Stuttgart", erinnert sich der Schwabe, dem die Mathematik immer besonders leichtfiel.

Mit dem Studienabschluss 1956 einher ging eine wahre Flut von Job-Angeboten. „Es waren 28. Doch Porsche war nicht dabei. Ich wollte aber zu Porsche, denn der Sportwagen vom Typ 356 begeisterte mich. Daraufhin bewarb ich mich, wurde auch eingeladen und ein freundlicher Herr bot mir eine Tätigkeit in der Dieselmotorenentwicklung an. Bis dahin wusste ich nicht einmal, dass es bei Porsche so etwas gab. Mir schwebte jedoch die Arbeit an Sport- und Rennfahrzeugen vor. Der zuständige Herr zeigte Verständnis und ich fing in der Berechnungsabteilung bei Porsche an", erzählt Hans Mezger über seinen Einstieg beim Zuffenhausener Sportwagenhersteller.

Dann geht es sozusagen Schlag auf Schlag. Hans Mezger sammelt erste Erfahrungen mit dem Viernockenwellenmotor, entwickelt eine Formel zur Berechnung von Nockenprofilen und wird 1960 Teil des ersten Formel-1-Projekts von

Vater des Turbo: Hans Mezger 1975 bei der Vorstellung des 911 Turbo in Columbus, Ohio.

Porsche. An der Entwicklung des 1,5-Liter-Achtzylinders vom Typ 753 ist er dabei ebenso beteiligt wie am dazugehörigen Chassis des 804. „Damals lernte ich zudem viel über die Gestaltung von Brennräumen. Im Laufe der Zeit wurde Ferry Porsche mit seiner visionären Unternehmensführung, seiner Leistung, Würde und seinen großen Einsatz auch zu meinem Vorbild. Seine Philosophie, Rennsport zu betreiben, um den besten Sportwagen bauen zu können, war beeindruckend und so prägte mich diese Zeit stark für mein späteres Berufsleben“, so Hans Mezger weiter.

Dann folgen der weltberühmte „Mezger-Motor“ für den 901 beziehungsweise 911 und 1965 der Aufstieg zum Leiter der von Ferdinand Piëch neu geschaffenen Abteilung „Konstruktion Rennfahrzeuge“. Sie ist der Schlüssel für eine neue Qualität und Dynamik von Porsche im Motorsport. Es ist eine spannende, wilde Zeit Mitte der 60er. Gearbeitet wird

Entspannung am Schüttgut: Hans Mezger mit Wolfgang Porsche und Sohn (l.), und dem belgischen Fotografen Felix Muls beim traditionellen Almabtrieb.

bisweilen auch rund um die Uhr. Etwa, als 1965 in nur 24 Tagen der sogenannte „Ollon-Villars-Bergspyder" und kurz darauf der 910 entsteht. Mit seiner Konstruktion aus Gitterrohrrahmen, Glasfaser-Karosserie und der Auslegung auf die neue Reifentechnologie aus der Formel 1 wird der Wagen sozusagen zur Blaupause für alle Rennfahrzeuge, die in den darauffolgenden Jahren entstehen.
Auch bei der Entwicklung des 917 vertraut Porsche 1968 auf dieses Konstruktionsprinzip. Mit dem 917 soll endlich der erste Gesamtsieg für Porsche in Le Mans möglich werden und einmal mehr setzt Ferdinand Piëch auf die Kunst von Hans Mezger, der die Gesamtkonstruktion des Fahrzeugs und seines Zwölfzylinders übernimmt. 1970 und 1971 dominieren die 917 in Le Mans und in der Sportwagenweltmeisterschaft. 1972 und 1973 zeigen die 917/10 und 917/30 dank der neuartigen Turboaufladung und dadurch erstmals gutem Ansprechverhalten auch auf den kurvenreichen Strecken der CanAm-Serie wo's langgeht. Eine Technologie, die Hans Mezger und seine Mannschaft 1974 in Gestalt des 911 Turbo zur Serienreife bringen.
Viele weitere siegträchtige Entwicklungen folgen. Für die 24 Stunden von Le Mans, die Sportwagen-WM oder auch für

die amerikanische Indy-Serie. Doch das wohl herausragendste Projekt nimmt 1981 Fahrt auf, als sich Ron Dennis und sein McLaren-Rennstall auf die Suche nach einem schlagkräftigen Turbo-Motor machen. Die Wahl fällt schließlich auf Porsche und man beschließt, einen komplett neuen Motor zu konstruieren, zu bauen und auch vor Ort bei den Rennen zu betreuen. Auch diesmal ist Hans Mezger der kreative Kopf und Macher des 1,5-Liter-V6-Motors mit 80 Grad Bankwinkel, der es später im Rennen auf mehr als 1.000 PS bringen sollte. 1984 wird Niki Lauda damit Weltmeister, 1985 und 1986 gelingt dies Alain Prost. Hinzukommen die beiden Konstrukteurs-Weltmeisterschaften 1984 und 1985. „Das war damals ein großartiger Erfolg und gleichzeitig auch der bis dahin bedeutendste Entwicklungsauftrag einer Fremdfirma für Porsche“, ergänzt Hans Mezger, der 1993 in Pension geht und Porsche bis heute aufs Engste verbunden ist.

TAG Turbo: Hans Mezger und Niki Lauda werfen einen Blick auf den TAG Turbo, der gerade auf dem Prüfstand läuft.

Noch immer besitzt er seinen 911 Carrera 3.0 in Grand-Prix-Weiß und damit einen begehrten Porsche-Klassiker mit „seinem" Motor. Zu seinem Elfer hält er abschließend eine besondere Geschichte bereit: „Er ist Baujahr 1977, aber im Kfz-Brief steht als Datum der Erstzulassung 1979. Er wurde bei Porsche zwei Jahre lang immer wieder mit rotem Kennzeichen gefahren. Doch als ich ihn 1979 übernahm, wollte die Ludwigsburger Zulassungsstelle das tatsächliche Baujahr trotz eines vorgelegten Porsche-Zertifikats nicht akzeptieren. So ist er auf dem Papier zwei Jahre jünger als er tatsächlich ist. Er ist ein echter Porsche-Klassiker, dazu noch ganz im Originalzustand und ich fahre ihn heute wie damals mit Begeisterung."

Niki Lauda: Mit dem Österreicher verband Hans Mezger von Beginn an ein sehr gutes, enges Verhältnis.

Da war Musik drin: Zu seinem 60. Geburtstag am 18. November 1989 erinnerte diese Karikatur an die überragenden Erfolge mit dem TAG Turbo, Niki Lauda und Alain Prost.

Mit dem TAG Turbo gelang Hans Mezger nicht nur ein erfolgreiches, sondern auch schönes Triebwerk. Integrierte Kühlwasserkanäle reduzieren die Verschlauchungen auf ein Mimimum.

made by PORSCHE
TAG turbo
Techniques d'Avant Garde
TAG turbo
Techniques d'Avant Garde

Personenverzeichnis

Zum Gelingen dieses Buches beigetragen haben

Roland Asch,
Ford-Autohaus Asch

Jochen Bader,
ehem. Porsche AG

Roland Bemsel,
ehem. Porsche AG

Rudolf Bernt,
RSR-Racing UG

Theo Beutinger,
Theo Beutinger GmbH

Astrid Böttinger,
Porsche AG

Hans-Gerd Bode,
ehem. Porsche AG

Marcus Bühler,
Bühler Kunststofftechnik

Marc Brazel,
MBK Metallveredelung Brazel GmbH

Traugott »Berti« Brecht,
Porsche AG

Armin Burger,
Porsche AG

Capricorn WORKS GmbH

Carblast Fahrzeugtechnik GmbH

Christian Dau,
ehem. Porsche AG

Marco Edlmayer,
3D Auto Scan

Rod Emory,
Emory Motorsports

Alexander Fabig,
Porsche AG

Peter Falk,
ehem. Porsche AG

Christian Frank,
DSI Laser-Service GmbH

Bernd Frei,
Porsche AG

Roland Fuchs,
Cartec Autotechnik Fuchs GmbH

Dieter Gross,
Porsche AG

Markus Günther,
Porsche AG

Tony Hatter,
Porsche AG

Bruce Henni,
Henni GmbH

Frank Jung,
Porsche AG

Lars Kern,
Porsche AG

Alfred Kist,
ORCA Restoration GmbH

Alexander Klein,
Porsche AG

Ali Koch,
Lackiererei Koch

Eugen Kolb,
ehem. Porsche AG

Manfred Krämer,
Krämer Sportwagen-Service GmbH

Karl-Gert Krüger

Dieter Landenberger,
Volkswagen Group

Walter Layer,
Porsche AG

Oliver Leibold,
Leibold GmbH & Co. KG

Marc Lieb,
Porsche AG

Herbert Linge,
ehem. Porsche AG

Uwe Makrutzki,
Porsche AG

Walter Marelja,
ehem. Porsche AG

Beni Marjanac,
Porsche AG

Hans Mezger,
ehem. Porsche AG

Thomas Müller

Steffen Münsterer,
Porsche AG

Thomas Nater,
AP Car Design

Mathias Nonnenmacher,
OSK-Kiefer GmbH

Gunter Nuding

Emmanuel Öxler,
ORCA Restoration GmbH

Johannes Öxler,
ORCA Restoration GmbH

Jörg Oppenländer,
ehem. Porsche AG

Alexander Otto,
a+r Werbeteam

Sarah Pelters,
Porsche AG

Ewald Pfurtscheller

Wolfgang Reile,
Classic-Power GmbH

Herbert Rittberger,
Rimotu

Wolfgang Rohde,
Rohde Galvanik GmbH

Alois Ruf,
RUF Automobile GmbH

Philipp Salm-Reifferscheidt,
ehem. Porsche AG

Uwe Sauter,
ehem. Porsche AG

Walter Schmidt,
Schmidt Pulverbeschichtungen

Achim Schmied,
Porsche AG

Christian Schneider,
ORCA Restoration GmbH

Norbert Singer,
ehem. Porsche AG

Achim Stejskal,
Porsche AG

Hans-Joachim Stuck

Reiner Telkamp

Jörg Thilow,
Porsche AG

Jens Torner,
Porsche AG

Helmut Wahl,
Wahl Spezialkolben GmbH

Manfred Wanner

Alexander Wiggenhauser,
Porsche AG

Tobias Wenz,
3D Laserdruck GbR

Kuno Werner,
Porsche AG

Johannes Wüst,
Porsche AG

Mario Zander,
Porsche AG

Klaus Ziegler,
ehem. Porsche AG

Shell
1
Shell
BOSCH
TELETRON
DUNLOP
speedline
DUNLOP

Porsche Jubiläum „10 Jahre 956/962“: Kurz vor seiner Pensionierung feierte Hans Mezger mit seinen Kollegen das Jubiläum dieser Rennwagengeneration: Fritz Spingler, Valentin Schäffer, Peter Falk, Gerd Schmid, Helmut Schmid (dahinter), Hans Mezger, Norbert Singer, Horst Reitter, Eugen Kolb (v.l.n.r.).

WEITERE INTERESSANTE BÜCHER ZUM THEMA

Starfotograf René Staud inszeniert mit seiner einzigartigen Studiofotografie die wichtigsten Modelle aus 70 Jahren Porsche. Natürlich kommt dabei auch die bewegte Geschichte der Sportwagen-Firma nicht zu kurz.

308 Seiten, 174 Abbildungen, Format 240 x 305 mm
ISBN 978-3-613-04081-6
€ 79,00 / € (A) 81,00

Die Autoren beschreiben in dieser Chronik den technischen Werdegang des Porsche 911. Akkurat stellen sie Serien- und Sportfahrzeuge der wassergekühlten Ära einander gegenüber und listen auf, was sich von Modelljahr zu Modelljahr änderte.

304 Seiten, 200 Abbildungen, Format 230 x 265 mm
ISBN 978-3-613-04066-3
€ 39,90 / € (A) 41,10

Jörg Austen beschreibt den technischen Werdegang des Porsche 911 und stellt dabei Straßen- und Rennfahrzeuge der luftgekühlten Ära einander gegenüber. Ausführliche Tabellen mit allen technischen Daten runden dieses Kompendium ab.

464 Seiten, 372 Abbildungen, Format 230 x 265 mm
ISBN 978-3-613-03894-3
€ 49,90 / € (A) 51,30

Vom Porsche 911 bis zum Panamera, vom 924 bis zum Macan – Marc Bongers stellt in diesem ausführlichen Nachschlagewerk sämtliche Porsche Serien- und Sportwagen seit 1948 vor.

688 Seiten, 456 Abbildungen, Format 230 x 265 mm
ISBN 978-3-613-03588-1
€ 79,00 / € (A) 81,00

Stand September 2019
Änderungen in Preis
und Lieferfähigkeit vorbehalten.

Überall, wo es Bücher gibt, oder unter
WWW.MOTORBUCH-VERSAND.DE
Service-Hotline: 0711/78 99 21 51

Motor buch Verlag